LA

PALESTINE

ACTUELLE

POISSY. — TYP. ET STÉR. DE A. BOURET.

LA

PALESTINE

ACTUELLE

DANS SES RAPPORTS AVEC LA

PALESTINE ANCIENNE

PRODUITS — MŒURS — COUTUMES — LÉGENDES — TRADITIONS

PAR

LE Dr ERMETE PIEROTTI

Architecte-ingénieur de la Terre-Sainte et de Son Excellence Surraya Pacha,
membre de plusieurs Académies.

DÉDIÉ A S. M. L'EMPEREUR NAPOLÉON III

PARIS
J. ROTHSCHILD, ÉDITEUR
LIBRAIRE DE LA SOCIÉTÉ BOTANIQUE DE FRANCE
43, RUE SAINT-ANDRÉ-DES-ARTS, 43

1865

A SA MAJESTÉ NAPOLÉON III

EMPEREUR DES FRANÇAIS

Sire,

Votre Majesté a daigné agréer la Dédicace de mes publications sur la Palestine.

Permettez-moi d'espérer que la seconde partie sera honorée par Votre Majesté d'un accueil aussi favorable que l'a été la première.

Veuillez agréer, Sire, l'expression du profond respect avec lequel j'ai l'honneur d'être,

de Votre Majesté,

le très-humble et très-obéissant serviteur,

Dr Ermete PIEROTTI.

Paris, le 10 juin 1865.

CABINET

DE

L'EMPEREUR.

Palais des Tuileries, le 26 novembre 1861

MONSIEUR,

L'Empereur me charge d'avoir l'honneur de vous informer que, selon vos désirs, Sa Majesté veut bien accepter la Dédicace de votre ouvrage sur les monuments et les localités de la Palestine (1).

Agréez, Monsieur, l'assurance de ma considération distinguée,

Pour le Secrétaire de l'Empereur, chef du Cabinet,
et par autorisation,

Le Sous-chef SACALEY.

Le Dr E. Pierotti, 11, rue des Deux-Boules, Paris.

(1) Le présent ouvrage en est la seconde partie.

PRÉFACE

Il a été publié tant de livres sur la Palestine, qu'un ouvrage nouveau devrait paraître une témérité de la part de son auteur. Cependant, tout n'a pas été dit sur cet inépuisable sujet, et c'est parce que les détails dans lesquels nous allons entrer sont tout à fait neufs, que nous espérons trouver encore, après mille autres, un favorable accueil dans le public. Jusqu'ici, en effet, on s'était contenté d'étudier la Terre-Sainte dans ses glorieux souvenirs, sans vouloir rien voir en dehors de ses monuments. Nous-même, dans notre œuvre capitale, *Jerusalem explored*, publiée en anglais, il y a deux ans, et dont celle-ci n'est que le complément promis, nous ne sommes pas sorti de ces limites. Néanmoins, les sites, les monuments de toute nature ne sont pas les seuls témoins du passé, et peut-être l'archéologie a-t-elle eu tort de se borner à ce seul côté de la question. L'histoire, en effet, dans un pays aussi fortement constitué que l'était celui-là, doit encore se retrouver, en partie, du moins, dans les mœurs actuelles. Il est certain que bien des passages douteux de la Bible et des historiens de l'antiquité deviennent tout à fait clairs quand on les compare avec ce qui existe. En rapprochant les coutumes d'aujourd'hui de celles d'autrefois, nous croyons donc faire une œuvre utile, dont la science historique doit retirer un profit. Bien des idées fausses sur le passé seront nécessairement rectifiées, et ce qui nous apparaissait sous un vague point de vue prendra, en se réfléchissant dans le présent, des formes parfaitement caractérisées.

Après avoir, dans notre *Jerusalem explored*, interrogé les témoins muets du passé, notre but, dans l'ouvrage que nous offrons aujourd'hui au public, est d'en faire parler les témoins vivants.

LA PALESTINE

CHAPITRE I

ANIMAUX DOMESTIQUES

L Ane. — Le Porc. — Le Chien. — Le Mulet. — Le Chameau. Le Cheval.

Ce n'est que justice, de ma part surtout, de commencer mon livre par ces intéressants quadrupèdes. Ils ont été mes premiers amis, dans un pays où l'ignorance de la langue, le fanatisme des populations et la différence des mœurs font à l'étranger un isolement, qu'il lui serait difficile de supporter, s'il n'avait, pour s'en distraire, à côté des souvenirs dont il est entouré, la conversation muette des animaux à son service.

En Palestine, comme dans tous les pays du monde, l'âne, le mulet, le chien, le cheval et le porc servent à bien des choses ; mais les Arabes savent en tirer de si grands avantages, que, en échange, ils leur prodiguent des soins, des caresses, des égards même, qui compensent ces pauvres bêtes de ce qui leur manque d'ailleurs. Dès l'instant, en effet, où ils sortent du ventre de la mère jusqu'au jour où l'on s'en défait, soit pour les vendre, soit pour les tuer, les enterrer ou les manger, ils sont les compagnons inséparables de la famille, dont ils partagent la tente au désert, le logis à la campagne, les plaisirs et les peines partout : si l'abondance est à la maison, rien ne leur est mesuré; s'il y a misère, ils vivent de régime, comme tout le monde. Jeunes, ils jouent avec les enfants, avec les femmes, et le chef de la famille les traite comme il traiterait ses femmes et ses enfants, les caressant ou les châtiant, suivant qu'ils font bien ou mal, ou même selon l'humeur du moment, car la justice n'est pas toujours ce qui détermine l'homme ; je dirai même que, s'il est fait une différence, c'est en faveur des animaux ; l'Arabe, en effet, quand il a quelque colère à passer sur quelqu'un ou quelque chose, choisit de préférence parmi ses enfants ou ses femmes, non pas peut-être parce qu'il a plus de tendresse pour les animaux ou qu'il leur suppose moins de raison, mais parce que le dommage résultant d'une violence atteindrait ses intérêts. Aussi ne doit-on pas s'étonner que, en Palestine, les animaux domestiques soient moins sauvages, plus doux, plus enclins au commerce de l'homme que dans nos contrées occidentales. On dirait, à voir cette intimité de rapports, qu'il y a de part et d'autre accord tacite avec conditions parfaitement comprises. Le philosophe à qui il plairait de soutenir que les bêtes sont douées d'autre chose que de ce qu'on appelle un instinct, sans trop savoir ce qu'on doit entendre par là, n'aurait, pour étayer sa thèse de faits aussi variés que nombreux, qu'à parcourir la Terre-Sainte ; il reconnaîtrait du moins que, si les animaux n'ont pas autant de raison que l'homme, ils sont plus faciles à comprendre et peut-être aussi plus sympathiques que lui. J'avoue que je n'aurais pas le courage de contredire les conclusions qu'on pourrait tirer de la comparaison, quelles qu'elles fussent ; car j'ai vécu de nombreuses années en Orient, et je dois à la vérité de dire que, si je n'ai pas toujours eu à me louer des individus de notre espèce, les animaux domestiques ne m'ont jamais donné le moindre sujet de plainte. J'en ai, au contraire, reçu des services dont je n'ai pas toujours été fort reconnaissant, et je les ai constamment trouvés dociles à mes volontés, si capricieuses et même tyranniques qu'elles fussent parfois. L'âne, le mulet, le chameau m'ont porté dans mes voyages ; le chien m'a gardé dans ma demeure, m'a suivi dans mes excursions, donnant l'alerte dans le danger, toujours prêt à me défendre, sans le moindre intérêt, par simple amour de ma personne. Les hommes, c'est-à-dire mes semblables, eux, m'ont volé, dépouillé, menacé de la mort souvent, dans cette terre classique du brigandage, et quand ils n'ont pu faire plus, ils m'ont envié, tourmenté, persécuté pour le seul plaisir de me nuire. Je dois donc aux animaux domestiques un tribut de reconnaissance que je suis heureux de leur payer ici ; et quant à mes semblables, ce qu'ils me doivent, je le leur donne et pardonne par la même occasion.

L'ANE

On pourra s'étonner que je donne la préférence à l'âne; mais, je n'hésite pas à le dire, il l'a réellement méritée. Ce fut lui qui, le premier, me prêta ses services, me portant, sans se plaindre, sur sa maigre échine l'espace de quarante-six kilomètres, de Jaffa à Jérusalem, par des chemins peu engageants. Il n'a pas dégénéré de ses pères, ces vaillants et courageux baudets des aïeux d'Israël, qui faisaient gaillardement le voyage de Canaan en Égypte, allant et revenant avec de fortes charges sur le dos (1), à travers un pays qui ne devait guère être plus praticable alors qu'il ne l'est aujourd'hui. Il est de fait que, en débarquant à Jaffa, peu de jours avant la Pâque de 1854, je ne pus trouver d'autre monture, à cause de la grande affluence de voyageurs et de pèlerins qui, comme moi, se rendaient à la Cité sainte. Pour ne pas attendre là, dans une ville sale et boueuse, jusqu'au lendemain, je fus donc obligé d'accepter l'âne qu'on m'offrait, et je dois dire que je m'en accommodai avec d'autant moins de répugnance que j'arrivais précisément d'Égypte, où j'avais vu le vice-roi et tous les grands dignitaires de sa cour affecter pour cet animal, à l'allure si fière et si fringante sur les rives du Nil, une consi-

(1) Genèse, XLII, 26 ; XLIV, 3 et 13; XLV, 23.

dération toute particulière. J'avais eu occasion de constater que, sans la présence de l'âne, sans les services variés qu'il rend, la terre des Pharaons ne signifierait plus rien aujourd'hui. J'avais donc de cette intéressante bête une opinion meilleure qu'on n'a coutume dans nos pays, et je ne pouvais, en conséquence, hésiter un seul instant à le prendre pour mon compagnon de route. D'ailleurs, je pensais bien qu'en Palestine j'aurais fréquemment affaire avec le quadrupède en question, et je n'étais pas fâché de commencer l'épreuve.

Lorsque l'âne convenu me fut amené, je remarquai toutefois avec un certain désappointement que, en guise de selle, il avait sur le dos un misérable bât de forme en apparence peu commode, attaché au moyen d'une mauvaise sangle, et qui ne me promettait pas les douceurs d'une dormeuse. Je réfléchis pourtant que la selle n'existait pas du temps d'Abraham (1), et que, si ce vénérable vieillard, si puissant et si riche, s'était contenté d'un bât, je pouvais bien, moi qui étais jeune et qui n'avais pas tout à fait autant de légitimes prétentions que lui, faire comme il avait fait. J'enfourchai donc bravement mon âne, comme Balaam avait enfourché son ânesse (2).

Une fois que je fus sur les arçons, mon conducteur me mit en main une sorte de barre de fer en m'enseignant l'usage que je devais en faire. Cette arme était destinée à rappeler à mon coursier, s'il venait à l'oublier en route, que le pas accéléré était une des condi-

(1) Genèse, XXII, 3.
(2) Nombres, XXII, 21.

tions de mon contrat avec son propriétaire. Quant à celui-ci, l'expérience lui avait probablement révélé quelque côté faible dans le caractère en apparence si pacifique de sa bête; car je le vis apparaître armé d'un gourdin dont la vue seule aurait été assez pour maintenir l'animal dans le devoir. Les moyens violents n'ont jamais été de mon fait; aussi n'employai-je jamais contre mon patient, auquel le poids de mon corps me paraissait suffire, l'instrument de persuasion dont j'avais été muni. Si j'en fis quelquefois usage, ce fut de préférence contre l'ânier lui-même, que, du reste, je n'importunai jamais trop. De temps en temps, quand il se permettait, sans motif, d'appuyer un peu trop fort avec son gourdin sur le train de derrière du baudet, je me croyais le droit de défendre ce généreux serviteur et de gourmander mon Arabe du bout de l'instrument; mais c'était toujours avec modération. Je me rappelais pourtant que Balaam n'avait pas ménagé sa monture (1), et quoique la mienne ne se moquât pas de moi et ne fît pas la raisonneuse, je ne pouvais m'empêcher de reconnaître parfois l'efficacité remarquable du bâton de mon conducteur; il fallait bien alors se résoudre à le laisser faire, et j'essayais d'endormir les remords de ma conscience en songeant à la pauvre Sunamite, une bonne et pieuse mère, qui, pour arriver en toute hâte auprès d'Élisée, avait dû nécessairement employer envers son âne l'argument irrésistible du fouet (2).

Si je ne fis pas usage de mon arme, je suis obligé

(1) Nombres, XXII, 27.
(2) IV Rois, IV, 24.

d'avouer que je pressai quelquefois du talon de mes bottes; mais elles n'avaient pas d'éperons, car j'ai toujours eu en horreur, comme je le disais plus haut, les moyens trop violents, et d'ailleurs je me dois à moi-même la justice d'ajouter que en pressant de mon talon le ventre de l'animal, je voulais surtout lui épargner les coups que je voyais poindre.

Nous arrivâmes enfin, tant bien que mal, au mont Sion, moi un peu brisé, mon Arabe toujours aussi impassible. J'eus occasion, dans ce voyage, d'apprendre la langue que mes deux ânes parlaient entre eux, et bien m'en valut, car dans la suite cet idiome me tira d'une foule d'embarras. Mais tout n'est pas heur dans le chemin de la vie; les bonnes choses y ont leur revers, et les plaisirs y sont accompagnés de peines. Ainsi j'eus à regretter beaucoup que mon âne n'eût pas pris un bain avant de se mettre en route, et, que la housse de son bât, ou ce qui avait la prétention d'être une housse, n'eût pas été préalablement secouée; cette précaution, que je crois devoir conseiller aux chrétiens de toutes les communions qui auraient à voyager en Palestine, m'aurait épargné une bien désagréable besogne. Mon âne, en effet, ne portait pas que moi; malheureusement, je ne m'aperçus qu'en chemin des incommodes associés qui partageaient mon siége, de sorte qu'il me fallut attendre, pour m'en débarrasser, que je fusse arrivé à Jérusalem. L'eau de la Cité sainte, qui avait fait tant de miracles, devait opérer ici encore avec son efficacité habituelle : quelques bonnes douches suffirent pour mettre en fuite un ennemi, qui, lui aussi, se nommait légion.

Cet accident, dont le souvenir aurait dû, ce semble, refroidir ma tendresse pour l'âne, ne me découragea pourtant pas ; maintes fois dans la suite j'ai fait usage du même moyen de locomotion, et je n'ai jamais eu qu'à m'en louer, grâce à la précaution indiquée plus haut. Pour l'économie comme pour la facilité du transport dans un pays montagneux, le baudet, une fois bien rapproprié et peigné avec soin, est la meilleure monture qu'on puisse trouver. Quand je n'étais pas pressé, comme lorsque j'explorais le pays, ou que je n'avais point à craindre quelqu'une de ces fâcheuses rencontres de gens mal intentionnés, auxquels on n'a souvent à opposer pour son salut qu'une fuite accélérée, je ne prenais jamais d'autre monture.

J'avais remarqué, chemin faisant, que l'âne pris à Jaffa avait les oreilles comme déchiquetées. J'en voulus savoir la raison, et voici ce qui me fut raconté :

Il est d'usage, quand un animal a été trouvé paissant le pâturage d'autrui, que celui à qui appartient le champ inflige à l'imprudent maraudeur une punition. D'ordinaire, il lui coupe un bout de l'oreille. L'entaille est plus ou moins considérable, suivant la gravité du cas. Quelquefois, au lieu du bout, c'est le rebord de l'oreille du coupable que déchire l'impitoyable sécateur. Le nombre des entailles, en indiquant celui des rechutes, constitue à la bête une indignité qui la dégrade au moral et la déprécie matériellement. Un âne, flétri de cette marque, passe pour un relaps entêté, dont le caractère n'est pas sûr, ou pour un sot, qui n'a pas su prévenir par une prompte fuite l'outrage d'un pareil châtiment. Il est heureux, pour ceux de notre espèce, que le droit en question n'ait pas été trop généralisé et soit restreint aux quadrupèdes. Que d'oreilles déchiquetées n'y aurait-il pas? Combien n'auraient même plus d'oreilles du tout!

Quelles sont, en Palestine, les qualités de l'âne? Elles ne diffèrent pas beaucoup de celles qu'on lui reconnaît dans d'autres contrées de l'Orient. L'âne sert à la fois de monture et de bête de somme; il est sensible aux bons traitements, car il est bonne créature, selon la remarque de Lafontaine, et l'on peut compter sur sa reconnaissance; il est d'une sobriété à faire envie à un anachorète; il est plus grand, plus fort, mieux discipliné, moins rétif qu'en Europe. Il y a, dans son allure, quelque chose de fier, de noble même, que n'ont pas les pauvres bourriquets de nos paysans. Enfin, il est infatigable et jamais le travail ne le rebute, pourvu qu'on ait soin de lui donner sa ration quotidienne, ration bien maigre, qui se compose d'un peu de paille et d'une poignée d'orge. Si on ne lui mesure pas la pitance, on fera de lui ce qu'on voudra; car l'estomac plein, l'âne est capable de tous les dévouements; il prend même de la dignité, et je crois que, si le bâton du maître ne venait lui rappeler de temps en temps son origine, il finirait par oublier ce qu'il est et d'où il vient. Il ne faut pourtant pas trop accuser l'Arabe de sa brutalité; accoutumé lui-même au nerf et aux verges, il ne fait qu'appliquer le système d'éducation auquel il a été soumis. Du reste, personne ne se plaint; ici, tout est pour le mieux, comme dans le meilleur des mondes possibles.

Si Dieu venait à délier la langue de l'âne, comme il délia celle de l'ânesse de Balaam, je suis sûr que le baudet ferait un meilleur usage de la parole, et que, au lieu de se répandre en reproches et en injures, il reconnaîtrait, au bout du compte, la supériorité du traitement des Orientaux sur celui des Européens. A part les coups, qui ne devraient être de mise nulle part, mais que nécessitent parfois, cependant, certains écarts de la bête, les Orientaux, en effet, ont généralement plus d'égards pour l'âne que nous n'avons coutume d'en avoir nous-mêmes. Les grands le nourrissent bien et l'habillent richement : l'argent resplendit sur son dos ; le service terminé, on le couvre des plus beaux tapis de Perse. Les pauvres aiment mieux dérober sa nourriture que de l'en laisser manquer. Ils lui donnent place au foyer domestique, dormant avec lui en hiver, pour mieux se réchauffer.

En Palestine, tous les gens tant soit peu aisés, nomades ou villageois, ont des ânes en quantité, que l'on mène paître avec les troupeaux, à la manière des anciens patriarches (1). En rencontrant à chaque pas, dans toute la Judée, l'âne employé aux services les plus divers, il est impossible de ne pas reconnaître dans les Arabes les continuateurs religieux des pratiques hébraïques. Quoique classé, la pauvre innocente bête ! parmi les animaux impurs (2), il ne laissait pas que d'être un des plus utiles et des plus

(1) Genèse, XXIV, 35 ; XXXII, 15. — Job, I, 3 ; LXII, 12, etc.
(2) Exode, XIII, 13 ; XXXIV, 20 ; Lévitique, XI, 3.

estimés. Que serait devenue sans lui l'agriculture, dans un pays montagneux et d'accès difficile, où le cheval, qui, du reste, était fort rare avant le règne de Salomon, n'aurait rendu que de très-faibles services? Aussi les patriarches, comme Abraham (1) et Jacob (2), en avaient-ils en grand nombre dans leurs troupeaux. Ce fut en cherchant les ânesses de son père, que Saül, rencontré par Samuel le prophète, fut oint ou sacré roi d'Israël (3). David, déjà roi, avait un intendant spécial, Jadias de Mérouath, préposé à la garde de ses ânes (4). Job, avant la ruine de sa fortune, possédait cinq cents ânesses, et lorsque Dieu lui eut rendu, avec la santé, toutes ses richesses, ce nombre fut même porté à mille (5).

L'âne était la monture la plus ordinaire; on s'en servait dans toutes sortes d'occasions. Abraham en fait usage pour se rendre, selon l'expression de la Bible, en la terre de division, probablement une frontière, où il devait immoler son fils sur le mont Moriah (6). Balaam, qui, sur la prière de Balac, fils de Séphor, s'était mis en route, monté sur son ânesse, pour aller maudire les Israélites, est jusqu'à ce jour le seul mortel qui ait eu l'avantage d'entendre parler cet intéressant animal (7). La prévoyante épouse de Nabal, Abigaïl, n'eut pas d'autre moyen de transport ni

(1) Genèse, XII, 16; XXIV, 35.
(2) Genèse, XXX, 43; XXXII, 5, 15.
(3) I Rois, IX, 3, 20; — X, 1.
(4) I Paralip. XXVII, 30.
(5) Job, I, 3; XLII, 12.
(6) Genèse, XXXII, 3.
(7) Nombres, XXII.

d'autre monture pour elle-même, quand elle se permit, à l'insu de son mari, un insensé, comme elle l'appelait, d'accompagner les présents qu'elle faisait porter à David (1). Les riches Hébreux paraissent avoir affectionné surtout les ânesses blanches, et ce goût est partagé aujourd'hui encore par les dignitaires arabes, qui, dans les animaux, préfèrent le blanc à toutes les autres couleurs. On trouve, en outre, dans les Écritures, de très-nombreux exemples de l'emploi de l'âne pour les travaux de l'agriculture. Nous avons donc raison d'affirmer qu'autrefois, comme aujourd'hui, cet animal était l'hôte inséparable du foyer domestique et qu'on l'employait à tous les services possibles.

Il était défendu dans l'ancienne loi de labourer avec un âne et un bœuf attelés ensemble (2). Cette prohibition, dont le souvenir ne s'est malheureusement pas perpétué parmi les habitants actuels de la Palestine, avait, pour se justifier, un très-haut motif d'*humanité*. Le bœuf et l'âne, en effet, diffèrent beaucoup l'un de l'autre pour la constitution, pour les habitudes et pour la force ; en les accouplant ensemble, on oblige l'âne à se tenir constamment à l'unisson d'un animal, que le travail fatigue infiniment moins ; c'est comme si l'on voulait qu'un enfant suivît le pas accéléré d'un homme fait. Il est regrettable que, sous ce rapport, les Arabes n'aient pas conservé la généreuse tradition des vieux temps d'Israël. Les Hébreux, néanmoins, paraissent avoir été assez enclins

(1) I Rois, XXV, 18, 19, 20, 23, 25.
(2) Deutéronome, XXII, 10.

à exagérer la besogne de la pauvre bête, car un précepte exprès dut intervenir pour défendre qu'on ne la fît travailler le septième jour (1).

On ne dédaignait pas non plus de se servir d'ânes à la guerre (2), et l'on en mangeait même la chair, dans les cas de famine : au siége de Samarie par Benadad, roi de Syrie, une tête d'âne fut vendue 80 pièces d'argent (3). Les Arabes, aujourd'hui encore, n'attendent pas d'avoir trop faim pour se jeter sur cette viande.

L'âne est maintes fois cité dans le Nouveau Testament. Nous voyons par Saint Matthieu (4) et par Saint Luc (5) qu'on l'employait, au moulin, à la mouture du blé. Ce fut lui, enfin, qui eut le privilége de réchauffer le Sauveur naissant dans la crèche et plus tard l'honneur insigne de porter le fils de l'homme lors de son entrée triomphale à Jérusalem (6). Bien des fois, en suivant le chemin de Bethfagé au mont des Oliviers, je me suis rappelé cet humble poulain d'ânesse, dont le maître divin n'avait pas hésité à se servir pour entrer en roi dans la ville sainte, et en rapprochant ce fait de ce que j'avais vu pratiquer à Rome par le Vicaire de ce même maître, j'ai déploré amèrement qu'un si impérieux exemple restât méconnu et que le Pape, interprétant le poulain de l'Évangile par quadriges sur quadriges, eût traduit de même la royauté spirituelle de Jésus-Christ par une

(1) Exode, XXIII, 12.
(2) IV Rois, VI, 25.
(3) IV Rois, VI, 25.
(4) Matth., XVIII, 6.
(5) Luc, XVII, 2.
(6) Matth, XXI, 5; Marc, XI, 7.

royauté toute de ce monde, sans tenir compte de cette menace : « Toute plante que mon père céleste n'a pas plantée sera arrachée (1). »

Mais revenons à notre sujet : aussi bien, que feraient nos paroles, quand celles du Sauveur n'ont rien pu ? Laissons aux événements qui se préparent le soin de justifier le Seigneur.

Il est certain qu'en Palestine, loin d'être un animal impur, l'âne a un léger reflet de sainteté assez bien caractérisé. On se souvient que c'est lui qui a porté en Égypte Marie, le divin enfant et Joseph, soustraits au massacre insensé d'Hérode ; qu'il a eu l'honneur insigne de promener Jésus et ses disciples dans leur apostolat, auquel on se plait à l'associer en quelque sorte, et s'il est plus fort, plus grand, plus noble ici et en Égypte qu'il ne l'est en Europe, il ne faut pas l'attribuer à ce qu'il a moins à souffrir du froid et de la pluie : ce serait courir le risque d'être taxé d'hérésie que de le soutenir. L'âne de Palestine ne doit qu'à une grâce toute particulière de Dieu la supériorité qui le distingue. Aussi donne-t-il lieu parfois, lui encore, à de singulières dévotions. En voici un exemple curieux, qui m'a été rapporté, il est vrai, par des moines grecs et dont je ne pourrais, en conséquence, garantir l'entière vérité.

Il y a quelques années, peu avant 1854, un monarque du nord, dont la volonté était plus forte que le sens, rencontra, dans une excursion de son pèlerinage en Terre-Sainte, l'os desséché de la jambe d'un

(1) Matth., xv, 13.

âne. Il ramassa pieusement ce squelette et l'emporta dans son pays, où il le donna comme celui du vénérable baudet qui porta la sainte famille dans la fuite en Égypte. On ne dit pas que cette relique ait encore fait de miracle; mais il ne faut pas désespérer.

LE PORC

Le porc a été, pendant mon séjour en Palestine, une grande consolation pour mon pauvre estomac, quand, fatigué de la viande de mouton ou de celle de chèvre, il demandait à changer. Je dois à la belle chair rose de ce quadrupède l'avantage d'avoir rarement été volé de mes provisions de bouche dans mes voyages. Je lui dois encore de grandes épargnes de temps et de combustible de cuisine, et de plus je lui dois de m'avoir bien des fois débarrassé de ces hôtes peu vergogneux, mendiants sales et puants, qui s'invitent sans façon à votre table et se servent à votre barbe de leurs doigts crasseux en guise de couteau, de cuiller et de fourchette. Un petit morceau de lard dans ma besace, mis à temps sur le tapis qui formait ma nappe, m'a toujours été d'un grand secours ; il opérait comme un talisman magique. Obligé, pour ne pas manquer aux lois de l'hospitalité ni passer pour un grossier personnage, d'offrir aux gens de mon escorte, ou du moins à leur chef, une place à mon repas, le sollicitais, j'insistais, je me fâchais même, sans avoir l'air de rien soupçonner ; mais la vue du lard produisait son effet inévitable. On refusait toujours en me remerciant beaucoup, et j'obtenais le double avantage de conserver leur amitié et de ne pas voir des mains, auxquelles l'eau était à peu près inconnue, s'allonger sur mes subsistances. Je sais bien que, derrière mon dos, on ne se gênait pas pour me qualifier de *chien de Franc*, mais il me suffisait qu'on ne me fît rien paraître de ce secret dépit. Du reste, je ne les laissais manquer de rien. Comme le lard fut peut-être le meilleur protecteur de ma besace et que ce fut grâce à sa présence que j'évitai souvent le pillage de mes vivres, je ne saurais trop conseiller aux pèlerins chrétiens, à qui la viande de porc ne répugnerait pas, de s'armer de cette viande en voyage; elle les défendra plus sûrement que ne ferait un revolver ou une carabine, qu'on pourrait leur voler.

Le porc ne se rencontre que bien rarement chez les Arabes musulmans, qui, lorsqu'ils en ont, n'en tirent parti que comme article de commerce. Les couvents chrétiens et les Arabes des différentes communions chrétiennes en engraissent en plus grande quantité. Les moines en mangent, mais les fidèles, quoique moins scrupuleux que les mahométaans, ne paraissent pas se soucier beaucoup de cette chair. Cependant, le cochon fait partie de la famille et n'est pas du tout objet de répulsion : il joue avec les enfants, avec les ânes, les chiens, les chevaux, les coqs et les poules, et il y met même une certaine grâce. Il est, sans contredit, beaucoup plus sociable que ses frères d'Europe, qui, en compensation, sont plus forts, plus sérieux et plus graves ; mais il a dégénéré de ces subtils pourceaux d'Égypte, qui, dans les déserts de la Thébaïde, prêtèrent jadis une oreille pieuse aux discours de saint Antoine ; son intelligente complaisance ne va pas aujourd'hui jusque-là.

Il n'existe plus de troupeaux de cochons dans la Palestine. Le pays étant à peu près entièrement nu, ou, du moins, n'ayant ni bois ni forêts, on ne trouverait pas de quoi les nourrir ; les quelques glands qui se rencontrent çà et là, les Arabes les préfèrent manger eux-mêmes.

La viande de porc était proscrite autrefois parmi les Israélites, comme elle l'est aujourd'hui parmi les juifs et les musulmans ; l'animal lui-même était de ceux qu'on appelait impurs (1). Aussi n'est-il jamais compté dans le nombre des richesses que possédaient les patriarches. Nous savons, cependant, qu'il se trouvait des porcs dans le pays et que les Israélites n'ont pas toujours été scrupuleux observateurs de la loi qui leur défendait d'y toucher. « J'ai étendu mes mains, dit le Seigneur dans Isaïe (2), vers un peuple incrédule qui marche dans une mauvaise voie ;... qui mange de la chair de porc. » Et dans le chapitre suivant du même prophète, le Seigneur dit encore : « Ceux qui croyaient se sanctifier et se rendre purs dans leurs jardins en fermant la porte sur eux ; qui mangeaient de la chair de porc, des souris, et d'autres semblables abominations, périront tous ensemble (3). »

(1) Lévitique, XI, 7. Deutér. XIV, 8.
(2) Isaïe, LXV, 4.
(3) Isaïe, LXVI, 17.

On pourrait donc demander comment, au temps de Jésus-Christ, quand la loi ancienne était observée avec une sorte de zèle fanatique, il a pu y avoir dans les environs de Gadara, près du lac de Tibériade, un grand troupeau de cochons, que saint Marc (1) dit même avoir été de deux mille têtes. Peut-être trouverons-nous dans Flavius Josèphe l'explication de ce fait. Toute cette partie de la Décapole, d'après cet auteur (2), était habitée par des Grecs. « Gerasa, Gadara, Hippos, dit-il, sont des villes grecques. » Auguste les détacha du royaume de Judée, après la mort d'Hérodote, et les réunit à la Syrie. Il y avait certainement aussi des Juifs dans ces trois villes, mais en moins grand nombre. Aujourd'hui encore, la nature du pays se prêterait à ce que l'on y entretînt des troupeaux de porcs, mais l'incurie des habitants et leur antipathie pour le cochon s'opposent à l'exploitation de cette branche de rapport. Du reste, le voisinage du désert et des pillards qui l'infestent demanderait une surveillance peut-être difficile à exercer.

Le Coran, de son côté, défend aussi l'usage de la viande de porc à tous les musulmans (3); mais, sous ce rapport, Mahomet n'a pas de plus fidèles observateurs de sa loi que les Arabes de Palestine, notamment les nomades; le terrain était, du reste, tout préparé, quand le sabre d'Omar vint ajouter à la persuasion.

(1) Matth. VIII, 30; Luc, VIII, 32; Marc, V, 11, 13.
(2) Fl. Josèphe, *Antiquités jud.*, liv. XVII, chap. XI, § 4.
(3) Surate 2, v. 175. Surate 5, v. 4.

LE CHIEN

Le chien de Palestine est loin de ressembler au nôtre ; on peut même dire qu'il forme, à lui seul, une catégorie à part dans l'espèce. Il a, en général, le poil rare et court, et sa peau est d'un fauve roussâtre. Il tient tout à la fois du chacal, du loup et du renard. La plupart de ces animaux portent sur le corps, disséminés un peu partout, des indices fâcheux qui semblent autoriser à penser qu'ils ne vivent pas entre eux dans un état parfait de concorde. Aux uns, il manque une oreille, quelquefois deux ; aux autres, la queue ; d'autres, enfin, présentent une peau criblée de solutions de continuité ou n'ont qu'un œil vaillant. Je n'en ai peut-être pas vu qui n'eussent quelque chose de repoussant : si ce n'est une contusion, un coup de dent, une déchirure, une plaie quelconque, c'est la lèpre, la gale ou la rogne. Ce que nous appelons en Europe l'ami de l'homme est ici un être sale, puant, pustuleux, couvert de plaies purulentes et de vermine, dont on évite l'approche comme on ferait d'un maudit. Aussi ne faut-il pas s'étonner que les Arabes le tiennent éloigné d'eux et que, dans l'Évangile, le chien, qui eût pu y jouer un si beau rôle, si la charmante idylle de l'apostolat divin se fût passée chez nous, soit à peine nommé. Néanmoins, si le chien, en Palestine, n'appartient à personne, si on ne le voit jamais dans la famille et qu'on craigne même de le toucher, on le trouve dehors partout, dans les villes, dans les bourgs et les villages, courant les rues et les chemins, véritable truand vagabond, qui m'a donné l'explication complète du sens que l'on attachait autrefois au terme de *cynique*.

Les chiens n'ont donc pas de maîtres. Ils forment une sorte de république, dans laquelle chaque individu, à part le petit nombre de ceux qui sont affectés à quelque service, est indépendant et libre d'aller et de venir à ses périls et risques. Ils vivent d'aumônes, comme les ordres mendiants, et, à défaut d'aumônes, de toutes les ordures qu'ils rencontrent dans le fumier des rues. Il paraît qu'autrefois ils couraient aussi les chemins et ne se nourrissaient pas mieux. Le prophète Élie dit à Achab : « Celui de la maison du roi qui mourra dans la ville, les chiens le mangeront (1). » On sait qu'en effet, ils dévorèrent la reine Jezabel, femme de ce prince, dont le cadavre avait été abandonné sans sépulture. Il est bien vrai que, dans le Nouveau Testament, au lieu de se jeter sur Lazare, ils viennent lécher ses plaies (2) ; mais il s'agit ici d'une simple parabole, dans laquelle Jésus-Christ met en opposition la conduite des êtres les plus dégradés de la création avec l'inhumanité du mauvais riche. Du reste, cela prouve qu'au temps de Notre-Seigneur et au temps d'Achab, comme aujourd'hui encore, les chiens couraient les rues et avaient appétit de tout ce qui sollicitait leur odorat peu scrupuleux.

(1) III Rois, XXI, 24.
(2) Luc, XVI, 21

Cet animal est pourtant aussi intelligent ici qu'il l'est partout ailleurs, et il sert son maître avec plus d'honnêteté que beaucoup de serviteurs bipèdes, qui se vendent à qui, avec de l'argent, se présente pour les acheter ou leur arracher des confidences dangereuses pour les patrons. Les chiens, au contraire, sont des gardiens fidèles; ils n'oublient pas leurs devoirs pour un morceau de pain, et la vue de l'argent, qui ne leur ferme ni les yeux ni les oreilles, ne les rend pas non plus muets : l'imprudent séducteur se retire rarement sans laisser quelque chose sur place, un lambeau de chair ou un pan d'habit. Aussi le chien rend-il des services précieux aux nomades, pasteurs et cultivateurs, pour la garde des troupeaux et des moissons. Jadis il en était de même. Job en avait, qu'il n'aurait pas échangés pour des serviteurs à gages (1).

Les chiens errants, c'est-à-dire sans maîtres, se tiennent d'ordinaire, le jour, blottis dans les recoins de mur, à la ville ou à la campagne, et, la nuit, se mettent en quête de leur nourriture, sur laquelle, comme nous l'avons dit, ils ne sont pas délicats. Ils sont doués d'une telle voracité, qu'ils mangent toutes sortes de charognes, sans épargner celles de leurs propres frères. Ils vont même, en certains endroits, jusqu'à déterrer les morts pour les dévorer, et sous ce rapport encore ils sont bien les véritables enfants de ceux qui léchèrent le sang de Naboth (2) et se repurent de la chair de Jézabel.

(1) Job, XXX, 1.
(2) III Rois, XXI, 19. IV Rois, IX, 35-37.

A Jérusalem et dans les bourgades de la Palestine, les chiens ont une organisation politique qui leur est propre. Ils sont distribués par quartiers, et aucun ne doit s'éloigner de la circonscription à laquelle il appartient, s'il ne veut être contraint d'y rentrer, ramené à coups de dents par les frères du district envahi : il est rare qu'il en revienne tout entier. Un pèlerin ou voyageur d'Europe, qui traverse de nuit les rues de la ville sainte, est toujours escorté d'une meute de chiens, et, partout où il passe, provoque des grondements sourds ou des hurlements menaçants ; mais cette colère s'adresse moins à sa personne qu'aux flanqueurs, qui, pour opérer plus sûrement leur passage d'un quartier dans l'autre, se sont attachés aux trousses du voyageur. J'ai souvent moi-même été reconduit de la sorte par des chiens, qui s'abritaient de moi jusqu'à la porte de ma maison. Durant l'hiver de 1859 et celui de 1861, qui ont été, paraît-il, des hivers mémorables dans les annales militaires de la gent canine, j'étais régulièrement escorté tous les soirs, à travers les rues que j'avais coutume de prendre, par une troupe, qui se serrait autour de moi, armée jusqu'aux dents. Comme je n'ai jamais aimé les guerres déloyales et que la guerre du plus fort contre le plus faible m'a toujours paru être de celles-là, j'avais cru devoir en conscience inspirer quelque terreur au camp ennemi, qui, à mon passage, grondait peut-être à la sourdine, mais n'avait garde d'approcher.

LE MULET

Le mulet n'est pas compris parmi les richesses des patriarches hébreux ; mais il est souvent mentionné dans la Bible à partir de David. Ainsi, Absalon était monté sur un mulet en combattant contre son père, et ce fut sur un mulet que, après avoir été vaincu, il prit la fuite (1). Lorsque David envoya Salomon à Gihon pour le faire sacrer roi d'Israël à sa place par le grand-prêtre Sadoc et le prophète Nathan, il ordonna qu'on le plaçât sur un mulet (2). On trouve aussi des mulets parmi les présents que l'on faisait tous les ans à ce roi (3). Je pourrais citer beaucoup d'autres exemples, pour prouver la présence de ces bêtes de somme chez les Hébreux au temps de leur indépendance. Une loi expresse (4) défendait, il est vrai, d'accoupler des animaux d'espèces différentes ; mais il est probable que les Israélites, comme aujourd'hui les Arabes, leurs continuateurs en bien des choses, tiraient leurs mulets des pays voisins. Les Arabes de la Palestine, en effet, quoique faisant usage de mulets pour les transports et même pour l'agriculture, respectent généralement la prohibition mosaïque, de sorte qu'il est fort rare de trouver dans le pays des mulets indigènes.

(1) II Rois, XVIII, 9.
(2) III Rois, III, 33.
(3) III Rois, X, 25.
(4) Lévitique, XIX, 9.

Ils les tirent presque tous du Liban ou de l'île de Chypre.

Ces mulets, forts, vigoureux, âpres à la besogne et meilleurs marcheurs que les chevaux, proviennent généralement plutôt de la jument que de l'ânesse. Ils ne diffèrent pas, pour les habitudes, de ceux d'Europe : le climat de la Palestine n'a pas adouci leurs mœurs, comme il l'a fait des autres animaux. Quand ils sont d'une certaine humeur, ils saluent, tout aussi bien que les nôtres, avec les jambes de derrière, et souvent il arrive au cavalier d'être obligé de descendre par le cou, au lieu de descendre par le côté. Ils prennent facilement l'épouvante ; le moindre objet devant eux suffit pour les rejeter en arrière, et gare alors à ceux qui suivent ; c'est sur eux qu'ils se vengent par des ruades en tous sens de la peur qu'on leur a faite.

Dans une de mes excursions à Hébron, je rencontrai un Arabe de condition qui faisait route monté sur un mulet du Liban. Toutes les fois qu'un chameau passait à côté de lui, il s'arrêtait court et lançait à droite et à gauche des coups de pied de possédé. J'eus la mauvaise chance de m'approcher trop près, moi aussi, et mon cheval reçut une ruade, qui me fit changer de place. Mais, par une manœuvre à laquelle je ne compris d'abord rien, l'Arabe se remit sur le devant, et les ruades de recommencer. Alors, avec un nerf d'hippopotame, je me mis, moi, en devoir de corriger le capricieux animal. Le zèle avec lequel j'opérais ne me permit pas de mesurer les distances, de sorte que, par mégarde, j'atteignis plusieurs fois le cavalier. Celui-ci se récria; moi, je m'excusai, et depuis ce moment je n'eus pas une seule ruade à reprocher au mulet. Je donne là aux pèlerins une excellente recette pour obtenir de l'Arabe et de sa monture, sans se fâcher, les meilleurs résultats.

Le caractère entêté du mulet et son impuissance de génération ont donné lieu, dans le pays, à une légende, tenue pour authentique et véridique de tous ceux qui vont visiter l'arbre où se pendit Judas et qui ne mettent pas le moins du monde en question que, tous les ans, la veille de Pâques, le feu sacré ne descende du ciel dans l'église de la Résurrection. Voici cette légende.

Le mulet avait été choisi par Joseph pour porter la sainte famille en Égypte; mais tandis que le saint lui mettait le bât, la sotte et impertinente bête lâcha contre lui une de ses ruades d'habitude. Joseph laissa l'animal et le maudit. Depuis lors, il est resté impuissant, et c'est à la malédiction du saint qu'il doit de n'avoir ni ancêtres ni lignée et d'être exclu de la famille. C'est pour cela qu'il est toujours colère contre tout le monde et que, rejeté de tous, il n'aime personne.

LE CHAMEAU

J'ai toujours pensé que, sans le chameau, le désert serait inhabitable : il en est la vie, comme il en est la providence, et l'on dirait que Dieu l'a créé tout exprès pour lui. Il n'y a pas, en effet, d'animal dont l'organisation soit mieux faite pour cette nature désolée : voulant la réserver pour les régions où il n'y ait ni à paître ni à boire, le créateur lui a donné un estomac complaisant, capable de résister à la fois, sans danger pour son économie propre, à la faim et à la soif.

Le chameau participe, dans sa forme, du taureau, du cheval et de l'éléphant. Il a une tête relativement petite et sans oreilles apparentes, emmanchée d'un long cou décharné ; ses jambes et ses cuisses ne sont fournies que des muscles indispensables pour le mouvement, ce qui les rend tout particulièrement propres à la marche sur un sol plat, sec et sablonneux ; il a la vue très-étendue et l'odorat d'une extrême délicatesse, ce qui lui permet de voir ou de deviner l'eau à près d'une heure avant d'y arriver ; enfin, il ne possède sur sa maigre carcasse que le réseau de tendons nécessaires pour lier ensemble les parties essentielles de son système anatomique. La nature ne lui a pas prodigué non plus les armes défensives, peut-être parce qu'elle prévoyait que, dans les régions où il devait être à peu près seul avec la domesticité de l'homme, il n'en aurait que faire. Elle lui a refusé les cornes du taureau, le dur sabot du cheval, la dent de l'éléphant, ne lui accordant que de solides mâchoires à l'épreuve de tout et la faculté de bonnes ruades, qui, sans faire jaillir le sang, ne laissent pas que de rompre des os et de casser des membres.

Dans l'état ordinaire, le chameau est d'une frugalité rare, ne mangeant et ne buvant qu'avec une modération faite pour édifier, et dont l'exemple fut jadis, pour les ascètes des déserts de la Thébaïde, un puissant moyen de la sanctification. Pour la fatigue, la patience, la douceur, la docilité, il méritait aussi de leur servir de modèle, et il n'y a pas lieu de douter que, dans ce pays où les animaux ont de tout temps exercé un certain empire sur les imaginations, l'heureux caractère et les bonnes qualités du chameau n'aient eu leur part d'influence.

Il a des mâchoires, ainsi que nous l'avons dit, capables d'arracher, de broyer les plus durs végétaux, comme les chardons, les ronces et toutes les espèces possibles de racines ; mais, dans la crainte qu'il n'abusât de cette force maxillaire, la prévoyante nature a réduit la capacité de son estomac, l'obligeant à ruminer, ce qui fait qu'il mange une fois toutes les vingt-quatre heures ; qu'il vit de peu de chose, et qu'il peut rester jusqu'à sept ou huit jours sans boire. Il est docile au point d'obéir à un enfant : on voit même souvent des troupes de quinze à vingt chameaux, attachés l'un à la suite de l'autre, qui se laissent mener par un âne, allant de droite, allant de gauche, s'arrêtant court ou marchant au pas accéléré, suivant le caprice du chef de file ; pendant ce temps-là, les conducteurs bipèdes dorment sur leur monture ou demeurent en arrière pour fumer ou causer avec d'autres chameliers.

Quand un chameau est employé à quelque service, on dirait qu'il a conscience de ce qu'on lui confie, tant il mesure sa conduite à la nature du service lui-même. Si, par exemple, il porte des présents ou une mariée assise dans un riche palanquin, tout brillant d'or et de soie, il redresse la tête et marche d'un pas grave, comme l'exige le rhythme de la musique qui l'accompagne ; si, dans les paniers de côté dont on le charge parfois, il y a des enfants, des malades ou des vieillards infirmes, il va d'un pas lent et posé ; monté par un cavalier expérimenté, il joue, badine, se prête à ses caprices ; s'il a des marchandises, il prend le pas que l'on veut ; mais si on lui met sur le dos un poids au-dessus de ses forces, il refuse obstinément de quitter la place et laisse entendre par des cris plaintifs qu'il n'en peut mais. Après un long trajet, s'il est fatigué, il se couche à terre, sans attendre qu'on lui en ait donné la permission, et rien au monde ne le ferait bouger : les coups seraient aussi inutiles que malséants. A-t-il devant lui un terrain fangeux ou humide, dans lequel il y ait pour lui danger de s'embarrasser les pieds, soyez sûr qu'il n'avancera pas ; si, au contraire, le pays est raide, escarpé, rocailleux, il prendra toutes les précautions pour ne pas poser le pied à faux, s'arrêtant quelquefois et signifiant à sa manière qu' il lui est impossible d'aller plus loin. Enfin, je dois ajouter que, s'il est reconnaissant des bons traitements, il laisse aussi rarement passer l'occasion de se venger des brutalités dont a il été l'objet. Un exemple va le prouver.

Dans le courant de mars 1857, j'allais au Jourdain, escorté de deux Bédouins. Je rencontrai étendu sur la route le cadavre d'un chameau, qui avait la tête et une partie du cou séparés du tronc. Je demandai ce que cela voulait dire, et il me fut répondu que le chameau trouvé mort, ayant reçu de son maître de forts coups de bâton, avait essayé plusieurs fois de le mordre ; qu'il en avait été puni par un redoublement de coups, mais que, la veille de mon passage, au moment où le chamelier, après avoir distribué à ses bêtes la pâture quotidienne, sommeillait dans le coin de l'étable, le chameau s'était traîtreusement approché de lui et l'avait saisi violemment avec ses mâchoires de fer par la peau de l'estomac. Aux cris du malheureux, on était accouru ; mais déjà l'animal vindicatif avait étreint le cou de son patron, et il ne lâcha prise que lorsque celui-ci eût été tout à fait étranglé et que lui-même, atteint de plusieurs coups de yatagan à la nuque, fût tombé inanimé sur le sol. Une tombe toute fraîche, à quelques pas de là, dans laquelle gisait le pauvre Arabe, attestait la vérité du fait.

Le chameau est sujet à des boutades. A certaine époque de l'année, il lui arrive parfois de sortir brusquement de son caractère et, sans y être provoqué, d'avancer le museau pour mordre. Aussi n'est-il pas rare d'en rencontrer beaucoup de muselés : la muselière est même prescrite pour les chameaux, comme chez nous elle l'est pour les chiens, ce qui ne veut pas dire qu'on la mette plus régulièrement aux chameaux en Palestine qu'on ne la met aux chiens dans nos pays. Il en résulte nécessairement des accidents qui auraient pu être évités. En 1859, à Gaza, un chameau furieux saisit au bras gauche un malheureux passant, et, l'élevant de terre, le secouait et le tournoyait dans tous les sens, quand le chamelier arriva, et, grâce aux savantes manœuvres de son bâton, délivra la victime, qui n'en resta pas moins estropiée pour le restant de ses jours. Des faits semblables se renouvellent assez fréquemment en Palestine, d'où, cependant, il ne faudrait pas se hâter de conclure que le chameau est un animal féroce : les fureurs subites du bœuf, les colères impétueuses du cheval, les accès de mauvaise humeur du chien ne font point que ce ne soient, au bout du compte, de bonnes bêtes.

L'Ancien Testament ne rapporte aucun fait de vengeance du chameau ; mais cet animal y est souvent mentionné et l'on reconnaît même, dans ce qui est dit, que la pratique des Hébreux à cet égard ne différait pas de ce qui s'observe aujourd'hui. Abraham et Jacob comptaient parmi leurs richesses des chameaux en grand nombre (1). Job, qui en avait d'abord possédé trois mille (2), en eut six mille (3), quand Dieu l'eût délivré de la persécution de Satan. David avait nommé un intendant spécial pour veiller à la garde de cette classe de montures (4). Ce fut le chameau qui porta Rebecca de la Mésopotamie en Palestine, où elle allait s'unir à Isaac (5) ; ce fut lui encore qui prêta complaisamment son dos en une foule de circonstances aux femmes et aux enfants de Jacob. La Bible nous le montre aussi employé au transport des marchandises et à beaucoup de services divers (6).

Dans le Nouveau Testament, le chameau n'est cité

(1) Genèse, XXIV, 10; XXX, 43.
(2) Job, I, 3.
(3) Job, XLII, 12.
(4) I Paralipomènes, XXVII, 30.
(5) Genèse, XXIV, 64.
(6) Genèse, XXIV, 10; Judith, VI, 5.

que pour image. Un verset de saint Matthieu le fait avaler à ces trop prudents conducteurs d'ouailles, qui ont grand soin de passer ce qu'ils boivent, de peur qu'il ne se trouve un moucheron (1) ; et saint Marc (2) le mentionne comme terme d'une comparaison effrayante, que je ne veux point reproduire, pour ne pas troubler la digestion de tant de saints estomacs.

Chez les Arabes de nos jours, il existe des troupeaux de chameaux, qui rappellent ceux des anciens patriarches ; il y a des propriétaires, en effet, qui possèdent jusqu'à mille de ces animaux et même davantage, notamment dans le midi de la Judée et sur la rive droite du Jourdain, dans les contrées autrefois habitées par les Moabites. Outre le profit qu'ils retirent de la vente, ils y trouvent encore beaucoup d'autres avantages, que la mort même ne détruit point. Son lait, qui est fort doux, procure à l'homme une excellente nourriture et peut suppléer au sucre ; il corrige l'amertume du pain dont le nomade fait usage, et, nouvellement trait, il rafraîchit, comme il peut faire mal si on le laisse aigrir. Le poil de l'animal est recueilli avec soin, et, filé par les femmes, il sert ensuite à faire des cordages, des toiles pour tentes, des couvertures, des tapis et même de gros manteaux excellents contre la pluie. La fiente, d'une chaleur émolliente, sans âcreté, est employée en manière de cataplasme, qu'on applique sur les contusions et même sur les membres affectés de rhumatisme ; elle agit aussi très-efficacement sur les brûlures. Ce que

(1) Matth. XXIII, 24.
(2) Marc, X, 25.

j'en dis, du reste, n'est que le résultat de ma propre expérience : j'ai eu occasion, en effet, pendant un voyage, de m'administrer ce remède, et je m'en suis fort bien trouvé. Il n'y a rien là qui doive surprendre ; le chameau se nourrit d'herbes aromatiques, de simples médicinaux, qui, par la fermentation dans son estomac, se composent en véritables préparations pharmaceutiques. Aussi recueille-t-on avec empressement cette fiente, qu'on mélange avec de la paille hachée ; on forme de cette manière, dans tout le pays, des espèces de mottes bien serrées, qui, séchées au soleil, servent de combustible, soit pour se chauffer en hiver, soit pour cuire le pain ou préparer même la cuisine. En la composant avec de la paille et de l'argile, les paysans obtiennent une sorte de stuc, dont ils crépissent leurs misérables huttes ; ils en étendent aussi une légère couche sur leur terrasse, pour prévenir les infiltrations de l'eau de pluie dans l'intérieur de leurs habitations. et l'on en fabrique même des vases, qui résistent très-bien au feu. Je crois, d'ailleurs, que les Arabes ont reçu cette industrie des Hébreux ; on lit, en effet, dans Ézéchiel (1), que Dieu avait donné au prophète de la fiente de bœuf pour cuire son pain. Il est vrai qu'il ne s'agit pas, dans ce passage, de la fiente du chameau ; mais les Arabes ramassent aussi celle du bœuf, qu'ils mélangent avec l'autre, et ils se servent de la motte ainsi obtenue pour faire cuire leur pain de ménage.

Quand le chameau est tué ou qu'on le tue, pourvu

(1) XIV, 15,

que ce ne soit pas pour cause de maladie, on en mange la chair. Il arrive parfois, dans le désert, que, la provision d'eau étant épuisée, on se trouve exposé à mourir de soif. Dans ces circonstances suprêmes, on sacrifie un ou plusieurs chameaux, selon le besoin, et comme cet animal a une poche de réserve, qui contient de la boisson pour plusieurs jours, on trouve là de quoi se désaltérer.

On tanne la peau de ce quadrupède de la manière la plus simple. On l'étend dans un endroit de passage et on la saupoudre de sel à différentes reprises ; elle est réduite ainsi à l'état de cuir, et l'on en fait des sandales et des tiges de souliers.

La carcasse de l'animal est recherchée de tous ceux qui s'occupent de travaux d'ivoire.

Enfin, on en fait bouillir les pieds, et l'on en fabrique des reliquaires, des statuettes de saints, etc.

Avant de nous séparer du chameau, nous devons dire comment on le charge et comment on le monte, afin que l'Européen, arrivé en Palestine, n'aille pas s'exposer à quelque danger et ne paye cher peut-être son inexpérience.

Donc, pour monter ou charger le chameau, qui est, comme on sait, d'une très-haute taille, on est obligé de le faire coucher ou, tout au moins, agenouiller. On emploie pour cela certain cri, auquel il est habitué, ou l'on tire tout simplement le licou qui lui pend au col. L'animal se met d'abord à genoux, puis il s'asséoit sur ses jambes de derrière, de manière à poser sur le ventre ou sur le calus du ventre, épais d'un bon pouce. Quand on a pris place sur son dos, il faut avoir soin de se pencher d'abord en arrière, puis en avant, sans quoi l'ébranlement que cause le chameau en se relevant pourrait jeter à terre le cavalier. Comme il n'est pas très-facile, pour quiconque n'en a pas l'habitude, d'exécuter à temps le double mouvement en question, on fera toujours bien de se cramponner solidement au bât ou à la selle. Une fois en route, il faut, pour les premières fois, s'attendre à éprouver une sorte de malaise d'estomac, qui, sans aller jusqu'aux nausées, comme dans le mal de mer, ne laisse pas que de fatiguer. Aussi désire-t-on impatiemment d'arriver au terme du voyage.

LE CHEVAL

De tous les animaux domestiques, le cheval est sans contredit celui auquel l'Arabe prodigue le plus de soins et qu'il affectionne le plus : c'est, du reste, son ami, ami vrai et fidèle, dans la mauvaise fortune comme dans la bonne. Il n'y a rien au monde qu'il ne fasse pour en avoir un de race réputée pur-sang. Néanmoins, quelque sollicitude qu'il y apporte, quelque peine qu'il se donne, les résultats qu'il obtient, dans l'élevage, ne sont ni grands ni considérables; rarement arrive-t-il à améliorer ce qu'il a. Cela tient à bien des causes, mais, sans insister sur les mauvaises méthodes, on peut dire que cela tient surtout à l'extrême jalousie des différentes tribus, qui, pour rien, ne voudraient prêter soit leurs étalons, soit leurs juments, de sorte que les croisements deviennent impossibles.

L'attachement des nomades pour leurs juments dépasse tout ce qu'on pourrait en dire. Elles sont admises dans les appartements de la maison comme sous la tente, vivant avec la famille, traitées en enfants gâtés, sans que personne les frappe jamais ou même les gronde d'un ton tant soit peu haut. Le maître leur parle, cause et raisonne avec elles, leur donnant à manger dans sa main ou dans un pan de son manteau; il leur apprend à partir et à s'arrêter sur une parole, un signe de main, et à démonter, pour la circonstance, l'imprudent qui s'aviserait de les faire chevaucher sans l'agrément du propriétaire. La jument, le cheval est-il malade, tout le monde est triste dans la famille; la fierté naturelle du Bédouin l'abandonne; il est morne, abattu, comme s'il avait en perpective quelque grand désastre domestique. J'ai assisté à une scène singulière, qui peut montrer jusqu'où il porte la sollicitude pour l'animal en question. Une jument était en train de mettre bas : le travail se faisait très-difficilement; le poulain, arrêté par quelque obstacle extraordinaire, ne voulait pas se détacher. Chaque seconde de retard ajoutait au danger que courait la vie de la pauvre mère. Le chef de la famille était là, tremblant de terreur, les yeux pleins de larmes; femmes, enfants, tout le monde pleurait, sanglotait, poussait des cris. La jument, de son côté, gémissait, en regardant doucement son maître, peut-être moins pour les douleurs qu'elle éprouvait, que pour la sollicitude désolée dont elle se voyait entourée. Enfin, la souffrante fut délivrée ; une petite jument fut mise bas, et la mère put respirer. Aux pleurs, à la désolation succèdent, dans la famille de l'Arabe, des cris de joie, des félicitations, toutes les marques de vraie satisfaction et de contentement que nous donnerions, nous, pour la délivrance d'une mère en danger.

Il est rare que l'Arabe jure par sa jument ; mais s'il arrive, dans quelque occasion tout exceptionnelle, qu'il le fasse, on peut compter sur son serment ; dût-il lui en coûter la vie, il tiendra religieusement ce qu'il a promis sur une tête si chère. Toutes les fois que j'ai eu affaire à des Bédouins, comme lorsque j'ai voulu en prendre pour me faire escorter dans mes excursions, j'exigeais, au lieu d'un contrat, un simple serment sur leur jument, et jamais je n'ai eu à m'en repentir. Je profiterai même de cette occasion, pour leur exprimer ma reconnaissance de la franche et cordiale hospitalité que j'ai toujours trouvée parmi eux.

Tous les chevaux pur-sang sont classés en deux sortes de races : les races communes et les races nobles. Ces dernières commencent à devenir très-rares. Un cheval n'est réputé noble que si son père et sa mère le sont ; et comme la noblesse constitue une très-grande différence de prix sur le marché, quand on fait couvrir une jument noble par un étalon de même qualité, on a la précaution de dresser par écrit un acte constatant le fait et signé par des témoins, qui sont toujours des personnes de marque, sinon des chefs de tribu. Cet acte est livré à l'acheteur au moment de la vente. Il est appendu au cou de l'animal, dans un sachet, qui ne le quitte jamais, et qui contient encore, outre sa généalogie jusqu'au patriarche de sa race, un certain nombre de formules talismaniques destinées à préserver de malheur le cavalier comme le cheval.

Les Arabes ne châtrent jamais leurs chevaux ; ils ne leur coupent jamais non plus ni la queue ni les oreilles. Quelquefois ils leur mettent des entraves aux jambes de devant ; mais c'est au logis seulement et dans leur jeunesse, quand on a quelque raison de craindre qu'ils n'abusent de leur liberté, pour se laisser emporter trop loin. Le plus souvent, on les laisse tout-à-fait libre, pour les accoutumer au mouvement et leur apprendre en même temps à se rendre à la voix du maître de la distance la plus éloignée.

A dix-huit mois, les jeunes poulains commencent à s'habituer à la selle ; à deux ans, ils sont montés par des enfants. Dans le dressage, on leur apprend deux sortes de marche : le pas et le galop. Rarement on leur enseigne le trot, que je ne me rappelle pas avoir jamais eu occasion de voir au cheval arabe. En rase campagne et dans les pâturages, quand ils y sont en nombre, on leur emprisonne les pieds de devant comme de derrière dans de légères entraves, et on les tient attachés à des piquets de fer solidement fichés en terre, afin que, réduits à l'impossibilité de ruer, ils ne puissent se blesser les uns les autres.

La nourriture du cheval consiste en une ration de paille dans la journée et cinq ou six livres d'orge le soir. Il ne boit qu'une seule fois par jour, vers midi, et beaucoup moins que le cheval européen, ce qui n'empêche pas qu'il ne soit plus faible que celui-ci des jambes de devant, quoiqu'on prétende que le liquide débilite. Cela tient, du reste, à deux causes bien caractérisées et tout à fait indépendantes de la nature de l'animal; d'abord, à ce que la selle, posée trop en avant, pèse presque entièrement sur les épaules, et en second lieu, à la coutume qu'a l'Arabe d'arrêter court sa monture, quand elle galope ou va à toute vitesse; tiré violemment par le frein, le cheval raidit ses jambes de devant, en ployant légèrement celles de derrière, s'arrête brusquement et reste fixe et immobile, attendant le nouveau signal de son cavalier. A cela il faut ajouter l'inconvénient d'un mors tellement dur, que, lorsqu'on veut mettre le cheval au galop, on est obligé de lâcher tout à fait la bride. La nature du terrain, montagneux et sablonneux en même temps, ne contribue pas peu non plus à cette débilité hâtive qu'on remarque dans le cheval arabe; rien ne fatigue les jambes, en effet, comme la marche, à plus forte raison la course, au milieu des cailloux, des pierres, du gravier et du sable.

Les Arabes montent assez souvent le cheval à nu, quelquefois le dos couvert d'une sorte de housse, mais plus généralement avec la selle, qui n'est, comme nous l'avons dit, qu'une sorte de bât relevé à l'appui de derrière et ayant, sur le devant, un pommeau de quatre ou cinq pouces de haut. Les étriers, quand il y en a, sont formés d'une plaque de fer ou de cuivre recourbée des deux côtés, de manière à offrir au pied une surface rectangulaire, et convexe aux angles, assez aigus pour faire l'office d'éperons. Ces selles et ces courts étriers sont fort commodes aux Arabes, qui les trouvent surtout excellents dans le combat; mais l'Européen, qui n'y serait point accoutumé et qui n'aurait pas l'habitude du cheval, en souffrirait beaucoup; il aurait infailliblement des crampes aux jambes. Néanmoins, avec un coussin et en allongeant les étriers, il lui est facile de réparer le mal et de prévenir tout inconvénient.

Les chevaux, en Orient, ne se distinguent pas, comme chez nous, en grands et petits. La taille ordinaire est de quatre pieds six pouces à cinq pieds. Ils ne vieillissent pas moralement; ils meurent avec toute leur force, conservant jusqu'au dernier moment leur vivacité, leur activité et leur fougue. Rarement il s'en trouve de vicieux, quoiqu'ils soient entiers. Un Arabe peut demeurer tranquille sur son étalon, fût-il à proximité de la jument la plus engageante : un léger mouvement du frein suffit pour calmer ses désirs amoureux et lui rappeler que le maître, en fait de décence, n'entend pas raillerie.

La jument est toujours préférée au cheval, moins à cause de ses produits et des autres avantages qui en peuvent provenir que parce qu'elle ne hennit jamais. Le motif de cette préférence est à peu près celui qui, dans les pays de brigands, en Europe, fait préférer, surtout près des habitations, l'arme qui frappe sans bruit à l'arme qui réveille les voisins. Dans ses excursions noctures, quand il va fourrager sur le territoire voisin ou, pour tout dire, quand il va en expédition dépouiller les victimes qu'il a choisies ou surprendre et attaquer à l'improviste son ennemi, une monture bavarde, comme était, par exemple, l'ânesse de Balaam, compromettrait l'entreprise. Il est donc tout naturel que la jument prime le cheval, et la généralité de cette préférence, s'expliquant par les raisons que nous venons de déduire, donne la mesure du sens de la justice parmi les nobles fils de Sem.

La plus admirable qualité du cheval arabe, c'est la souplesse de ses mouvements. Il y a des races plus belles, plus rapides à la course ; mais je n'en connais pas de plus légère, de plus fringante, de plus gracieuse. A dix ou douze pas d'un mur, lancée au galop, elle le franchit. On peut la tourner, la faire manœuvrer dans tous les sens ; elle s'y prête avec complaisance, elle y prend même plaisir, comme si elle comprenait que ce qu'on lui demande, c'est de justifier aux yeux du public l'éloge qu'on en a fait. Mais il n'y a rien de plus vif, de plus intelligent que le cheval arabe, alors qu'il caracole dans une de ces joutes si aimées des Orientaux. On dirait que ce noble animal s'est associé à la pensée de son maître et sait très-bien qu'il s'agit uniquement d'une attaque feinte, tant il comprend son rôle et s'y conforme, au milieu des cris, des bâtons lancés, des mouvements subits d'arrêt et des volte-face. Cette souplesse vraiment merveilleuse d'organisation le rend très-précieux à la guerre, surtout dans les combats corps à corps ; car il esquive un coup avec plus de prestesse encore que son cavalier. J'ai vu moi-même des chevaux de Bédouins, qui, au milieu d'une fusillade, se dressaient légèrement sur les jambes de devant ou se repliaient sur celles de derrière, en haussant le cou et la tête, comme pour garantir leur maître des balles de l'ennemi. J'ai vu aussi parfois le cavalier tomber de cheval, le pied retenu dans l'étrier, et la généreuse bête s'arrêter court et attendre comme si elle eût compris qu'un mouvement pouvait être fatal à son maître. D'autres fois, le cavalier se trouvant mal, incommodé par le soleil ou la chaleur, j'ai vu le cheval rester là jusqu'à ce que l'homme fût revenu à lui. J'ai éprouvé par ma propre expérience que le cheval arabe est, au milieu des ténèbres, le meilleur guide que l'on puisse trouver : il sait éviter les mauvais endroits, vous mettre dans le bon chemin, prévoir le danger et le prévenir. Son intelligence est telle, que, bien que fougueux et impatient par nature, il se fait dévotement tout à tous et porte l'enfant, la femme craintive et le bourgeois maladroit d'une tout autre manière que le guerrier. Quiconque a vécu, comme moi, parmi les nomades du désert sait très-bien que je n'exagère point et que ce que je dis, je ne l'ai pas trouvé dans un conte oriental : je parle pour avoir vu et observé pendant des années. On n'a, du reste, qu'à se rappeler la belle description de Job, aussi vraie aujourd'hui qu'elle l'était au temps du saint Hussite, pour se convaincre de mon impartialité :

« Est-ce toi qui as ceint le cheval de force, qui as » revêtu son cou de terreur?

» Est-ce toi qui le fais bondir comme les sauterel- » les? Le souffle de ses narines révèle sa fierté.

» Il frappe du pied la terre, il s'élance avec audace
» et court au-devant des hommes armés.

» La peur ne l'atteint pas, le tranchant de l'épée ne
» l'arrête point.

» Les flèches sifflent autour de lui, le fer des lances
» et des javelots le frappe de ses éclairs.

» Il écume, il frémit et semble dévorer la terre...

» Au bruit de la trompette, il s'écrie: En avant...(1). »

Ce n'est pas sans peine que l'Arabe se sépare de son cheval. Tout l'or du monde ne serait quelquefois pas capable de le décider à s'en défaire ; et quand on connaît l'âpreté de la race sémitique lorsqu'il s'agit de pièces de monnaie, on a droit de conclure de là que le premier sentiment, chez lui, est encore l'amour de son généreux coursier. Il fait bien, du reste, de préférer sa jument ; car, mieux que lui, elle sait le chemin qui mène aux tentes amies, celui qui éloigne des tentes ennemies ; flaire le péril et y échappe, pressent les sables mouvants et les évite. S'agit-il, pour fuir le danger qui s'attache aux traces de son maître et sauver enfin celui-ci, de galoper une journée entière sans boire ni manger, cet effort ne lui coûte point : la satisfaction du succès la payera suffisamment de sa peine.

Après avoir exposé les mérites du cheval arabe, je vais dire comment s'en fait la vente, en appliquant le cas à une jument, comme ayant plus de valeur.

Or, le prix d'une jument varie selon le degré de noblesse de la race, l'estime qu'on fait de l'animal ou le

(1) Job, XXXIX, 19-25.

besoin qu'on en a : on peut dire en général que ce prix est moins celui qui résulte réellement de la valeur intrinsèque de l'objet que celui qu'on y attache. Si on le demande au propriétaire, il vous répond invariablement : « Prenez ma jument ; elle est à vous ; je suis votre serviteur. » Peut-être ne croit-il pas que vous parliez sérieusement. A la seconde question, il ne répond point ou il cherche à détourner la conversation; mais si vous insistez, il se fâchera, ou, tout au moins, vous fera une moue dédaigneuse, présage de quelque éclat. Comme le paysan de Pierre Dupont, le Bédouin aime sa femme, ses enfants, mais il préférerait les vendre, eux et toute sa famille, que de vendre sa jument; et, plusieurs fois, on l'a vu donner ses parents en ôtage plutôt que de se défaire de sa seule véritable compagne inséparable. Cependant, si une nécessité impérieuse le force à vendre, soyez sûr que, si vous n'y veillez bien, il fera tout au monde, par lui-même ou par les siens, pour que la jument ne sorte pas du pays sans avoir été rendue impropre à la reproduction. Aussi, avant de contracter, est-il prudent de s'informer si les parents, les amis et les alliés du propriétaire ne sont pas opposés à la vente. Si l'on ne prend cette précaution, on court le risque d'être attaqué plus tard par quelqu'un de la famille ou même de se voir voler l'objet acheté. En outre, il importe de s'assurer que la jument est réellement apte à la génération et que, d'ailleurs, toutes les parties de son corps sont *libres*, c'est-à-dire non vendues. Ceci exige une explication. Quelquefois un possesseur, pressé par le besoin, vend, ou si l'on aime mieux, hypothèque tel ou tel membre de sa jument, de sorte que la bête a souvent autant de propriétaires qu'elle a de membres. A celui-ci appartient la jambe droite, à celui-là la jambe gauche, à un autre la queue, etc. Or, il arrive, comme pour notre système d'hypothèques foncières, que l'acheteur n'acquiert entièrement la propriété de la chose qu'après avoir purgé tout cela et désintéressé chacun des ayants droit. Nous ajouterons même que ce n'est pas la jument seule qui peut être ainsi vendue par parties ; quelquefois on hypothèque dans les futurs contingents jusqu'aux trois premiers poulains qu'elle mettra bas pour tout ou tel de leurs membres en particulier. Celui qui, ne connaissant pas ces usages, aurait négligé de se garantir contre les conséquences, pourrait, après avoir payé intégralement le prix convenu, se voir assailli d'une foule de réclamations, auxquelles il lui faudrait satisfaire sous peine d'être exposé à de graves inconvénients : la loi et l'autorité seraient, d'ailleurs, contre lui.

Pour pouvoir vendre sa jument sans réserve de telle ou telle partie, comme de la tête ou d'une jambe, il faut avoir l'agrément des chefs alliés voisins ; il faut que la vente ait été jugée utile en conseil. Celui qui l'achèterait, sans qu'une décision des cheikhs fût intervenue, encourrait le mépris public, comme s'il s'était rendu coupable d'un abominable délit, et la fuite seule, une fuite honteuse, serait son salut.

La vente des étalons se fait plus facilement ; les Arabes n'y répugnent pas d'une manière aussi énergique. Néanmoins, elle est soumise aux mêmes formalités que celle des juments.

Ce que je viens de dire ne s'applique, du reste, qu'à la vente des chevaux de pure race noble ; les chevaux communs s'acquièrent très-facilement et à des prix modérés.

M. Charles Guarmani, qui habite Jérusalem depuis une quinzaine d'années et qui a passé une bonne partie de ce temps au milieu des nomades, tient en réserve, sur tout ce qui concerne le cheval arabe, des travaux précieux qu'il publiera sans doute bientôt et auxquels nous renvoyons d'avance nos lecteurs.

Voyons maintenant ce qui est raconté de cet intéressant animal dans l'Ancien Testament.

La Bible dit expressément que les premiers habitants de la Palestine, les Cananéens, avaient des chevaux et s'en servaient à la guerre. Ce fut, en effet, avec de la cavalerie et de nombreux chariots qu'ils attaquèrent Josué (1), qui, sans avoir, lui, ni chariots ni cavalerie, les vainquit et les extermina. Néanmoins, comme le cheval ne paraissait pas devoir être fort utile dans un pays montagneux, et que d'ailleurs Israël n'était pas destiné à devenir un peuple guerrier et conquérant, Moïse se montra peu favorable à la cavalerie et défendit même de réunir trop de chevaux (2). Il rassura son peuple contre la cavalerie ennemie, en lui promettant que le Seigneur l'en ferait aisément triompher (3).

Josué, fidèle au précepte du législateur et suivant un ordre de Dieu, après avoir vaincu, aux eaux de

(1) Josué, XI, 4.
(2) Deutéronome, XVII, 16.
(3) Deutéronome, XX, 1.

Mérom, les onze rois cananéens ligués contre lui, coupa, selon l'expression de la Bible, le nerf des jambes de leurs chevaux et brûla leurs chars (1). David, cependant, après avoir défait le roi de Soba et coupé les nerfs des jambes à la plupart des chevaux pris, crut pouvoir se permettre d'en conserver pour l'attelage de cent chariots (2). Il n'est pas improbable que ces chevaux conservés soient devenus le noyau d'une cavalerie, qui aura dû s'accroître considérablement dans la suite, notamment lorsque le même roi eut taillé en pièces les Syriens, qui avaient avec eux *sept mille hommes de chariots* (3). Il ne paraît pas, en effet, que les chevaux conquis aient eu cette fois le jarret coupé. Ce fut, néanmoins, sous Salomon, que le cheval commença à devenir commun parmi les Hébreux. Ce roi avait quarante mille chevaux pour ses chariots et douze mille chevaux de selle (4). Ce nombre s'augmenta même encore par des présents et par des achats qu'il fit faire en Égypte (5). Les successeurs de ce prince suivirent son exemple et accrurent encore, eux aussi, la cavalerie israélite, ce qui ne paraît pas avoir été du goût des prophètes, entre autres, d'Isaïe et d'Osée (6).

S'il vous arrive de lier conversation avec le propriétaire d'un cheval noble, ne soyez pas surpris de

(1) Deutéronome, XI, 6-9.
(2) II Rois, VIII, 4.
(3) I Paralipomènes, XIX, 18.
(4) III Rois, IV, 26.
(5) III Rois, X, 25, 26, 27.
(6) Osée, I, 7.

l'entendre dire que son cheval descend en ligne directe de quelque jument favorite du sultan Salomon. Pour peu que vous ayez l'air de vous récrier, il vous prouvera la filiation de l'animal par une généalogie aussi catégorique que vous pourriez le désirer. Il y a, dans toute cette race sémitique, une merveilleuse aptitude à transformer ses rêves en réalités palpables. Ainsi l'on trouve des faiseurs d'arbres généalogiques, qui, non-seulement pour les familles humaines, mais pour les bêtes, voient dans une apparence d'indice, qui ne serait absolument rien à nos yeux, une preuve irréfutable, et qui réussissent toujours avec la meilleure foi du monde à donner à un enchaînement de suppositions la tournure historique.

Les Israélites se servaient du cheval pour les travaux de l'agriculture (1); les Arabes font de même. Ceux-là le nourrissaient de paille et d'orge (2); ceux-ci le nourrissent de paille et d'orge. Je pourrais rapporter beaucoup d'autres coutumes anciennes, qui, sur le chapitre en question, se sont conservées parmi les Arabes de la Palestine ; mais nous en avons assez dit pour l'édification du lecteur.

Le cheval est cité aussi dans le Nouveau Testament, notamment dans l'Apocalypse, où il joue un assez singulier rôle. Nous ne nous rappelons pas, néanmoins, l'avoir jamais rencontré attelé à des carrosses dorés pour voiturer Notre Seigneur et ses disciples dans les courses de leur apostolat. Les diocèses de saint

(1) Isaie, XVIII, 28.
(2) III Rois, IV, 28.

Paul, de saint Pierre et des autres disciples, qui, comme on sait, évangélisèrent par eux-mêmes aux quatre coins du monde, étaient, pourtant, d'une autre étendue que ceux de leurs sérénissimes successeurs!

CHAPITRE II

DE QUELQUES ANIMAUX NON DOMESTIQUES ET DE QUELQUES INSECTES.

Le Crocodile. — L'Hyène. — Le Sanglier. — Le Chacal. — Le Serpent. — Les Abeilles, le miel et le lait. — Les Sauterelles et les Mouches.

LE CROCODILE

Il est fait plusieurs fois mention du crocodile dans la Bible ; Job en parle à diverses reprises au chapitre XL, où l'on ne peut douter qu'il ne veuille désigner cet amphibie, car il en décrit très-clairement la conformation et le caractère (1), ainsi qu'au chapitre XLI (2). Ezéchiel dit qu'il habite dans les fleuves (3), où en effet on en trouve beaucoup. On ne peut inférer de ce qui précède que cet animal soit originaire de la Palestine, mais il a pu y être transporté.

Je vais dire tout ce que je sais sur la question, et

(1) Job, XL, 13, 16, 17, 26.
(2) Job, XLI, 1, 6, 7, 16, 17, 18, 19, 20.
(3) Ezéchiel, XXIX, 3, 4.

les recherches que j'ai faites pour la résoudre. Dans le fleuve *El-Yerka*, appelé aussi *rivière des Crocodiles*, qui prend sa source dans les montagnes de Samarie et se jette dans la Méditerranée, au nord et à une lieue de Césarée en Palestine, il y a eu, au dire des Arabes du pays, des crocociles de taille plus petite que ceux qui vivent en Égypte. J'en ai entendu parler très-souvent, mais je n'ai jamais pu me résoudre à m'en assurer par moi-même, persuadé que, si les amphibies y ont existé autrefois, ils ont certainement dû disparaître depuis. On ne peut sans doute pas attribuer aux Arabes l'invention de ce conte, qu'ils ont probablement reçu de leurs ancêtres, puisque Pline, Strabon et Ptolomée en font mention et parlent aussi d'une ville, à l'embouchure du fleuve, nommée *Crocodilopolis*, mais qui n'existait déjà plus au temps de Strabon (1). Le fait est qu'il y a, sur la rive gauche du torrent, une hauteur où l'on retrouve des débris de constructions et les restes d'une tour ; et ce lieu pourrait bien être l'emplacement de l'ancienne ville. Les auteurs du moyen âge ont fait aussi mention du fleuve des Crocodiles ; Jacques de Vitri en parle au chapitre LXXXI, et Vinsauf ajoute qu'on l'appelait ainsi *parce que des crocodiles avaient dévoré deux soldats qui s'y baignaient*. Pococke suppose que cette contrée a pu recevoir une colonie d'Égyptiens, qui, désirant avoir leurs dieux auprès d'eux, les auraient placés dans les marais près du torrent, où ils se seraient propagés (2). Le

(1) Pline, *Hist. nat.*, liv. V, chap. XIX. — Strabon, liv. XVI, pag. 758.
(2) Pococke, II.

même auteur assure qu'on avait porté à Saint-Jean d'Acre des crocodiles de cinq à six pieds de longueur, venant de ce fleuve, lequel se perdait peut-être dans ce lac. Persuadé par ce qui précède que les Arabes ne racontent que ce qu'ils tiennent de la tradition, je résolus de profiter de la première occasion favorable pour faire des recherches. En 1858, étant architecte inspecteur de la mission civile russe de Jérusalem, je fus chargé de construire à Kaïffa un petit môle sur la mer, pour faciliter le débarquement des voyageurs et des marchandises des bateaux de la Compagnie maritime russe. Pendant mon séjour à Kaïffa, un grand nombre d'Arabes des environs du Yerka et M. Avierino, vice-consul de Russie, me racontèrent tant de choses qui paraissaient vraisemblables sur l'existence du crocodile, que je me déterminai à étudier le sujet. Je m'y décidai d'autant plus volontiers, que tout ce qui est mentionné dans la Bible des trois règnes de la nature se retrouve généralement en Palestine. J'étais donc porté à croire que le crocodile pouvait exister, et j'en fus encore plus convaincu quand j'eus appris des habitants les choses suivantes. On avait souvent remarqué sur les rives sablonneuses du fleuve les empreintes des pattes de l'amphibie ; on avait même trouvé des squelettes longs de trois à quatre pieds. Les bergers avaient eu plus d'une fois à déplorer l'absence de quelque tête de bétail, emportée le plus souvent quand ils abreuvaient et paissaient leurs troupeaux près du Yerka. Des cavaliers imprudents, en traversant le fleuve, avaient été victimes, ainsi que leurs montures, de la voracité des crocodiles. Enfin, quelque temps avant mon arrivée à Kaïffa on avait fait la chasse à ces amphibies dans le but de les détruire, et on avait en effet réussi à les rendre plus rares. Ce récit me paraissait très-naturel, et il ne me restait plus qu'à me convaincre de mes propres yeux, ce que je résolus de faire. Mais M. Avierino me fit renoncer à ce projet pour le moment, parce que le pays était infesté de hordes de Bédouins, surtout près de Césarée, et il me promit, comme dédommagement, de me faire venir un squelette de Kaïffa même. Je me rendis à toutes ces raisons. Mais quand j'eus terminé mon travail, je dus retourner à Jérusalem avec le double regret de n'avoir ni fait une agréable excursion sur le sol de l'ancienne Phénicie, ni reçu le squelette tant désiré.

Au mois de septembre 1859, escorté par un détachement de cavalerie du gouvernement, qui m'aidait dans mes travaux de réparation sur la route de Jaffa à Jérusalem, j'obtins de Sorraya-Pacha la permission de faire mon excursion sur le littoral de la Phénicie, et j'arrivai devant les ruines de Césarée dans la nuit du 7 au 8. Quel magnifique voyage et quelle belle nuit ! La lune, qui était dans toute la plénitude de sa splendeur, éclairait cette ville déserte et ruinée; les chacals, par leurs hurlements plaintifs, maudissaient en fuyant l'arrivée d'hôtes inattendus; dans le lointain, quelques hyènes montraient leurs yeux brillants; les sangliers s'éloignaient effrayés par le son de nos voix; des Bédouins, sortant de leurs retraites, se présentaient pour nous reconnaître et nous serrer ensuite la main; et enfin la mer écumante déferlait avec furie contre les solides restes du mur d'Hérode et contre les écueils. Tout cela formait un tableau à la fois merveilleux et triste, faisant naître en moi mille impressions diverses, qui croissaient à mesure que je foulais aux pieds les ruines d'un monument élevé par le génie humain et renversé par le vandalisme des partis plutôt que par l'action destructive du temps. Cette antique ville, jadis si superbe, ne servait plus en effet que de retraite aux voleurs et aux bêtes féroces. Après deux heures de repos, nous continuâmes notre chemin, et en passant sur les restes d'un magnifique aqueduc, nous arrivâmes au bout d'une heure au Yerka; je me disposais à le traverser quand, à mon grand étonnement, je m'aperçus qu'une crainte muette dominait l'escorte. Comme je n'en pouvais comprendre la cause, mon drogman, Antonio Alonzo, m'apprit que nos hommes ne voulaient pas tenter le passage, sous prétexte qu'on ne connaissait pas la nature du lit du fleuve; mais le véritable motif était qu'ils craignaient de rencontrer un crocodile. Quand je fus sûr de mon fait, j'invitai le chef de l'escorte à continuer son chemin; mais, pour toute réponse, il descendit de son cheval, ainsi que tous ses hommes. Je fus irrité de cette résistance et je me mis alors à la recherche du gué, que mon bon cheval eut bientôt trouvé, dès que je l'eus débarrassé du mors et que j'eus desserré les sangles de la selle. Au bout de quelques instants, j'atteignis la rive opposée, après avoir pris un bain à mi-jambe; le drogman me suivit fidèlement. Mon escorte, étonnée d'abord de ma résolution, y répondit ensuite par de bruyants *hourras*, et ne tarda pas à me rejoindre. Pour éviter les reproches, elle mit tous ses soins à établir le bivac, en dressant ma tente, et nous nous livrâmes tous ensuite à un repos bien gagné. En me réveillant, j'envoyai le drogman avec deux cavaliers s'informer s'il y avait des *conducteurs de troupeaux* (bergers) dans les environs. Ayant appris qu'il y en avait, j'allai moi-même les visiter, et j'interrogeai séparément les hommes, les femmes et les enfants, qui tous me confirmèrent l'existence de l'amphibie, en me déclarant cependant qu'ils ne l'avaient pas vu, mais qu'il manifestait parfois sa présence par l'enlèvement de quelque tête de bétail du troupeau. Ayant prié deux bergers de m'accompagner pour me montrer l'endroit où le crocodile avait l'habitude de se tenir et la place où il leur avait enlevé des têtes de bétail, ils me menèrent en effet dans un lieu où il y avait des ossements de moutons. Je priai mes deux guides de passer le fleuve, moyennant récompense, et quoique j'élevasse mes offres en proportion de leur résistance, je ne pus les décider à mettre le pied dans l'eau. Je voulus alors faire l'acquisition d'un agneau pour l'exposer, comme victime, à la voracité de l'animal, mais on refusa de me le vendre, en disant que ce serait exciter la voracité du crocodile et qu'ils en souffriraient davantage par la suite. Il faut observer que tout ceci se passait assez près de la mer. Que me restait-il donc à faire ? Il ne me restait plus qu'à chercher quelques traces que le monstre pouvait avoir laissées sur le sable, ou encore un squelette. Je ne pus retrouver aucune trace, même en remontant le Yerka ; mais, comme on me présenta des restes de la dépouille de l'animal, notamment de la tête, j'en dois conclure que, si la bête n'y existe plus, elle a certainement dû y exister, parce que personne ne se serait probablement donné la peine d'en apporter des dépouilles d'Égypte pour les déposer ici. J'appris aussi que quelques mois avant mon arrivée dans ce pays, un Européen avait cherché et trouvé des restes de l'amphibie; cet Européen était M. le professeur bavarois Rotte, qui fut ensuite victime en Syrie de ses profondes et savantes recherches, ayant reçu un coup de soleil dont il mourut. C'est sans doute pour cela que je rencontrai moi-même si peu de traces de l'animal. Tout me porte à croire que les enlèvements de bestiaux d'aujourd'hui sont l'ouvrage des chiens de mer qui s'introduisent dans le fleuve : la preuve en est que les bergers ne perdent de bestiaux que dans le voisinage de l'embouchure de la rivière, et jamais dans les parties supérieures. Voilà tout ce que j'ai pu apprendre en quatre jours de recherches sérieuses.

L'HYÈNE

L'hyène infeste la Palestine aujourd'hui encore comme dans l'antiquité hébraïque. Jérémie seul en fait mention (1). La nuit, ce repoussant quadrupède fait entendre ses tristes hurlements et se rend avec la plus grande rapidité dans les endroits où l'attire l'odeur des animaux morts et des cadavres humains;

(1) Jérém., XII, 9.

c'est pourquoi tous les tombeaux, même ceux des pauvres gens, sont toujours recouverts d'un tas de pierres qui les met à l'abri de la voracité de l'hyène, laquelle déterrerait le mort pour le dévorer. Si l'on ne prenait pas ces précautions, on verrait bientôt de quoi est capable ce vilain animal, comme j'ai pu le constater par moi-même. En Palestine, il y a une foule de légendes sur l'hyène : je me bornerai ici à en reproduire une seule, qui est la plus répandue.

C'est une croyance admise par tous les habitants que l'hyène, à cause de sa lâcheté, n'attaque jamais l'homme, parce qu'elle le craint; elle est toujours attirée par l'odeur du sang, et elle se sert de toute la malice et de la ruse qu'elle possède au plus haut degré, pour vous faire répandre le vôtre, car alors vous devenez sa proie. On dit qu'elle se met en embuscade dans les lieux fréquentés, et que, comme elle est douée d'une certaine force d'attraction sur l'être humain, elle s'en sert pour le contraindre à la suivre ; qu'elle fait passer sa victime par des lieux difficiles et rocailleux, afin de profiter de ses chutes et de ses blessures pour l'attaquer dès que la peur ou la fatigue l'ont mise hors d'état de se défendre. L'Arabe ajoute que, dès que l'on se sent attiré, il faut crier continuellement : *Père, à mon secours*, afin que quelqu'un entende ce cri et vienne vous sauver du péril ; car alors la bête fuit en poussant des cris horribles, sa force de magnétisme étant insuffisante pour agir sur deux personnes. C'est à cause de cette croyance que ceux qui voyagent la nuit, soit à pied, soit à cheval, cherchent toujours à se faire accompagner, ou bien séjournent dans quelque village pour y attendre les premières lueurs de l'aurore, qui obligent l'hyène à se retirer dans sa tanière, où elle va *digérer* ses orgies nocturnes. Je n'ai pas éprouvé la méchanceté de la bête, quoique je l'aie vue souvent la nuit, seul sur un cheval ou un âne, sur la route de Jaffa à Jérusalem; mais je me suis aperçu que les montures étaient effrayées et refusaient d'avancer, et comme je ne voulais pas perdre de temps en *contestations*, je mettais pied à terre et menais mon cheval ou mon âne par la bride; la crainte les abandonnait alors. Les nomades et les Arabes des villages font activement la chasse à cette bête, qui est pour eux un signe de malheur. Quand ils l'ont tuée, ils en prennent la peau, avec laquelle ils vont demander une récompense pour la victoire qu'ils ont remportée, et personne ne se refuse à donner une preuve du contentement qu'on éprouve à voir un ennemi détruit.

Il y a deux manières de chasser l'hyène. On l'attend dans des endroits où il y a de la charogne, ou l'on creuse des fossés profonds de huit à dix pieds, larges d'autant ou plus, selon la proie que l'on s'attend à prendre; on met ensuite au milieu un morceau de bois, auquel on attache un animal mort, et l'on dissimule le piége avec des branchages que l'on recouvre de terre. Les Arabes pourraient bien avoir emprunté ce dernier moyen aux Hébreux, parce que, chez ces derniers, les fosses étaient considérées comme l'image des dangers et des embûches (1). On emploie le premier moyen quand on chasse une

(1) Ezéchiel, XIX, 4, 8.

bête seule, et le second, quand on veut en attirer un grand nombre ou que l'on préfère rester chez soi plutôt que de faire le guet. Parmi les Bédouins, il y en a de si hardis, que lorsqu'ils connaissent la tanière où la bête carnassière se cache pendant le jour, un seul d'entre eux y va l'attaquer, certain de ne pas la manquer. Pour cela ils s'enveloppent le bras gauche de leur manteau et ils se pourvoient d'un long et fort yatagan, sans aucune arme à feu, quand ils savent que la tanière est étroite ; mais quand elle est large, ils y vont à deux et se munissent aussi de pistolets. On ne cite pas une seule fois où ces individus aient échoué dans leur entreprise ; et ces chasseurs sont fort considérés des chefs de tribus, qui les honorent largement de leur bienveillance. Le dépouillement de la peau se fait dans un lieu abrité du vent et très-éloigné des habitations et des tentes, parce que le corps de l'animal exhale une odeur tellement fétide, qu'elle blesse non-seulement l'odorat, mais est encore très-dangereuse pour la salubrité de l'air, ou du moins ils le croient. Et c'est là la raison principale pour laquelle la carcasse de la bête est généralement brûlée : ils s'imaginent cacher ainsi aux autres hyènes ce qui est arrivé, afin qu'elles ne se servent point de leur finesse pour se venger ou éviter de se laisser prendre. Les Arabes de l'intérieur du pays tirent parti de la peau, car, après l'avoir nettoyée avec de la chaux et du sel, et l'avoir tenue quelque temps dans les eaux de la mer Morte, ils en font de solides sandales et des tiges qu'ils emploient comme talisman contre les attaques de la bête ; dans ce dernier but, il y en a aussi qui coupent quelques morceaux des cuisses, et après les avoir exposés pendant plusieurs jours au soleil pour les purifier, ils s'en nourrissent comme d'un remède efficace pour détourner les piéges de l'animal. Je voulus aussi essayer, par pure curiosité, de goûter à ce genre de viande, mais mon estomac s'y opposa plus par prévention et par réflexion que par dégoût réel, et c'est pourquoi je ne suis pas invulnérable contre les perfidies du monstre.

Je dirai enfin que cet animal diminue journellement dans le pays ; et dans quelques siècles on se demandera s'il a ou non existé, comme aujourd'hui ceux qui ne croient pas, s'ils ne voient, refusent d'admettre l'existence en ce pays du lion et de l'ours. J'ai la conviction intime que la Bible est exacte sur ce point (1), et que la disparition de ces deux derniers animaux provient plus du déboisement opéré en Palestine et qui leur a enlevé toutes leurs retraites, que de la destruction que les hommes en ont faite en les chassant.

LE SANGLIER

Le sanglier, qu on doit regarder comme un porc sauvage, se rencontre fréquemment en Palestine par petites troupes, qui habitent les montagnes et les marais. Pendant la nuit, ils font des excursions

(1) Juges, XIV, 5, 6. — I Sam., XVII, 34, 35, 36, 37.

dans les plaines de Saaron, de Gaza et de Jéricho, ainsi que dans beaucoup d'autres endroits, et ils tombent souvent sous le plomb meurtrier du chasseur. Ils sont plus petits que les sangliers d'Europe, dont ils n'ont pas la férocité, et ceux qui les chassent n'ont pas besoin non plus d'autant de précautions et de moyens d'attaque. On trouve très-souvent en vente dans les villes de Jérusalem et de Jaffa la chair de cet animal; mais comme cette viande est échauffante, on l'obtient à très-bas prix, d'autant plus que les musulmans et les juifs n'en font pas usage. Vers l'hiver de 1858, j'achetai à Jaffa un sanglier pour environ quinze francs, et un pour huit francs dans le désert de Jéricho. Un boucher ordinaire qui voudrait ne vendre que de cette viande seule perdrait toute sa clientèle, et il ne lui serait plus possible de rétablir ses affaires dans le pays. Dans la Bible, le sanglier est appelé le *porc des forêts* (1), et encore l'*animal sauvage des roseaux* (2). Ces épithètes caractérisent bien les habitudes de l'animal, car on le trouve toujours dans les forêts et dans les roseaux, et le voyageur en Palestine peut se convaincre de la justesse de ces expressions sur les rives du fleuve de Jaffa, dans les environs de Jéricho, sur les bords du Jourdain et dans l'ancien pays des Gareseni, où Jésus chassa le démon dans un troupeau de porcs.

J'ai cité ces pays, parce que ce sont ceux où ces animaux sont en plus grande quantité, mais on en trouve

(1) Psaum. LXXX, 13.
(2) Psaum. LXVIII, 30.

en beaucoup d'autres endroits, où l'amateur de chasse peut en profiter et s'attirer l'estime des musulmans lorsqu'il parvient à en tuer.

LE CHACAL

On trouve un grand nombre de chacals dans toute l'étendue de la Palestine; et leur mine a beaucoup de celle du renard, à la famille duquel ils appartiennent. Pendant le jour, ils se tiennent cachés dans les cavernes, dans les tombeaux en ruine et dans les trous des rochers, se dérobant aux rayons du soleil, qu'ils n'aiment pas, parce qu'il dévoile leurs festins sanguinaires ; mais, à la tombée de la nuit, ils abandonnent leurs repaires fétides, et, après s'être donné le mot, ils se réunissent par troupes, qui montent quelquefois jusqu'à deux cents individus; ils rôdent dans les environs des villes, des bourgades, et dans les lieux où ils sont attirés par l'odeur des charognes, dont ils se nourrissent de préférence à toute autre chose. Ils exécutent leur marche au concert de leurs lugubres hurlements, auxquels répondent les aboiements des chiens, leurs plus grands ennemis, ce qui produit la plus désagréable sensation. S'ils marchent ainsi réunis, c'est qu'ils sont les plus lâches des animaux; ils n'attaquent jamais personne et ne savent se défendre que par la fuite. Les trois cents animaux réunis de Samson, qu'il lia deux à deux par la queue, afin de les empêcher de retourner dans leurs retraites, et qu'il lança avec une torche allumée au derrière dans les campagnes des Philistins (1), devaient certainement être des chacals, quoique les versions traduisent le mot hébreu par renard. Je crois qu'on fait aussi allusion à ces animaux dans le psaume (2), parce que les chacals, et non pas les renards, dévorent aussi les cadavres humains. On trouve encore les chacals en grand nombre près de Gaza, Ascalon, Asdod, Ecron et Ramleh ; j'ai pu en voir dans mes voyages nocturnes, et une circonstance particulière me mit plus à portée de juger de leurs cris et de leur nombre. En janvier 1857, par une soirée où le temps couvert et orageux annonçait une pluie torrentielle, je dus me rendre de Jérusalem à Jaffa; je ne pouvais faire autrement, car la maladie grave d'un ami m'y appelait. La hauteur de la neige le long de la route, en grande partie à travers les montagnes, une fange boueuse dans la plaine, ainsi que l'obscurité de la nuit, tels étaient les obstacles qui m'empêchaient d'avancer rapidement, de sorte que j'arrivai sur les trois heures du matin près d'un petit torrent qui est à une demi-lieue de Ramleh. Je voulus traverser ce torrent, mais mon pauvre cheval s'y refusa ; je l'excitai, il m'obéit, et il s'enfonça dans la boue jusqu'au ventre ; naturellement mes jambes suivirent le même chemin : j'appris alors à mes dépens à respecter l'instinct des chevaux arabes. Comme il n'y avait pas moyen de sortir de ce mauvais pas,

(1) Juges, XV, 4.
(2) Psaum. LXIII, 10.

je me résignai à mon sort, en nous réconfortant, moi et mon cheval, avec les provisions que j'avais dans mon sac de voyage. Je passai ainsi le temps à manger, boire, crier et chanter, dans l'espérance de voir arriver du secours et aussi pour éloigner de moi tout malheur, car je savais que l'année précédente on avait tué un mulet dans cet endroit, le prenant pour un animal sauvage. Les ténèbres étaient très-épaisses, le vent soufflait, mais il n'était heureusement pas trop froid, et mes cris n'attiraient que de nombreux chacals, qui se tenaient à distance respectueuse, s'imaginant, peut-être, que j'étais leur maître de musique, attendu qu'ils répondaient à toutes les intonations de ma voix, surtout quand je cherchais à les imiter. Vers les cinq heures, je fus secouru par un garde du consulat anglais de la ville sainte, qui venait de Ramleh. Ce brave homme retourna jusqu'aux habitations les plus proches, où il fit une provision d'eau-de-vie; il revint bientôt me tirer d'un bain si désagréable et qui ne fut pas sans inconvénient pour mes jambes et pour celles de mon cheval. Dans cette nuit horrible, j'acquis la certitude que, si un nouveau Samson voulait brûler toutes les récoltes de l'ancien pays des Philistins, il trouverait plus de trois cents chacals descendant en droite ligne des premiers incendiaires, et je reconnus aussi qu'on pourrait les attraper facilement avec des lacs, des trappes et en creusant des fosses (1). Que ce qui m'est arrivé serve de leçon au voyageur qui, dans la saison d'hiver, voudrait se rendre de Jérusalem à

(1) Psaum. CXL, 5.

Jaffa ou *vice versa ;* car, tant que la Sublime Porte exercera sa *bienfaisante* domination en Palestine, on ne construira certainement pas un pont sur ce torrent, où il arrive si souvent des malheurs.

SERPENTS

On fait mention de plusieurs espèces de serpents dans la Bible ; mais toutes ces espèces ne se retrouvent plus en la Palestine, quoiqu'il y en ait encore un grand nombre. Je ne me charge pas de les détailler, et je ne veux que raconter ce que je sais de ces reptiles, renvoyant ceux qui désireraient en savoir davantage à Seetzen, qui a fait un traité sur les diverses espèces qu'il a rencontrées en Judée. Il dit qu'il n'en a pas trouvé de venimeuses; mais je crois qu'il se trompe; plusieurs faits m'ont prouvé le contraire.

On lit dans le Lévitique qu'on ne doit manger d'aucun reptile rampant sur la terre (1). Les Arabes, sur ce point, sont plus avancés que leurs prédécesseurs les Hébreux, car ils font la chasse à quelques espèces non venimeuses. Quand ils en ont pris quelques-uns, ils leur coupent d'abord la tête et les font rôtir ensuite par petits morceaux enfilés les uns à la suite des autres avec une épine verte, qu'ils font tourner avec les mains sur un feu lent. Ils arrosent cette sorte de brochette

(1) Lév., xi, 10, 41, 42.

de temps en temps avec un mélange de limon sûr, de sel et de poivre battus ensemble. Les plus riches mettent aussi de l'huile. Les serpents ainsi préparés composent un mets délicat.

Au mois de mars de 1858, me trouvant dans la plaine de Jéricho, je vis deux nomades qui faisaient la cuisine que je viens de décrire; il me prit envie d'en goûter, et je fus tellement satisfait, que j'en fis souvent usage par la suite, prenant cependant la sage précaution de mettre la viande dans un bain de vinaigre quelques jours avant de la préparer, afin de lui enlever la légère odeur de musc qu'elle a. Je puis assurer que cette nourriture est très-bonne à l'estomac, et que la chair est aussi délicate que celle de l'anguille, si elle ne l'est pas davantage.

Dans la Genèse (1), le serpent est appelé le plus rusé de tous les animaux; et on le donne aussi comme prudent dans saint Matthieu (2). Ces épithètes lui sont appliquées à juste titre; il les mérite chaque jour davantage, et les anecdotes suivantes en seront la preuve.

A une certaine époque, j'habitais à Jérusalem une maison située à deux cents pas à l'est de la porte Judiciaire, dans la voie Douloureuse. Il y avait, en dedans et en dehors de la ville, des plantations d'hysope (3) que j'aimais beaucoup à regarder; mais, hélas! ma joie fut bientôt diminuée, quand je m'aperçus qu'elles servaient de retraite à des serpents, qui s'y chauffaient au soleil.

(1) Gen., III, 1.
(2) S. Matth., X, 6.
(3) I Rois, IV, 33.

A la vue de ces hôtes désagréables, il me vint naturellement à l'idée de leur donner la chasse, mais un domestique arabe m'en dissuada en me disant : *Ne les tuez pas, car les serpents sont les amis de la maison et des autres maisons voisines*. En vérité, ce n'était pas une raison suffisante pour m'empêcher de commettre un *serpenticide*, mais le domestique avait l'air si désolé de mon projet, que j'abandonnai tout dessein hostile, et, pour me l'attacher davantage, je lui commandai de fournir tous les jours du lait aux visiteurs, qui, pour me témoigner leur reconnaissance, vinrent quelquefois se blottir dans un coin de ma chambre à coucher. Ce fidèle gardien manque rarement dans la plus grande partie des vieilles maisons de Jérusalem, et les Arabes considèrent sa présence comme un bon augure. Ce qui est plus surprenant, c'est que les femmes qui allaitent ne le craignent ni pour elles ni pour leurs enfants, et que les jeunes garçons le caressent. Bien souvent, la nuit, les mères sont réveillées par le reptile, qui s'est attaché à leur sein pour en sucer délicatement le lait ; elles le trouvent aussi quelquefois dans le berceau de leurs enfants, mais loin de s'en effrayer, elles racontent cela comme une chose tout à fait ordinaire. On le voit quelquefois passer au milieu de la volaille, s'enrouler autour d'un chat ou d'un chien. Il est enfin considéré comme un animal domestique, et il se rend fort utile en détruisant les rats, les souris et les insectes.

J'ai raconté tout cela, afin que ceux qui désirent éviter la présence de cet hôte s'abstiennent de prendre des maisons qui, par leur ancienneté ou le voisinage des jardins et des amas de ruines, attirent ce rusé reptile. Le serpent s'introduit aussi dans les pâturages, dans les grottes, et dans les étables où reposent les troupeaux, et, pendant la nuit, il s'attache très-délicatement aux mamelles des brebis et des chèvres, dont il suce le lait sans les réveiller; n'est-ce pas là la preuve de la fourberie la plus raffinée? Il profite toujours des occasions de se procurer le confortable, et il ne cause jamais de malheur, à moins que l'on ne veuille regarder comme tel l'effroi qu'il fait éprouver à quelques femmes qui ne le considèrent que comme un trompeur.

Tous les serpents ne sont pas inoffensifs comme ceux dont je viens de parler, car, autour des bassins de Salomon, à une lieue au sud de Bethléem, des bergers ont tué des reptiles de la famille des aspics, qui avaient d'un à deux pieds de longueur et d'un à deux pouces de grosseur; leur couleur était d'un brun noirâtre, et ils s'élançaient avec force et impétuosité sur la victime que le hasard leur offrait, et qui mourait après quelques convulsions, quand elle n'était pas soignée à temps. J'ai possédé et conservé dans l'esprit-de-vin un de ces reptiles, et j'ai vu l'effet de son venin sur une brebis; peut-être était-il de l'espèce de ceux dont parlent Job, XX, 14-16, et Isaïe XI, 8, sans mentionner beaucoup d'autres passages. Quand un Arabe est piqué, il se lie aussitôt la partie blessée, et si c'est possible, il se fait sucer le venin (1), et brûle la blessure, sur laquelle il met ensuite un cataplasme composé d'herbes

(1) Job, xx, 16.

aromatiques et de cendre de serpents venimeux, et il croit que ce dernier remède est le plus salutaire, comme possédant la vertu de détruire l'action du venin. Mais si l'on peut se rendre maître de la bête même qui a fait le mal, le meilleur remède qu'il y ait, c'est de l'appliquer rôtie sur la blessure. Comme les Hébreux professaient un culte superstitieux pour les serpents, le roi Ezéchias, qui voulait détruire tout ce qui pouvait porter à l'idolâtrie, fit briser le serpent d'airain que Moïse avait élevé dans le désert et qu'on avait conservé comme objet d'antiquité ou imité plus tard (1). Ce serait donc des Hébreux que les Arabes auraient reçu la coutume de respecter et de vénérer presque les serpents inoffensifs comme un symbole de bien. Très-souvent, en effet, dans les processions publiques, les santons, les derviches et les charmeurs de serpents en portent autour du cou, des bras ou dans l'estomac, et ils en ont aussi quand ils vont parcourir les campagnes pour opérer des guérisons qu'ils ne font jamais. Il y avait des enchanteurs au temps des Hébreux (2), et aujourd'hui encore les Arabes en possèdent quelques-uns. Ils cachent leur secret, qu'ils ne propagent que dans leurs familles, et ils font voir qu'il est efficace en se rendant facilement maîtres des serpents. Sans craindre d'être mordus, ils leur font faire des mouvements au son de la musique ; ils les jettent et les reprennent ; ils les irritent et les calment; ils les endorment et les réveillent ; ils en font enfin

(1) Nomb., XXI, 9. — II Rois, XVIII, 4.
(2) Deut., XVIII, 11. — Psaum. LVIII, 5.

tout ce qu'ils veulent. Je m'insinuai dans les bonnes grâces d'un de ces prétendus enchanteurs, dans l'espoir de découvrir quelque chose de la manière de prendre et d'instruire les serpents ; mais comme il fut insensible aux offres que je lui fis, je renonçai à rien tirer de lui. Il fut cependant bien surpris quand je lui fis voir qu'avec la pratique je pouvais rendre un serpent immobile, l'irriter et le rendre docile. Cela me valut son intimité, et je crois qu'il me considérait comme un enchanteur en herbe. Je dirai enfin que les Hébreux croyaient que le serpent ne se nourrissait que de terre (1); et les Arabes partagent aussi cette croyance, la plupart d'entre eux ne connaissant pas les sciences naturelles.

LES ABEILLES, LE MIEL ET LE LAIT

Si je parle encore du lait dans cet article, c'est que dans la Bible il est mis, avec le miel, au nombre des bénédictions de la Palestine, comme le prouvent les passages cités en note (2) : je trouve donc plus simple de n'en pas donner une description séparée. Je commencerai néanmoins par faire quelques observations au sujet de ceux qui, sans avoir jamais visité la Palestine, ont voulu parler du miel, et qui en décrivent

(1) Gen., III, 14. — Isaïe, LXV, 25. — Michée, VII, 17.

(2) Exode, III, 8 ; XIII, 15. — Lév., XX, 24. — Deut., VI, 3. — Josué, V, 6. — Jérém., XI, 5, etc., etc.

les diverses qualités, pour prouver qu'il ne s'agit pas seulement du miel produit par les abeilles. Ces assertions, en effet, ne signifient pas grand'chose aux yeux de ceux qui connaissent le sol actuel de la terre sainte.

Quelques-uns prétendent que la Bible fait aussi mention d'un miel végétal, et ils donnent comme tel un sirop que l'on obtenait en faisant bouillir du vin nouveau et en y mêlant quelque substance douce, qui, à l'époque des Hébreux, ne pouvait être que la moelle de canne à sucre ou le miel même. D'autres veulent reconnaître comme miel le jus que l'on peut extraire des dattes en les faisant bouillir, et en réduisant ce jus en sirop. Il y en a aussi qui veulent appeler miel une espèce de rosée qu'on trouve sur les feuilles de quelques arbres : cette rosée ne tombe pas du ciel et n'est pas non plus distillée par le tronc de l'arbre, mais elle est déposée sur les feuilles par un insecte appelé *afides*. Il me semble qu'il faudrait trop de raisin, immensément de dattes et une quantité énorme d'*afides*, pour faire couler du sirop et non pas du miel. Ces raisons sont trop spécieuses pour expliquer comment la Bible a pu dire *que le miel coulait*. Pourquoi, d'ailleurs, aller chercher si loin ces mauvaises raisons quand, aujourd'hui encore, on voit couler naturellement le miel sauvage dans la Palestine ? Il n'y en a certainement pas en aussi grande quantité que dans les temps anciens, mais la raison en est toute simple, les guerres continuelles et les rivalités des partis ayant déboisé le pays. Les habitants actuels détruisent les misérables restes des bois, en arrachant les buissons odoriférants et les plantes aromatiques avec leurs racines ; le paysan cultive négligemment la terre ; il sème peu, et les abeilles, manquant des *aliments* nécessaires, ne produisent plus de miel ni de cire, comme lorsque le sol était fécondé par une riche culture. On en peut dire autant du lait, parce que les luxuriants pâturages se sont transformés en terres stériles, les sources sont taries, les plantations ont fait place aux roches nues : aussi la grande quantité des bêtes à laine et des bêtes à corne a-t-elle dû aussi diminuer en porportion. C'est pourquoi je suis de l'opinion de ceux qui croient que la Bible parle du miel produit principalement par les abeilles sauvages et par les abeilles domestiques. En effet, c'étaient les abeilles sauvages qui avaient produit le miel de la roche (1) ; celui que Samson trouva dans la carcasse désséchée d'un lion et dont il fit une énigme (2); celui que Jonathas, avec ses soldats, vit couler dans une forêt et dont le fils de Saül mangea sans connaître l'ordre insensé de son père (3) ; c'était enfin de miel sauvage que se nourrissait Jean-Baptiste (4). La Bible ne fait qu'une fois mention du miel produit par les abeilles réunies en ruche, c'est dans le Cantique (5); tandis qu'elle parle du miel en général dans beaucoup d'autres passages. Isaïe (6) fait allusion au sifflet pour appeler les abeilles sauvages. On ne dit pas de quelle

(1) Deut., XXXII, 13. — Psaum. LXXXI, 16.
(2) Jug., XIV, 8, 14.
(3) I Sam., XIV, 25, 26, 27, 28.
(4) Matth., III, 4.
(5) Cant., V, 1.
(6) Isaïe, VII, 180.

qualité était le miel dont les Israélites faisaient commerce avec Tyr (1). Les anciens se sont certainement occupés de l'éducation des abeilles, mais je crois que la plus grande partie du miel était tirée des abeilles sauvages : c'est, du reste, de celui-là que la Bible parle principalement.

L'Écriture sainte fournit de nombreux passages qui prouvent que le miel était fort estimé chez les Israélites. En effet, il était offert avec les prémices (2); Jacob en envoya au vice-roi d'Égypte (3); David et ses soldats le reçurent avec d'autres vivres à Mahassaim (4); il était au nombre des mets préférés (5); avec le beurre, il servait de nourriture aux enfants (6). Flavius Joseph dit enfin que l'on se servait de miel pour embaumer et conserver les cadavres (7), quand il raconte comment le corps d'Aristobule fut conservé pour être envoyé à Jérusalem. Quoique les abeilles rendent des services, elles sont quelquefois fort incommodes et dangereuses, comme le Deutéronome (8) et les Psaumes (9) le font bien voir. Ainsi le miel mangé en trop grande quantité faisait du mal (10), et il est à remarquer qu'il était défendu de le brûler dans les sacrifices, attendu que les abeilles étaient considérées comme im-

(1) Ezéch., XXVII, 7.
(2) II Chron., XXXI, 5.
(3) II Gen., XLIII, 1.
(4) II Sam., XVII, 29.
(5) Ezéch., XVI, 3. — Prov., XXIV, 13. — Luc, XXIV, 42.
(6) Isaïe, VII, 15.
(7) Ant. jud., XIV, 7, 14.
(8) Deut., I, 14.
(9) Psaum. CXVIII, 2.
(10) Prov., XXV, 16, 27.

pures, parce qu'elles vont souvent se poser sur des choses sales.

On ne peut pas douter qu'il n'y eût beaucoup de lait dans les temps anciens, car les habitants n'étant que pasteurs de troupeaux, cet aliment ne devait certainement pas manquer, et tout le monde s'en servait comme boisson et le préparait de différentes manières, ainsi qu'on peut le voir par les passages cités en note (1) et par beaucoup d'autres qu'il serait trop long de rappeler.

Il est donc fort raisonnable d'affirmer que le miel et le lait coulaient en Palestine dans l'antiquité.

Voyons maintenant ce que l'on en peut dire dans les temps postérieurs et de nos jours. Il devait y avoir beaucoup de miel à l'époque des Croisades, puisque Sanutus raconte que les Anglais qui suivirent le roi Édouard Ier en Palestine mouraient en foule à cause des fortes chaleurs et pour avoir mangé beaucoup de fruits et de miel. Dans toutes les campagnes, surtout dans celles du nord-est et du sud-est, où les Arabes ont le mieux conservé les habitudes primitives des anciens patriarches et où la civilisation ne s'est pas encore introduite, on peut dire que de nos jours le lait et le miel coulent, car ces aliments servent de nourriture à tout le monde, et j'ajouterai même qu'ils sont plus abondants que l'eau, qui manque quelquefois dans l'été. C'est là que les abeilles déposent encore leur miel dans les rochers, dans les troncs d'arbres et dans les carcasses de chameaux. Non-seule-

(1) Deut., XXXII, 14. — I Sam., XVI, 418. — Prov., XXVII, 27.

ment je les ai vues, mais elles m'ont encore effrayé, quand elles fuyaient en fureur de leurs ruches, auxquelles on avait mis le feu pour s'emparer du miel, de ce miel dont je me suis bien souvent régalé, car il est vraiment exquis et par le goût et par l'arome. J'indiquerai, pour celui qui ne croirait pas ce que je viens de dire, quelques endroits non loin de Jérusalem, qu'il pourra visiter pour se convaincre que le miel coule encore naturellement. Ces endroits sont les environs du village de Saint-Jean (Aïn-Karim), les environs de Zekoa et de l'ancien Herodium, les vallées d'Étham, les alentours de Gabaon, et en général toutes les localités de la Palestine où il y a des herbes aromatiques. Pour s'assurer que le lait coulait, il ne faut que visiter les nomades et on en sera bientôt convaincu. Lorsque l'on considère la végétation actuelle, on peut bien dire que les paroles de la Bible trouvent encore aujourd'hui leur application en Palestine.

LES SAUTERELLES

On trouve, dans la Bible, neuf dénominations différentes de sauterelles; mais il est impossible de dire quelles sont les diverses espèces désignées par ces dénominations. Comme beaucoup d'écrivains ont fait d'immenses recherches sur cette question, je leur renvoie ceux qui veulent l'approfondir (1), en prévenant

(1) Oedmann 2e cahier, chap. VI. — De Wette : *Archéologie*, chap. IV, part. II. *Hierozoïcon* de Bochart; Mychaelis et Tychsen.

cependant qu'ils ne sont pas arrivés mieux que les autres à des résultats satisfaisants. Les anciennes versions ne fournissent aucune lumière, parce qu'elles se contredisent les unes les autres, et les noms qu'on y trouve sont aussi peu connus que ceux du texte hébreu. Tout ce que l'on peut assurer, c'est que les Hébreux connaissaient plusieurs espèces de sauterelles, dont quatre, suivant le Lévitique (1), pouvaient leur servir de nourriture; c'est au nombre de ces dernières que se trouvaient celles dont saint Jean-Baptiste se nourrissait dans le désert (2). Les Arabes d'aujourd'hui, et surtout les nomades, en mangent encore habituellement, en les préparant dans l'eau avec du sel ou en les faisant rôtir. C'est un mets très-agréable au goût et dont j'ai souvent fait usage, non pas faute d'autre nourriture, mais parce que je les aime autant que les petites écrevisses de mer, dont les côtes sont dépourvues en Palestine; de sorte que je me consolais du manque de celles-ci par celles-là. Je me rappelle que la première fois que j'en mangeai, c'était avec un de mes anciens professeurs, qui était prêtre latin et qui cherchait à me prouver la sainteté de saint Jean-Baptiste, moins par ses prédications et ses œuvres que parce qu'il vivait de sauterelles ; cette raison me parut d'une belle force et ce seul fait m'édifia plus que tous les autres. Oh ! qu'on trouve encore de gens parmi les Latins qui ignorent presque la Bible et savent à peine marmotter la messe ;

(1) Lév., XI, 22.
(2) Matth., III, 4. — Marc, I, 6.

qui ne comprennent pas l'Épître et l'Évangile, quand ils sont en latin ; qui ne connaissent de la religion que les préjugés et les abus et en font un commerce, sans considérer la sublimité qu'elle tient du divin Rédempteur ! Je fais des vœux pour que l'on fonde bientôt dans le royaume d'Italie des écoles bibliques, qui, outre l'instruction du cœur, formeront aussi l'esprit et apprendront à interpréter dans leur véritable sens les paroles de l'Écriture sainte. Mais je reviens à mon sujet.

Les Arabes du désert et la plupart de ceux des campagnes tirent un grand parti des sauterelles. Ils les chassent, les font sécher au soleil, et après leur avoir ôté la tête et les pattes, les réduisent en poudre, soit avec des moulins à main, soit avec des pilons : en mêlant ensuite de la farine de grain à cette poudre, ils en font un pain qui a une saveur quelque peu amère, mais dont on peut corriger l'âpreté avec du lait de chamelle ou du miel. Ce que je puis assurer, par suite du grand usage que j'en ai fait, c'est que, si le pain est composé principalement de poudre de sauterelles, non-seulement il est très-amer, mais encore échauffant et irritant ; aussi l'essai en est-il assez désagréable.

Si mon Mentor avait étudié une Bible avec des commentaires, même sans aller en Palestine, il aurait appris que saint Jean se nourrissait d'un aliment très-commun dans ce pays, aussi bien dans l'antiquité que de nos jours, et il ne m'aurait pas donné à entendre ce que la Bible ne dit d'aucune manière, c'est-à-dire qu'il y avait là miracle et rigoureuse abstinence.

Les sauterelles sont beaucoup plus grandes en Palestine qu'en Europe, et quoiqu'elles y soient fort nombreuses, j'ai eu l'avantage, pendant les huit ans que j'y ai demeuré, de n'être témoin d'aucun des ravages épouvantables qu'elles y faisaient de temps en temps, et que le prophète Joel a si bien décrits dans ses chapitres I et II. Mais tous les visiteurs de la terre sainte n'ont pas eu le même bonheur que moi, et Volney est un de ceux, parmi les écrivains les plus modernes, qui aient vu le dégât causé par les sauterelles.

Je reproduirai ici la description qu'il en a laissée et qui a beaucoup d'analogie avec celle de Joel ; elle se trouve dans son ouvrage intitulé : *État physique de la Syrie*, chap. I, parag. 4. « La quantité de ces in-
» sectes est incroyable pour celui qui ne l'a pas vue
» personnellement ; la terre en est couverte sur une
» étendue de plusieurs *milles*.

» On entend de loin le bruit qu'elles font en rongeant
» les herbes et les arbres, comme une armée qui four-
» rage à la dérobée. Il vaudrait mieux avoir affaire à
» des Tartares qu'à ces petits insectes destructeurs ;
» on dirait que le feu suit leurs pas. Partout où pas-
» sent leurs légions, la verdure disparaît comme une
» tente qu'on ploie ; les arbres et les plantes dépouil-
» lés de leurs feuilles et réduits à leurs branches et à
» leurs filaments font succéder en un instant le triste
» spectacle de l'hiver aux riches tableaux du prin-
» temps. Lorsque ces nuages de sauterelles prennent
» leur vol pour surmonter quelque obstacle ou tra-
» verser plus rapidement un désert, on peut dire que
» le ciel est obscurci. » Il reproduit ici quelques pas-

sages de Joel que je trouve inutile de transcrire, parce qu'ils sont dans les chap. I et II. « Poussées dans la » Méditerranée par les vents de l'est et du sud-est, les » sauterelles vont s'y noyer en foule. Même dans la » mer, ces terribles ennemis ne cessent de pour- » suivre leurs hostilités ; leurs cadavres rejetés sur la » rive infectent l'air pendant plusieurs jours à une » grande distance. »

Les sauterelles ont un ennemi acharné dans un oiseau fort commun en Palestine et qui est un peu plus grand que l'hirondelle, dont il a les mouvements : c'est le *samarmar* (tardus seleucis). Il passe l'hiver en Afrique ou dans l'Hindoustan ; mais en été il vit dans la haute Asie. Il poursuit les sauterelles, non-seulement pour s'en nourrir, mais aussi pour les exterminer ; aussi est-il très-respecté dans tout l'Orient, et celui qui en tuerait un à la chasse serait exposé aux plus grands dangers.

LES MOUCHES

Les souffrances causées quelquefois par les mouches ne sont pas légères en Palestine ; j'en parle d'après mon expérience personnelle. Ces sortes d'insectes, qu'ils soient grands, petits ou microscopiques, sont de véritables démons. Ce sont des ennemis opiniâtres et acharnés qui vous tourmentent de mille manières dans toute saison de l'année et dans quelque endroit que vous vous trouviez, tant à la campagne qu'à la ville et de nuit comme de jour. Il est vrai que je n'ai jamais eu le malheur d'en voir de mes propres yeux des quantités aussi nombreuses que celles que Moïse avait annoncées comme puissants auxiliaires pour les Hébreux (1). On sait qu'il est dit dans Josué (2) que deux rois des Amorrhéens furent chassés de leurs royaumes, non par les armes des Israélites, mais par les mouches, qui, suivant les expressions du Talmud, piquaient les ennemis aux yeux et faisaient une blessure mortelle. Néanmoins, en 1857 et en 1860, lorsque je recevais l'hospitalité près des campements de Bédouins, non loin du Jourdain et au sud d'Hébron, le vent d'est apporta une telle quantité de ces mouches, que nous étions tous, tant les hommes que les animaux, menacés d'être étouffés, car elles s'introduisaient dans les oreilles, dans les narines, dans la bouche et par tout le corps. Moi et mon domestique, nous fûmes les premiers à être délivrés de ce supplice. En quelques heures, nous étions devenus comme des lépreux par l'éruption que leurs piqûres nous avaient occasionnée sur la peau. Les Bédouins eux-mêmes furent bientôt obligés d'abandonner la place pour aller ailleurs. Je ne suis pas le seul à raconter ce fait : Eugène Roger, voyageur du XVIIe siècle, dit que pendant son séjour à Nazareth une armée de petites mouches noires appelées *bargasch* fit invasion dans la plaine d'Esdrelon, où il y avait un campement de Bédouins composé de six cents tentes, et qu'on eut beaucoup à en souffrir. Ces insec-

(1) Exode, XXIII, 28. — Deut., VII, 20.
(2) XIV, 12.

tes infestent encore la Palestine de nos jours comme dans l'antiquité ; seulement ils se présentaient autrefois en grands corps d'armée, tandis que maintenant on n'en voit plus que des divisions. Mais elles sont encore assez incommodes, pour obliger les chefs de tribu, qui ont succédé aux anciens rois cités dans le Pentateuque et dans Josué, à évacuer les lieux où ils se trouvent.

Les Philistins avaient un dieu particulier qu'ils invoquaient contre ces redoutables ennemis ; c'était *Baal-Zebub*, le dieu des Mouches (1), dont le temple principal était à Accaron. J'en comprends la raison, car, même encore de nos jours, l'ancien pays des Philistins fourmille de ces insupportables insectes, comme nous l'éprouvâmes, Sorraya-Pacha et moi, durant l'été de 1859. Mais n'ayant pas une bien grande confiance dans Baal-Zebub, nous nous défendîmes au moyen du *papier-mouche* et avec une patience stoïque.

Un grand nombre de voyageurs, dans la prévision de ces petits désagréments, emportent avec eux une pharmacie et laissent souvent en Europe le seul remède efficace, c'est-à-dire la patience. Je leur conseille de se munir de cette dernière, d'abord parce qu'elle est facile à porter et qu'elle coûte moins qu'on ne pense, et ensuite parce qu'elle opère à merveille sous tous les climats. Je la recommande surtout contre les mouches. Mais quand on ne serait pas assailli par celles-ci, on aura encore grand besoin du remède dans toute la Palestine, et surtout dans les villes, contre les

(1) II Rois, I, 2, 16.

amas de charognes, de boues, d'ordures et d'immondices, croupissant dans les rues et bouchant les conduites d'eau ; contre la malpropreté des maisons, contre la saleté des vêtements de la plupart des habitants, et enfin contre la qualité exécrable des aliments dont presque tout le monde se nourrit. Les sujets de Baal-Zebub viennent vous tourmenter même dans les déserts ; ils s'invitent d'eux-mêmes à table et se rendent maîtres de la cuisine, en combattant continuellement avec les cuisiniers, qui sont vaincus bien souvent. Les voyageurs doivent donc être moins sévères pour ceux-ci, s'ils leur apportent quelquefois dans les plats ce que l'on ne voudrait pas y trouver.

Si le voyageur veut être moins tourmenté dans sa propre tente, qu'il se tienne loin des eaux stagnantes, des villages, des lieux de passage, des ruines anciennes et nouvelles, des lieux avoisinant les pâturages des troupeaux ou des endroits où ils ont séjourné. C'est là, en effet, que les mouches se rencontrent par myriades.

Ce ne sont pas seulement les petites mouches, les insectes, qui vous tourmentent en Palestine ; il y en a encore de grosses à deux jambes qui n'épargnent pas davantage les voyageurs et les pèlerins, en bourdonnant continuellement autour d'eux, et en se rencontrant à chaque instant sur leurs pas. Ces mouches sont les conducteurs d'ânes, de mulets et de chevaux ; les drogmans et les ciceroni, les moines de la plupart des communautés ; les marchands d'objets de piété que l'on fabrique dans le pays : celles-là sont même les plus terribles et les plus insupportables. On remarque particulièrement les bons chrétiens de Bethléem, qui se pressent sur les gens au point de les étouffer. Toutes ces grosses mouches ne piquent point ; mais lorsqu'on ne les connaît pas, elles vous vendent à un prix si élevé les objets qu'elles vous offrent, qu'elles ont bientôt vidé votre bourse. La prudence exige qu'on ne se laisse pas approcher de trop près, parce que ce sont des magasins ambulants d'insectes qui se propagent facilement, et l'on sentirait alors des piqûres qui, si elles ne sont pas aussi fortes que celles des mouches, sont certainement plus répugnantes. Une recommandation directe à Baal-Zebub serait inutile contre ces coassociés ; mais on peut se servir efficacement de la massue d'Hercule et de la force de Vulcain. J'ai raconté ceci pour avertir les voyageurs de prendre leurs précautions contre les attaques des mouches et des grosses mouches.

CHAPITRE III

DE QUELQUES LÉGENDES ARABES ET AUTRES FAITS CONFRONTÉS AVEC LA BIBLE.

Pendant mon séjour en Palestine, quoique je fusse dévoré par les insectes, je me suis souvent privé des commodités de la ville et d'un logement confortable pour accepter l'hospitalité que m'offraient les habitants du pays et pour avoir le plaisir d'observer leurs mœurs, d'essayer leur genre de vie, d'étudier leurs facultés intellectuelles et enfin de me distraire par leurs récits. J'en reproduirai ici quelques-uns pour montrer au lecteur quelle est, chez les Arabes de Palestine, la puissance des traditions hébraïques, que la civilisation grecque et la civilisation romaine n'ont pu affaiblir. L'explication de ce phénomène est dans l'affinité des races, le plus puissant et le plus naturel des liens qui unissent les peuples entre eux. On trouve toujours dans chaque village ou tribu un *écrivain* qui réside près du chef, s'occupe du gouvernement et peut se dire l'unique savant du *district ;* aussi cherchais-je à me mettre dans ses bonnes grâces, en lui faisant de petits présents pour lui *ouvrir la bouche* et l'engager à me raconter les légendes de son pays. Je ne rapporterai ici qu'une partie de ce que j'ai appris, mon intention n'étant pas de composer un ouvrage spécial sur cette matière.

LES LOUPS DE KEBAB ET LES RENARDS DE SAMSON

Sur la route de Jaffa à Jérusalem, à deux heures de Ramleh, on aperçoit à gauche un village arabe appelé Kebab, situé sur une *colline* dont on raconte les choses suivantes : Le grand roi Salomon était mécontent des habitants, parce que, malgré l'immense quantité de leurs troupeaux de bêtes à laine et de bêtes à cornes, ils se refusaient depuis plusieurs années à payer l'impôt auquel ils étaient taxés. Le roi ayant décrété que tout propriétaire de quarante moutons et de trente bœufs serait soumis au tribut, ces gens, peu honnêtes, firent entre eux une convention secrète pour éluder la loi en se partageant les troupeaux et faisant passer pour propriétaires les femmes, les filles et les enfants, de manière que personne ne possédât plus de vingt-neuf bœufs et trente-neuf moutons ou chèvres. Salomon, instruit de cette ruse, en fut très-irrité ; mais, avant de châtier ces grossiers paysans, il voulut leur envoyer un prophète pour essayer de les amener à repentir. En effet, un saint homme se rendit dans le village ; mais ses avis furent méprisés et il fut lui-même hué, tourné en dérision et chassé à coups de pierres. Le sage roi se décida alors à punir. Sur son ordre, on entoura le village d'une grande quantité de loups, qui, jetant des flammes dévorantes par la gueule, incendièrent tout le pays et les campagnes environnantes alors couvertes de moissons bonnes à rentrer. Les cendres des habitants brûlés avec leurs bestiaux ont formé la colline où est Kebab, qui reste comme un monument éternel de la vengeance de Dieu, accomplie par la main de Salomon, que le Seigneur protége !

L'écrivain arabe termina là son récit. Ce conte, quelque fabuleux qu'il soit, me rappelle l'histoire des trois cents renards ou chacals de Samson (1), d'autant plus que le village est situé dans une vaste plaine qui a été le théâtre de la vengeance de l'Hercule biblique. Cette plaine fait partie d'un pays où l'on pourrait prendre, aujourd'hui encore et sans beaucoup de peine, avec des trappes ou des filets, plus de trois cents chacals dans une seule nuit.

L'ARCHE DE JOSUÉ BETH-SÉMITE

En suivant la route de Kebab à Jérusalem, on rencontre, à une heure et demie sur la droite, *Biar-Eyub*, le puits de Job, et un quart d'heure plus loin, toujours à droite, on découvre le versant d'une montagne formée de rochers, sur laquelle se trouve une *table* de pierre, qui sert d'arche aux habitants actuels de *Beit-*

(1) Juges, xv, 5.

Aimsi, petit village situé derrière la montagne. Les Arabes et les Hébreux veulent voir dans cet emplacement l'ancienne arche de Josué le Beth-Sémite (1). Les uns et les autres y viennent en pèlerinage, même de pays éloignés, avec la conviction que ceux qui souffrent de maladies produites par le flux de sang en guérissent, et que ceux qui se portent bien en sont préservés. Les Arabes connaissent bien ce passage de la Bible, quoiqu'ils le revêtent des couleurs orientales, et les Hébreux les plus ignorants racontent « que l'arche du Seigneur ayant été prise par les Philistins, il s'éleva dans toutes les villes qu'elle parcourut deux fléaux terribles : l'un était une multitude de rats et de souris qui envahirent les campagnes et détruisirent toutes les récoltes ; l'autre, une maladie qui fit mourir un grand nombre d'habitants à la suite d'un flux de sang. Les Philistins, comprenant que ces maux venaient de ce qu'ils gardaient l'arche, la renvoyèrent aux Hébreux, et aussitôt ils recouvrèrent la santé ; les souris et les rats furent anéantis. » Comme l'arche s'arrêta dans le champ de Josué, on y accourt avec la croyance que les pierres sur lesquelles elle a reposé ont conservé la propriété de guérir, lorsqu'on met son corps en contact avec elles. Les paysans de Beit-Aimsi profitent de cette superstition pour se faire payer une offrande par les crédules Israélites ou pour retenir les effets dont ils se sont dépouillés, s'ils ne se montrent pas généreux. Ce petit récit nous représente un passage de la Bible (2).

(1) I Sam., VII, 14.
(2) I Sam., V et VI.

IMAN-AALY — LE LÉVITE HUZA

En continuant notre route par *Ouady-Aaly*, vallée d'Aaly, nous trouvons, au bout de trois quarts d'heure de marche, une grande quantité de chênes verts dans un endroit appelé *Chejret-Iman-Aaly*, l'arbre de l'iman Aaly, position délicieuse après une marche longue et pénible. On y voit les ruines d'une ancienne chapelle musulmane, près d'une petite citerne dont la voûte est presque détruite et qui n'est plus alimentée que par les eaux de pluie. Je vais raconter tout ce que m'en a dit l'*écrivain* de Saaris.

Dans les premiers temps de la propagation de l'islamisme sur la terre, Seid-Aaly était un riche et vaillant seigneur du pays d'Yemen. Aucun de ses voisins ne pouvait résister à sa puissance et Dieu favorisait toutes ses entreprises, quoiqu'il ne fût pas encore instruit dans la vraie religion du Prophète, car il était toujours plongé dans les ténèbres de l'idolâtrie. Sa réputation de bravoure était si grande, que le pacha qui gouvernait le pays au nom du sultan de Roum, voulant s'attacher ce puissant auxiliaire pour l'opposer aux courses que faisaient les tribus du désert, lui donna en mariage sa fille unique, la belle Mériam. Après trois jours de fêtes splendides, Seid-Aaly vit entrer dans sa tente sa jeune fiancée; il lui enleva avec la pointe de son épée, comme c'était alors l'usage, le voile doré qui la dérobait encore à ses yeux, et fut pénétré d'admiration en voyant la beauté de son visage et la bonté qui s'y réfléchissait. Tandis qu'il était dans le ravissement et qu'il commençait à sentir dans son cœur le feu de l'amour, une force invincible enchaînait son corps et paralysait sa volonté. Ce fut dans ce moment que la vérité éternelle lui fut révélée dans sa splendeur increéée et qu'elle s'empara de toutes ses facultés. Devenu immédiatement musulman, il voulut faire goûter le même bonheur à Mériam, mais les yeux de celle-ci restèrent fermés à la lumière céleste et elle refusa de reconnaître le Dieu unique. Seid-Aaly s'abstint de faire usage de ses droits, et permit à son épouse vierge de retourner chez son père, après lui avoir fait promettre que le jour où son âme s'ouvrirait à la doctrine de la vérité, elle viendrait le rejoindre et lui rendre un bonheur dont il ne pouvait plus jouir maintenant sans elle. Depuis ce jour-là, la paix s'envola du cœur de Seid-Aaly; il délaissa les fidèles compagnons de ses entreprises, ses riches troupeaux et le désert où il avait passé sa jeunesse, pour se retirer dans cette vallée, revêtu des humbles habits de derviche, et pour consacrer sa vie à donner des secours et de l'eau à tous les voyageurs. Plusieurs années s'écoulèrent et il continuait toujours ses prières et ses bonnes œuvres, suppliant la miséricorde divine de le retirer de ce monde ou de le réunir à Mériam. Un jour, pendant qu'il faisait la sieste, il crut voir en songe se diriger vers l'ermitage sa fiancée, parée de riches habits de noce et mollement étendue sur un lit d'or porté par deux génisses éblouissantes de blancheur. Il se réveilla de joie et vit devant lui une pèlerine le front courbé dans la poussière, qui avait des vêtements en lambeaux et dont les pieds meurtris par les aspérités du chemin étaient ensanglantés. Il s'approche et reconnaît sa Mériam bien-aimée, qui, sur le point d'expirer de fatigue, le salue par les paroles sacrées de la vraie foi. Il se précipite vers elle, dépose un baiser brûlant sur ses lèvres, et les deux âmes, qui ne doivent plus se quitter, s'envolent avec ce premier baiser dans le séjour du bonheur éternel. Les anges ont fait croître les chênes à l'endroit où reposent les corps des deux fidèles serviteurs de Dieu, et on y a construit une chapelle et un *lieu de repos, wakouf*, où le voyageur peut en tout temps trouver de l'eau et bénir la mémoire du saint iman. L'indifférence du siècle a tout laissé tomber en ruines, à la honte des administrateurs du *wakouf*, qui en ont dépensé tous les revenus.

L'origine de cette histoire des montagnes de la Judée peut se retrouver dans la perte que firent les Hébreux de l'arche sainte, quand ils furent battus par les Philistins pendant le sacerdoce d'Éli (1) ; dans le renvoi de l'arche chez les Israélites (2), au champ de Josué Beth-Sémite, ou quand on la transporta à Chariath-Yarim (3), ou enfin quand Huza la toucha près de la grange de Nacon, lorsque David voulait la faire transporter à Sion. Je m'épargnerai désormais la peine de faire sentir les rapprochements paragraphe par paragraphe, étant bien convaincu que les lecteurs les déduiront d'eux-mêmes sans difficulté.

(1) I Sam., IV, 11.
(2) I Sam., VI, 14.
(3) I Sam., VII, 1, 2, 3, 4.

LES ARABES DE LA PALESTINE CONNAISSENT LE TOMBEAU DE MOISE

Près de la mer Morte, dans la partie occidentale de Jéricho, il existe sur une montagne une petite mosquée entourée d'un bâtiment, que l'on reconnaît sans peine pour un ancien couvent chrétien. J'ai été plusieurs fois sur les lieux dans le but de pouvoir visiter un sépulcre qui existe encore à l'intérieur de la mosquée; mais j'ai été déçu la plupart du temps dans mes espérances, parce que cette mosquée était gardée par de fanatiques musulmans qui ne voulaient pas me permettre d'en approcher, bien que je leur offrisse de l'argent, comme cela se fait toujours. Mais enfin, grâce à quelques braves Bédouins d'escorte et à une ruse dont je me servis, j'exécutai mon dessein. Cela me causa la plus vive satisfaction, car j'y retrouvai un ancien sépulcre hébraïque sur lequel je donnerai de plus grands détails dans la publication des Tombeaux de la Palestine. Ce lieu est appelé par les Arabes *Nebi-Musa*, le prophète Moïse, et ils ont la ferme croyance que le législateur du peuple hébreu y est enterré. Je n'ai pu savoir de quelle époque date cette croyance, mais il est à présumer qu'elle provient d'une erreur répandue par les conquérants mahométans, qui y trouvèrent la sépulture d'un saint Moïse, ermite vénéré par l'Église orientale; la similitude du nom leur fit croire que le tombeau renfermait les restes du prophète, malgré le témoignage formel de la

Bible (1). Par les nombreuses recherches que j'ai faites dans les bibliothèques grecques, surtout dans les manuscrits qui y existent, j'ai reconnu que saint Euthème y avait bâti un couvent où il fut enterré, et quand les mahométans s'emparèrent de ce lieu, ils lui donnèrent un nouveau nom, auquel ils appliquèrent une légende adoptée par tout le pays et dont je vais faire le récit.

Le prophète Moïse était arrivé à l'âge de cent vingt ans sans éprouver aucune des infirmités de la vieillesse, parce que Dieu, dont il était l'élu, lui avait promis de le laisser en ce monde et de ne le rappeler à lui que lorsqu'il serait descendu volontairement dans un tombeau. Comme Moïse savait bien que son peuple, après sa mort, s'écarterait des institutions et des lois qu'il lui avait données et s'attirerait la colère divine, il ne se hâtait point de mourir et il évitait avec le plus grand soin de s'approcher d'aucun sépulcre. Cependant il était temps de le faire jouir du repos éternel. Un jour qu'il se promenait dans les montagnes à l'ouest du Jourdain, pour reconnaître le pays, il aperçut sur une colline blanche comme la neige quatre hommes qui creusaient à grand'peine une grotte dans l'intérieur du rocher. Ces hommes étaient quatre anges envoyés de Dieu et revêtus d'habillements grossiers pour mieux tromper le prophète. « Que faites-vous dans ce lieu solitaire? demanda Moïse aux travailleurs. — Nous préparons une retraite pour notre roi, qui veut y renfermer le plus précieux de ses trésors ; c'est pour-

(1) Deut., XXXIV, 6.

quoi nous nous sommes mis à travailler dans le désert. Notre travail est presque achevé, et nous attendons le dépôt important qui ne peut tarder à arriver. » Le soleil était brûlant et il n'y avait nul lieu dans les environs qui pût garantir de ses rayons. La caverne seule offrait un ombrage délicieux et une fraîcheur séduisante ; Moïse, accablé de lassitude, y entra pour se reposer un instant sur un banc de pierre au fond de cette caverne, qui n'était autre chose qu'un sarcophage. Aussitôt qu'il se fut assis, un des quatre ouvriers lui offrit avec le plus grand respect une pomme d'apparence séduisante et d'une odeur engageante. Moïse l'accepta pour se rafraîchir ; mais à peine en eut-il respiré l'odeur qu'il tomba dans le sommeil de l'éternité. Il mourut par le sens de l'odorat, parce qu'ayant vu Dieu (Allah), ayant entendu sa voix et lui ayant parlé, il ne pouvait plus recevoir la mort par les yeux, par les oreilles ni par la bouche. Son âme, recueillie par les anges, fut emportée sur leurs ailes devant le trône de Dieu, et son corps repose dans la grotte depuis ce jour. Aussi ce rocher, qui a mis en défaut la prudence de l'homme divin, a conservé sa blancheur apparente à l'extérieur ; mais, en le creusant, on le trouve, sous la surface, plus noir que *les anges de la mort*. Nebi-Musa est considéré maintenant par les mahométans comme un saint lieu de pèlerinage ; mais, pour les voyageurs, il est curieux à cause de la singularité de sa pierre noire, qui est bitumineuse et dont on fabrique, principalement à Bethléem, une foule de petits objets sculptés.

Je vais dire maintenant comment je suis parvenu

à pouvoir visiter le sépulcre dans la mosquée. Au mois de mars de l'année 1861, un Bédouin de mes amis me fit savoir que le gardien de Nebi-Musa était un santon et qu'il ne se privait pas de boire du *rachi*, espèce d'eau-de-vie, certain ainsi de ne pas désobéir au prophète Mahomet, parce que cette liqueur n'est pas rouge. Lorsque je sus cela et que j'eus pris quelques autres mesures, afin de ne pas être retenu à Nebi-Musa, mon plan fut arrêté. Je demandai des cavaliers du gouvernement au pacha et je partis immédiatement avec le Bédouin, accompagné de deux autres de ses camarades. Arrivé sur les lieux, je me présentai le plus respectueusement possible devant le santon, qui m'accueillit parfaitement, et nous entamâmes une conversation animée, pendant laquelle je lui offris un peu de sucre, de café et de tabac ; je lui demandai ensuite s'il voudrait accepter deux bouteilles de *rachi*, afin de pouvoir donner des rafraîchissements aux voyageurs européens qui le visiteraient. Voyant que je les lui offrais de cette manière, il les accepta les yeux brillants de contentement et avec mille démonstrations amicales de plaisir. Quelques instants après, je le laissai sous la garde du Bédouin, qui, au bout de deux heures, vint m'annoncer que le cerbère était dompté par les feux de Bacchus et les pavots de Morphée, et que je pouvais tout à mon aise examiner le sépulcre et lever le plan du bâtiment, que je publierai en son temps. Le santon s'étant réveillé et craignant que je ne lui parlasse le premier, me pria de l'excuser de ce qu'il ne m'avait pas tenu compagnie, parce qu'il en avait été empêché par ses devoirs et surtout par la prière. Je fis semblant de tout croire ; mais le Bédouin m'assura qu'une des deux bouteilles était déjà vide.

Conclusion : Si les Arabes sont en désaccord avec l'Écriture sur le lieu de la sépulture de Moïse, ils s'accordent tous à reconnaître en ce dernier l'élu de Dieu, ce qui prouve que leur tradition s'appuie sur la Bible.

JÉSUS EST L'AUTEUR DU RAMADHAN DES MAHOMÉTANS

On trouve, au nord de Neby-Musa et à l'ouest de Jéricho, une montagne appelée *Gorontol* ou la *Quarantaine* par les chrétiens et les mahométans, en mémoire de la retraite et du jeûne qu'y fit le sauveur de ceux-là et le prophète Isa (Jésus) de ceux-ci (1). Voici le conte arabe. Le grand prophète Jésus se rendit dans ce lieu sauvage avec ses disciples pour y célébrer, loin des distractions mondaines, le saint mois de ramadhan, jeûne prescrit par la loi de Mahomet aux fils de l'islam. Comme les montagnes de Jérusalem bornent la vue à l'ouest et qu'il lui était impossible de voir le coucher du soleil pour rompre le jeûne, les mahométans ne mangeant que lorsque le soleil est couché, il fit, avec la permission de Dieu, une figure d'argile représentant un oiseau et, après avoir invoqué l'Éternel, il souffla sur cette figure et l'oiseau agita aussitôt ses ailes massives et s'envola dans une des cavernes si obscures qui sont dans la

(1) Matthieu, IV, 2. — Marc, I, 13.

montagne. Cet oiseau est le *khofasch*, chauve-souris, qui se cache dans le jour et ne se montre que lorsque le soleil est couché. Tous les soirs au *maghreb*, quand on rompait le jeûne, l'oiseau voltigeait autour du Seigneur Jésus, qui se préparait alors à la prière avec ses disciples, et aussitôt qu'il avait rempli ce pieux devoir, le Tout-Puissant faisait descendre du ciel une table d'argent recouverte d'une toile, qui dissipait les ténèbres et sur laquelle se trouvait un grand poisson rôti, cinq pains, du sel, du vinaigre, des olives, des grenades, des dattes et de la salade fraîche, provenant du jardin du ciel. Le prophète mangeait tout cela et les anges le servaient à table (1). Il est évident que cette légende a aussi son origine dans la Bible.

LE PROPHÈTE VERDOYANT OU LE PROPHÈTE ÉLIE

A mi-chemin de la route de Jérusalem à Bethléem, on trouve un couvent consacré au prophète Élie, et en face du couvent il y a un rocher sur lequel les mahométans et les chrétiens disent reconnaître l'empreinte qu'y laissa le prophète, lorsque, fuyant de Samarie à cause des persécutions de Jézabel, il se réfugia dans le désert de Béorseba (2). On trouve aussi, à une lieue de Bethléem, au midi, une fontaine appelée la *Fontaine scellée*, qui alimente les bassins de Salomon.

(1) S. Marc, I, 13.
(2) II Rois, XIX, 2, 3.

Voyons maintenant ce que les mahométans racontent sur le prophète Élie.

Il y avait au temps des Beni-Israël, fils d'Israël, un homme aimé de Dieu, du nom d'*Eless* ou *Eliass*, qui était un bon et fidèle musulman. Dieu voulut faire de lui un prophète et s'en servir pour ramener dans la bonne voie les hommes égarés dans une fausse route. En conséquence il lui dit : Va prêcher la vraie doctrine, et pour que ces pécheurs endurcis ajoutent foi à ta parole, partout où se posera ton pied, quand ce serait sur la terre la plus sèche et la plus stérile, il poussera de l'herbe fraîche et des fleurs ; si tu t'assieds sous un arbre désséché, il reverdira et se couvrira de feuilles ; c'est pourquoi on ajoutera à ton nom celui de *Keder*, c'est-à-dire le verdoyant ; et c'est la raison pour laquelle Eliass est appelé *Keder*. Eliass donc, parcourant le pays pour y répandre la parole de Dieu, allait de Jérusalem à Hébron. En se reposant dans le lieu où est maintenant le couvent de son nom, il y laissa l'empreinte de son corps ; et, poursuivant sa route, il arriva aux bassins que le prophète Salomon avait construits. Or, il faut dire que dans le village de *Keder*, au nord des bassins et à l'endroit où est situé le couvent grec de Saint-Georges, demeurait un cheikh puissant que ses tyrannies et ses cruautés avaient rendu la terreur et l'effroi de tous les lieux d'alentour. Propriétaire d'un terrain peu fertile, il s'opposa au passage du prophète, non pas pour se convertir, mais pour faire servir à son intérêt personnel les dons merveilleux que le ciel lui avait accordés : au moment où Élie s'approcha des bassins, il fut saisi par les sicaires du cheikh et conduit à sa demeure. Je veux, lui dit ce brigand, que tu parcoures tous mes domaines, puisque tes pas sont bénis. Demain, je te conduirai moi-même sur mes terres, et ne cherche pas à fuir, car Dieu même ne pourrait t'arracher de mes mains. Après une nuit passée dans un petit cachot noir, le prophète fut chargé d'une chaîne lourde et pesante, que le tyran tenait par le bout, et se mit en route de cette façon humiliante pour gagner les bassins. Mais partout où passait l'homme de Dieu, les moissons se couchaient, l'herbe se desséchait et les arbres perdaient leur verdure; c'est pourquoi le terrain est, de nos jours encore, si stérile, qu'on dirait que l'Élie des musulmans y passe tous les ans. A cette vue, le cheikh fut pris d'une telle fureur, qu'il faillit précipiter son prisonnier dans les bassins; mais celui-ci, accablé de lassitude, demanda la permission de descendre dans la fontaine scellée pour s'y désaltérer. L'impie y consentit; ayant toujours la chaîne entre les mains, il ne craignait pas que sa victime lui échappât. Mais à peine Élie fut-il descendu, que l'étroit canal s'élargit et lui livra un passage, qu'il suivit sans être nullement embarrassé par la chaîne, qui s'allongeait à mesure qu'il avançait. Après avoir fait quelques pas, il but de l'eau, ses fers se rompirent, et le chemin se referma derrière lui, pour le séparer de son persécuteur. Depuis lors il parcourt tout l'univers, mais invisible, faisant tout reverdir sous ses pas et, une fois l'an, il fait le saint pèlerinage de Mina, près de la Mecque. Lorsque son persécuteur s'aperçut que sa victime lui avait échappé, il en devint fou et mourut peu de temps après.

Quoique cette histoire soit d'imagination orientale, il n'est pas difficile d'y reconnaître un souvenir éloigné des persécutions qu'Élie eut à souffrir d'Achab, roi d'Israël, et de sa femme Jezabel (1).

LE MONUMENT D'ABSALON DANS LA VALLÉE DE JOSAPHAT

On lit dans le IIe livre des Rois (2) que les soldats, ayant pris Absalon, le jetèrent, au milieu d'une forêt, dans une grande fosse, sur laquelle ils amoncelèrent un gros tas de pierres, etc. Il y a, dans la vallée de Josaphat, un monument dit d'Absalon (3), au pied duquel s'élève une grande quantité de petites pierres qui enterrent presque ce monument, et dont l'intérieur est aussi rempli de cailloux. Pourquoi ces pierres se trouvent-elles là? Parce qu'elles y ont été jetées, en signe de malédiction et d'abomination contre la mémoire du fils rebelle de David, par tous les voyageurs musulmans, hébreux et chrétiens qui passent par cet endroit. Cet usage très-ancien a commencé sans doute à l'enterrement d'Absalon, car on trouve dans Surius que : « les Chrétiens, les Juifs, les Turcs, et les Maures conduisent leurs enfants dans la vallée de Josaphat et jettent des débris et des pierres sur ce tombeau, en commandant à leurs enfants d'en faire

(1) IV Rois, XVII; III Rois, XVIII; XIX, 2, 3, etc.
(2) XVIII, 17.
(3) II Rois, XVIII, 18.

autant, et en criant : *Il est ici, il est ici le méchant, le bourreau, le cruel qui a fait la guerre contre son père.* » J'ai vu des Juifs et des Arabes qui y mènent encore aujourd'hui leurs enfants, surtout le vendredi, et, quand ces derniers ont un mauvais caractère, ils les corrigent sur le lieu même. Le bon roi Josaphat peut se plaindre à bon droit de toutes les insultes faites à la mémoire d'Absalon ; car, son monument étant placé derrière celui du fils de David, il reçoit les cadeaux que l'on envoie à cette adresse ; aussi est-il presque entièrement recouvert par les débris lancés. Cette petite histoire n'est-elle pas une nouvelle preuve que les coutumes et les traditions anciennes n'ont pas été discontinuées par les Arabes eux-mêmes, et qu'ils conservent les usages et les pratiques des temps bibliques?

LES CLEFS DE JÉRUSALEM ENTRE LES MAINS DES HÉBREUX EN 1864

Tout le monde sait, aussi bien que les Arabes, que l'Éternel dit à Abraham : « Je donnerai ce pays à ta postérité (1), » et qu'il renouvela souvent cette promesse tant à Abraham qu'à Jacob et à Isaac. Les musulmans craignent tellement qu'elle ne se réalise, qu'ils font une garde très-vigilante auprès des tombeaux de ces trois patriarches, à Hébron, afin que les Juifs ne puissent venir les prier d'obtenir de Dieu que le pays leur soit rendu. En outre, les Arabes de la Palestine

(1) Gen., XII, 7.

savent que Jérusalem a appartenu aux Hébreux, et que Dieu leur retira la cité sainte pour les punir de leurs infractions aux lois des prophètes Moïse, Jacob, David et Salomon.

Or, voici ce qu'on raconte : les Israélites qui demeuraient à Jérusalem, le 8 Juillet 1861, jour où l'on apprit dans la ville sainte la mort du sultan Abdul-Medjid et l'avénement au trône d'Othman d'Abdul-Azis, se présentèrent avec toutes les formalités d'usage au gouverneur Surraya Pacha, et le prièrent de leur remettre les clefs de la ville de Jérusalem, invoquant le droit qu'ils avaient à l'occasion de la mort d'un souverain et de l'avénement d'un autre. Ils lui fournirent les preuves de cet usage, pour ne pas essuyer un refus. Mais le Pacha voulut en conférer avec son conseil ordinaire, composé du chef de la religion ou *Mufti*, du grand juge, *Cadi*, et d'un grand nombre d'autres éminents personnages originaires du pays. La décision fut tout en faveur des Israélites, parce que le conseil reconnut qu'en effet ils avaient été les anciens propriétaires de la ville. Aussi, on procéda à l'exécution de la manière suivante : Saïd Pacha, commandant de la garnison, se rendit, accompagné de ses officiers d'état-major, de quelques membres du conseil, et suivi d'une foule de curieux, au quartier juif; il y fut pompeusement reçu par une députation des fils déchus d'Israël, qui l'accompagnèrent jusqu'à la demeure du grand rabbin. Celui-ci l'attendait à la porte de sa maison, où le Pacha lui remit, en présence du public, les clefs si précieuses. Le Pacha fut reçu avec tous les honneurs possibles dans le divan du rabbin, où on lui offrit des rafraîchissements, du café et du tabac. Au bout d'une heure, le rabbin, n'ayant pas de gardes pour veiller sur les clefs, les rendit, avec force remercîments, au commandant, qui, escorté par les chefs israélites, se transporta chez le Pacha gouverneur pour lui rendre compte de sa mission et lui montrer qu'aucune des clefs n'avait été égarée. Les Israélites ont donc possédé pendant une heure, en 1861, les clefs de Jérusalem, ce que les Arabes leur accordèrent par respect de la tradition, conservée religieusement chez eux.

L'ARCHE DE NOÉ

Les Arabes connaissent le déluge universel et savent que Noé bâtit l'arche par ordre de Dieu; mais ils ont tellement surchargé la tradition, qu'elle est aujourd'hui entourée de fables et de mille histoires diverses, bonnes et autres; aussi est-elle presque méconnaissable, et je me dispenserai de raconter tout ce que l'imagination orientale a inventé là-dessus. Je me contenterai de dire que les Hébreux pensent que l'arche a été construite à Jaffa, et que Noé, pour se procurer tout le bois dont il eut besoin, fut obligé de prendre non-seulement celui qui était dans les environs de la ville, mais encore celui de la plaine, à une grande distance, afin de pouvoir exécuter le commandement de Dieu. Les habitants actuels de Jaffa croient que c'est en récompense de la bonne volonté que leurs ancêtres témoignèrent pour les ordres du patriarche que leurs jardins sont maintenant aussi féconds, tandis que les Arabes soutiennent que la plaine est privée d'arbres en punition des obstacles qu'apportèrent les anciens possesseurs à la construction de l'arche.

Les idées qu'ils ont sur les dimensions de ce grand ouvrage sont tellement exagérées, qu'ils veulent faire croire qu'il en existe encore des restes sur le mont Ararat, en Arménie, bien que les pèlerins de toutes les nations en aient emporté pendant tant de siècles des fragments comme reliques.

Souvent, en causant avec les Arabes musulmans et les chrétiens orientaux des dimensions de l'arche, je leur récitais ce passage de la Bible : « La longueur de l'arche sera de trois cents coudées ; sa largeur de cinquante coudées, et sa hauteur de trente coudées (1). » Ils m'interrompaient toujours en disant que, dans mon livre, il devait y avoir une erreur de traduction, ou bien qu'au lieu de coudées, il fallait entendre une autre mesure plus grande. Ces objections paraissent assez raisonnables, si l'on considère que Dieu commanda à Noé de conduire dans l'arche toute sa famille et de tout ce qui a vie d'entre toute chair, deux par espèce, ainsi que la nourriture nécessaire ; de prendre aussi sept paires de chaque espèce d'animaux terrestres et d'oiseaux du ciel (2). En effet, si l'arche avait eu seulement les dimensions que lui donne la Bible, comment aurait-elle pu contenir un si grand nombre d'animaux et autant d'espèces qu'il y en avait ? Il faut avouer que mes auditeurs ne manquaient pas de raison sous ce rapport ;

(1) Gen., VI, 15.
(2) Gen., VI, 19, 20, 21 ; VII, 2, 3.

mais je ne leur cédais pas, et je leur faisais comprendre que les traducteurs du livre sacré pouvaient s'être trompés en lisant les chiffres numériques primitifs, ou qu'ils pouvaient aussi avoir mal traduit le mot désignant la mesure ; que c'était ainsi un défaut humain et non pas d'inspiration. En d'autres occasions, j'ai entendu émettre, sur le déluge universel, des réflexions assez sensées par des drogmans, gens qui accompagnent les voyageurs en Orient, et qui sont, pour la plupart, musulmans, Grecs, Latins ou Arméniens. Le lecteur sera sans doute curieux de savoir pourquoi nous causions de ces choses ensemble. Je vais le lui expliquer.

Ils se plaignaient que, dans l'endroit où fut construite l'arche de Noé, on retrouvât des objets antédiluviens en si petite quantité et de si peu de valeur, en comparaison de ce qu'on trouve dans les autres pays. Il faut dire qu'ils avaient appris cela, pendant leurs fréquents voyages, de diverses personnes qu'ils avaient accompagnées, et ils regrettaient de ne rien avoir à acheter à bas prix chez les paysans pour le revendre très-cher.

Un jour, je fus interrogé à ce sujet par quelques-uns d'entre eux. Ne pouvant me refuser à reconnaître que l'arche avait été faite, sinon à Jaffa, du moins en Palestine ; n'ayant aucune preuve, du reste, qu'elle ait été construite ailleurs, et, d'après ma conviction personnelle, leur ayant démontré que le déluge ne pouvait être révoqué en doute, je conclus que c'était faute de recherches, si l'on n'avait trouvé en Palestine qu'un petit nombre d'objets antédiluviens. Je dois cependant déclarer qu'en huit années de voyages en Terre-Sainte, pendant lesquelles je me suis livré à toutes sortes d'investigations, je n'ai jamais rien pu trouver que quelques coquilles pétrifiées dans le désert de Saint-Jean, maintenant cultivé en vignes, près du village d'Aïn-Karim, à deux lieues à l'ouest de Bethléem. On rencontre, il est vrai, en Palestine, quelques objets bizarres qui paraissent pétrifiés, mais ils sont loin d'être regardés comme antédiluviens, et les habitants prétendent en connaître l'origine. Il y a, en effet, sur le mont Carmel, *le Jardin d'Élie* ou *le Champ de melons*, auquel se rapporte la légende suivante :

« Le prophète, en passant par ces lieux, vit un homme qui gardait un champ de melons, et, comme il avait grand soif, il le pria de lui en donner un. Le gardien le lui refusa brutalement en disant que c'étaient des pierres. Élie lui répondit : *Puisque pierres tu appelles ces légumes, que pierres ils deviennent*, et ainsi fut-il. »

Ces pierres, qui ont la forme d'un melon, sont composées de roche calcaire et creuses à l'intérieur, qui est rempli de cristaux de quartz. On trouve aussi, sur la même montagne, d'autres pierres qui ont la forme de différentes espèces de fruits et de légumes, tels qu'olives, pommes de terre et pêches. Pour aller de Jérusalem à Bethléem, au nord du tombeau de Rachel, on passe par *Djurn-el-Hommos* (champ des pois chiches), qui tire son nom de ce que la roche calcaire produit des cailloux qui ont la forme de ces légumes et qui sont loin d'être des pétrifications. On raconte que la Vierge, passant dans ce lieu avec son fils, demanda à l'homme qui cultivait la terre ce qu'il y semait, et que ce dernier répondit : « Des pierres. » « Qu'il pousse donc des pierres, » répliqua Marie. On trouve encore, dans les montagnes occidentales de Jéricho, des pierres qui ont la forme d'olives ; les Bédouins les ramassent pour les vendre, et elles sont connues sous le nom d'*olives de Sodome,* parce qu'il y en a près de cette ancienne ville. Je ne saurais mieux terminer cet article que par la légende relative aux cristallisations calcaires qui forment le sol de *Birket-el-Kalil* (la piscine d'Abraham), endroit situé à l'extrémité du grand golfe commençant à *Ayn-Djedy* ou Engaddi, à l'est d'Hébron, tout près de la mer Morte.

Abraham, connu des Arabes sous le nom d'*El-Kalil* (l'ami de Dieu), habitait Hébron. Un jour, le patriarche alla à *Birket* avec une mule pour y faire sa provision de sel, les habitants des environs ayant l'habitude de le recueillir pour le vendre. Les travailleurs répondirent grossièrement à Abraham qu'ils n'avaient pas de sel à lui donner, quoiqu'ils en eussent une grande provision autour d'eux ; le prophète, irrité de leur insolence, les punit en leur disant : « Vous ne récolterez plus de sel dans ce lieu que je maudis, et vous n'aurez plus de route d'ici à Hébron. Au même instant, la terrible menace du patriarche s'accomplit. Le sel se changea en pierre, tout en conservant son apparence de sel, et la route de Birket-el-Kalil à Hébron cessa d'être praticable pour les voyageurs.

Si tous ces récits n'intéressent pas le lecteur, il aura du moins appris que les Arabes sont capables de faire de judicieuses observations, et que les hommes illettrés émettent quelquefois des idées auxquelles il n'est pas facile de répondre ; il saura aussi quels sont les principaux objets qui passent pour des pétrifications en Palestine.

LA CRÉATION DE L'HOMME — ADAM ET ÈVE

Un grand nombre d'écrivains (1) ont pensé qu'Adam a été formé de la terre du *champ Damascène,* près d'Hébron. Cette terre est rouge, et de là serait venu le nom du premier homme *Adam,* qui, en hébreu, signifie *rouge.* Aussi n'est-il pas étonnant que les Arabes en général, et surtout les mahométans, aient pour cette terre un si grand respect, qu'ils la ramassent et la conservent comme une relique. Selon les musulmans, ce serait Azrael, l'ange de la mort, qui aurait donné à Dieu la terre dont fut formé Adam ; cette terre avait été prise dans les quatre parties du monde et avait les différentes couleurs qui passèrent ensuite dans les diverses races humaines.

Quand Dieu eut créé l'homme, il le mit dans un lieu de délices, où rien ne manquait à son bonheur ; mais l'homme s'étant plaint de sa solitude, le Seigneur lui donna une compagne, Ève, qui, plus tard, le fit tomber dans le péché.

Pour leur pénitence, ils furent obligés, afin de se purifier de leur faute, d'aller se baigner dans le Jourdain, où ils devaient se tenir éloignés l'un de l'autre. L'homme soutint parfaitement l'épreuve, mais, la femme étant sortie trop tôt, le Seigneur en fut irrité

(1) Tels que : Adrichomius : *Champ damascen. Judas,* 90 ; Joseph : *Antiquités,* I, chap. 2 ; Brocard, *Itinéraire,* VI ; Breda, Salig. tome X, chap. 5.

et sépara de nouveau les deux époux pour cent ans, au bout desquels il les réunit...

Edrisi, historien arabe, prétend que les restes mortels d'Ève reposent à Djedda, port de la Mecque, et que la Kaaba a été la demeure d'Abraham.

Dans ce récit, aussi bien que dans les autres, on retrouve toujours la Bible (1).

LA MER MORTE OU BAHR LUT ET LA STATUE DE SEL

Parmi les Arabes de la campagne et les Nomades, il n'y a personne qui ne sache que Lot était un riche propriétaire de terres et de bestiaux dans la plaine maintenant envahie par les eaux de la Mer-Morte, appelée *Bahr Lut* (Lac de Lot). Ils montrent aussi la statue de sel de la femme de Lot, et les ruines ou l'emplacement des villes coupables. Ils racontent certainement les faits avec beaucoup d'exagération ; mais enfin ils les ont appris de la tradition non interrompue du pays, et ces faits ont toujours leur source dans la Bible. Ceci reconnu, je vais dire comment une simple combinaison m'a conduit à expliquer, d'une manière tout à fait naturelle, l'événement de la femme de Lot *changée en statue de sel*. Mon intention n'est pas de contredire le texte sacré, qui, du reste, n'a rien de miraculeux ni d'extraordinaire, puisqu'un ange dit, selon l'hébreu : « Sauve ta vie, ne regarde point derrière toi, et ne t'arrête en aucun endroit de la

(1) Genèse, II, 7, 8, 15; III, 6, 19, 23.

plaine; sauve-toi sur la montagne, de peur que tu ne périsses (1). » Je crois que tout cela est dit en manière de conseil afin de prévenir un mal et non pas comme menace. Le texte ajoute ensuite : « Mais la femme de Lot regarda en arrière, et elle devint une statue de sel (2). » Le texte sacré ne dit pas que Dieu la punit ; il est vrai, que, pour n'avoir pas suivi les conseils de l'ange, elle fut victime de sa désobéissance, ce que je confesse; mais quant à son châtiment, ce fut un fait tout naturel, comme je vais le démontrer.

Au mois d'avril 1859, je me trouvais avec des Bédouins dans la plaine de Jéricho pour faire des dessins et des recherches ; je mesurais la plaine du couvent de Saint-Jean, près du Jourdain, lorsque, vers le milieu de la journée, mon escorte me conseilla d'abandonner mon travail, de monter à cheval et de gagner au plustôt le château de Jéricho avant que le vent d'Est devînt trop fort, parce qu'il était chargé de nuages de sel. Je suivis ce conseil et, grâce à nos bons et intelligents chevaux, qui dévoraient l'espace, nous atteignîmes l'emplacement de l'ancienne maison de Zachée (3) quelques instants avant que le vent eût tourné en ouragan : l'air était embrasé. Je me ressouvins en ce moment du vent d'Est impétueux d'Isaïe (4). En effet, la tempête devint de plus en

(1) Gen. XIX, 17.
(2) Genèse, XIX. 26.
(3) Luc, XIX, 1, 10.
(4) XXVII, 8 ; Job. XXVII, 21 ; Jérém., XVIII, 17 ; Ezéch., XVII, 10; XIX, 22.

plus forte; le ciel était entièrement obscurci par la poussière et il faisait une chaleur suffocante. Dans l'intérieur de la chaumière où je m'étais mis à l'abri avec les hommes et les chevaux, le sable, qui venait jusque sur nous, nous incommodait beaucoup. Cette bourrasque fut pendant environ une heure dans sa plus grande fureur, et elle s'apaisa petit à petit au coucher du soleil.

La même chose m'était arrivée l'année précédente, mais dans des proportions moindres, lorsque j'accompagnais au Jourdain mon ami le comte Nicolas Kouschelef, de Saint-Pétersbourg, et quelques-autres grands seigneurs. Nous dînions sous la tente, quand tout à coup un coup de vent d'Est enleva les toiles, couvrit tous les mets de poussière, et nous apporta une quantité de sel trop considérable pour le peu de nourriture que nous pûmes prendre ensuite. Il arriva aussi, en février 1856, que, dans une nuit, toutes les terrasses et les rues de Jérusalem furent remplies, à la hauteur d'un pouce environ, de sable mêlé de sel, que le vent d'Est avait apporté; ce que les plus anciens habitants de la ville n'avaient encore jamais vu.

Pour en revenir à l'événement de 1859, je dirai que, pendant la nuit, il tomba une légère pluie de sel et que le lendemain il y avait comme une sorte de givre sur la terre. Les Bédouins m'ayant assuré que c'était le prélude d'une pluie de sel plus considérable pour les deux jours suivants, je voulus rester dans le pays afin d'en voir moi-même l'effet.

Dans une excursion, que je fis, après dîner, vers la mer Morte, au couvent de Saint-Jérôme, je vis, en revenant, que les pasteurs se hâtaient de mener leurs troupeaux dans l'intérieur du pays ou dans les endroits couverts. Leur en ayant demandé la raison, ils me répondirent que le sel qui tombait abondamment pendant la nuit pouvait leur faire du mal. Cela me donna l'idée d'exposer un agneau pendant la nuit : je mis un bédouin à sa garde sous un abri de branchages fait à la hâte, afin d'empêcher que la victime ne fût attaquée par quelque bête féroce. Le lendemain matin l'agneau était mort. Fut-il tué par le bédouin, qui espérait le manger, ou par la pluie de sel, c'est ce que je ne sais pas; mais ce qui est certain, c'est que sa toison était recouverte, ainsi que toute la plaine de Jéricho, d'une couche de sel telle qu'on aurait dit qu'il était tombé de la neige; l'agneau resta dans la même position la seconde nuit, et, le lendemain matin, il ressemblait à une pétrification de sel.

Ce fait très-simple m'expliqua comment la femme de Lot, qui, ne croyant peut-être pas à la destruction de Sodome, comme quelques personnes le veulent, était restée en arrière par désobéissance, par faiblesse, ou par fatigue, se serait évanouie ou aurait été prise par le sommeil : il serait tombé alors une abondante pluie de sel sous laquelle elle serait morte, couverte par la rosée saline, et de là viendrait l'histoire de la statue.

Mon opinion paraîtra encore plus admissible, si l'on réfléchit qu'au Sud et vers l'extrémité Sud-est de la mer Morte, l'évaporation dépose quelquefois le sel, en une seule nuit, jusqu'à la hauteur d'un demi-pied et même d'un pied ; et tous les arbustes, les pierres et les squelettes d'animaux sont bientôt changés en monceaux ou statues de sel. Du reste, les objets qu'on jette dans l'eau, sur la rive Nord, pourvu qu'on les y laisse quelque temps, se recouvrent d'une légère couche de sel, et, ce qui est encore plus fort, c'est que les personnes mêmes qui se baignent dans cette eau en sortent comme cristallisées par de petites parcelles de sel qui font beaucoup de mal aux yeux ; et on fait bien de regagner au plus vite les rives du tortueux Jourdain.

M. de Saulcy s'est ainsi rendu compte de la mort de la femme de Lot (1) : « Au moment de l'ébranlement de cette énorme montagne (la montagne de sel), de grandes masses se seront détachées, comme il arrive encore aujourd'hui. La femme de Lot, étant restée en arrière, par curiosité ou par crainte, aura été écrasée par ces rochers roulant du haut en bas de la montagne, et quand Lot et ses enfants se seront retournés, ils auront vu, à la place où s'était arrêtée la malheureuse entêtée, le rocher qui avait recouvert son corps. »

Cette opinion me paraît aussi très-propre à expliquer le fait.

Beaucoup d'écrivains traitent d'incrédules ceux qui ne veulent pas reconnaître un miracle dans la conversion de la femme de Lot en statue de sel, et, pour le prouver, ils font voir que dans le livre de la Sagesse, écrit mille ans après l'événement, il est dit que la statue de sel existait encore : « Une statue de sel est debout, souvenir d'une âme qui ne voulut

(1) *Voyage autour de la mer Morte*, tom. I, pag. 252.

pas croire (1). » Ils disent aussi que Flavius Joseph, après mille autres années, écrivait de son côté : « J'ai parlé de cette colonne qu'on voit encore aujourd'hui (2). » Saint Irénée affirme qu'elle se voyait aussi de son temps, non sous la forme d'une femme, mais sous celle d'une colonne de sel (3). Saint Clément, Saint Cyrille de Jérusalem, Saint Jean Chrysostôme et beaucoup d'autres ont également parlé d'une colonne de sel existant à leur époque (4).

L'auteur du poëme de Sodome, attribué à Tertullien, fait mention de la statue de sel. Hégésippe en parle aussi (5).

Je me demande ce qu'ils veulent prouver avec ces citations? Qu'ils croient tous à la Bible? Mais j'y crois aussi. Les premiers qui firent la tradition, en observant une des nombreuses pétrifications salines, comme on en voit encore aujourd'hui, lui donnèrent le nom de statue de sel de la femme de Lot, affecté jusqu'à ce jour à un de ces nombreux stalactites et stalagmites qui représentent toutes sortes de formes. Il faut aller sur les lieux, et, loin de traiter d'incrédules les voyageurs qui font de sérieuses observations, on sera persuadé que la statue ou colonne de sel a pu être brisée des milliers de fois et se reformer ensuite, et que l'on continuera à la montrer comme aujourd'hui pendant des siècles.

(1) Sag., x, 9.

(2) Irénée, cix. — Irénée, iv, 31.

(3) Ant., liv. i, chap. ii.

(4) Clément, pap. Ep. i; Cyrille, Jérus. *Catech.* 19; Chrysostôme, *Hom.* xi, iii, xl, iv, *in Genèse.*

(5) De Sacy, not. *in Abdallatie Relat.*, p. 276.

L'ANCIEN TEMPLE JUIF N'EST PAS RÉELLEMENT DÉTRUIT

Je vais terminer ce chapitre d'anecdotes en exposant ce que pensent quelques rabins sur l'ancien temple de Jérusalem. Ils croient ou ils veulent faire croire qu'il n'est pas détruit et qu'il ne s'en est pas perdu une seule pierre ; des prophètes ou des anges l'ont recouvert de poussière ou de ruines pour le dérober aux regards des impies. L'arche, les tables de la loi, la baguette de Moïse, le vase de la manne recueillie dans le désert, le chandelier à sept branches et tous les vases sacrés s'y retrouvent ; c'est le prophète Élie qui offre journellement les sacrifices dans ce temple, parce que la terre ne pourrait subsister sans sacrifices. Lorsque Dieu délivrera les fils de Sion de la captivité, toutes les pierres du temple se retrouveront dans leur ancienne position, et le Saint des Saints sera rétabli dans toute sa splendeur. Dieu réunira le mont Thabor, le Sinaï et le Carmel, et y bâtira le nouveau temple, qui ne sera jamais détruit. Le Messie y portera la couronne de la maison de David et rétablira le royaume d'Israël. Tout l'or et l'argent, les perles et les pierres précieuses, qui sont au fond de l'eau et qui ont été perdus depuis la création du monde, seront rejetés par les flots sur les côtes de Jaffa. Le temple sera d'or, d'argent et de pierres précieuses ; les Juifs reviendront de leur exil pour célébrer le jubilé avec le Messie et rentrer dans leurs anciens droits. (*Talmud,*

Sanhed, Emmek-hammelech, Peschta-rabbetha). Et j'ajouterai que certainement alors les fils de Sion ne seront plus sales, laids, méchants ; qu'ils ne vivront plus dans la fange, comme ils font à Jérusalem, et s'occuperont d'autre chose que de songer et de rêver à ce qui ne saurait être.

CHAPITRE IV

MŒURS DE LA PALESTINE.

Des mœurs et des coutumes communes aux Arabes et aux anciens Hébreux.
Récits divers.

LE BAKHCHICH OU LA BONNE-MAIN

Quel est celui qui, ayant voyagé en Orient et surtout en Syrie, ne connaît pas le *Bakhchich*? Les voyageurs européens l'ont entendu si souvent retentir à leurs oreilles, qu'ils le mêlent eux-mêmes sans y penser dans ce qu'ils disent. Je ne veux pas énumérer ici toutes les circonstances et les occasions dans lesquelles on requiert le Bakhchich en Palestine, car il y aurait trop à faire; mais je ferai seulement remarquer qu'en demandant un service ou en en rendant un, en se promenant ou en dormant, en mangeant ou en jeûnant, en s'habillant ou en se déshabillant, en étouffant ou en respirant, on entend toujours ce refrain, ennuyeux comme le bourdonnement d'un cousin quand on est dans son lit ou d'une mouche lorsqu'on est au travail, ou encore comme l'assaut d'une multitude de puces, lorsque, accablé de fatigue, on veut dormir. Oui, on naît, on vit et on meurt en Palestine au son de cette articulation diabolique.

Je vais raconter quelques faits pour faire voir jusqu'à quel point l'Arabe a l'habitude de mendier, habitude qui est commune, non-seulement aux Musulmans, mais aussi aux Chrétiens; les Nomades seuls se respectent assez pour ne demander que dans des circonstances fort raisonnables.

Une fois, en 1851, un missionnaire latin fut prié plusieurs jours de suite par quelques Arabes de visiter le pays, et en même temps de leur faire un sermon. Les protestations de respect et les prières furent telles, que le missionnaire n'eut pas le courage de refuser, et, leur ayant donné un rendez-vous, il s'y rendit pour les contenter. Les Arabes ne manquèrent pas de s'y trouver; mais, quand il eut fini, satisfait de l'attention que les auditeurs lui avaient prêtée et convaincu qu'il avait obtenu une victoire spirituelle, il se préparait à les quitter, lorsqu'ils se jetèrent tous sur lui, demandant le Bakhchich et lui disant *qu'ils l'avaient écouté et qu'ils avaient tous été fidèles au rendez-vous*. Pour se débarrasser d'eux, il donna quelques petites pièces de monnaie à ceux qui lui amenèrent son cheval et qui l'aidèrent à y monter, et s'enfuit au milieu des cris et des vociférations de gens qui se trouvaient ainsi frustrés de l'espérance d'obtenir une gratification.

Il m'est arrivé plusieurs fois de rencontrer dans la ville et dans la campagne des hommes ou des femmes aux prises ensemble, se tirant par les cheveux et se disputant à grands cris. Afin d'empêcher les accidents qui auraient pu résulter de la rixe, j'intervenais toujours pour séparer les combattants, en protégeant souvent le plus faible. Aussitôt leur querelle apaisée, les deux combattants me répétaient le mot sacramentel ; je leur demandais pourquoi ils me réclamaient cette rétribution, et j'obtenais généralement cette réponse : *Parce que je les avais dérangés dans leurs affaires*, ou bien *qu'ils avaient cessé pour me faire plaisir*. Il est inutile de dire que je leur donnais alors le bakhchich avec un rotin ou un bâton, pour les corriger de leur exigence, au moins jusqu'à nouvel ordre. Il faut dire aussi que les Arabes se battent quelquefois au moment où arrive un Européen, dans l'espoir qu'ils seront séparés et pourront demander le cadeau.

Revenant un jour d'examiner les travaux de la route de Jaffa à Jérusalem, travaux que je faisais exécuter par ordre de Surraya Pacha, en 1859, je rencontrai, à deux lieues de la ville sainte, un ouvrier qui s'était blessé grièvement en faisant sauter une mine. Je m'arrêtai, je lavai ses blessures, que je pansai du mieux que je pus, je lui cédai ensuite mon cheval et je l'accompagnai lentement à pied avec son frère jusqu'à Jérusalem, à l'hôpital latin, où je le mis au lit. Vous croyez peut-être qu'il me remercia ou que son frère me témoigna sa reconnaissance? Eh bien non; ils me demandèrent le bakhchich! Je satisfis le malade pour ne pas lui faire de peine, mais je ne pus m'empêcher de donner à l'autre quelques vigoureux coups de poing, quoiqu'il me dît : *Vous me devez le bakhchick parce que je vous ai accompagné.*

— Mais tu as accompagné ton frère, lui répliquai-je.

— *Non, monsieur,* répondit-il, *vous m'avez commandé de faire le voyage, autrement je ne me serais pas dérangé.*

Je suis convaincu qu'il n'oubliera jamais le bakhchich que je lui ai donné. Ces deux bons sujets étaient Latins Bethléémites.

En allant à Bethléem, un lundi matin, jour où les ouvriers en bâtiments se rendent à Jérusalem, je trouvai un petit sac, où je reconnus, par le poids, qu'il devait y avoir les outils d'un tailleur de pierres; je retournai sur mes pas et je ne tardai pas à en retrouver le propriétaire, à qui je le rendis; il ne me remercia même pas et me demanda le bakhchich, que, du reste, je lui donnai de tout mon cœur et de toute la force de mes bras.

Si vous donnez une commission à un arabe, il l'exécute parfaitement moyennant une juste rétribution; mais quelquefois il cherche à vous faire mettre en colère; il élève la voix et vous dit des insultes, tout cela pour se faire maltraiter et rompre de coups, car alors il a obtenu ce qu'il désirait. Il se jette à terre et se met à pousser des cris étourdissants; mais il suffit d'une légère gratification pour le guérir et faire cesser ses hurlements.

Un arabe vient vous visiter; vous le recevez parfaitement et, en outre, vous lui faites don de quelques objets pour porter à sa famille. Comme il vous appelle alors son père, son bienfaiteur; comme il vous baise la barbe, les mains, les pieds, vous êtes en droit de croire que vous l'avez complètement satisfait; pas du tout, car en partant il vous demande le bakhchich, parce que, n'ayant reçu que des habits, du café, du sucre, choses qui ne sont pas monnaie courante, il considère cela comme n'étant d'aucune valeur.

Je m'arrête ici, pour ne pas ennuyer le lecteur d'une infinité d'autres exemples, qui montrent tout le caractère vénal, exigeant et insatiable de l'Arabe. Ah! je voudrais qu'on pût parcourir aussi les livres des premières autorités religieuses et des couvents de Jérusalem, et je suis certain que l'on trouverait une quantité innombrables de bakhchich payés à ceux qui trafiquent pour le compte des diverses religions, volant ainsi l'argent qui leur est sottement donné et qui pourrait être plus utilement employé en de véritables œuvres de bienfaisance. Je voudrais croire aussi que ceux qui font du prosélylisme en Palestine le font sans intérêt. L'idée, certes, en est bonne; mais les moyens employés partent d'un principe tout mondain, attendu qu'on cherche à avoir une grande quantité de convertis sans s'inquiéter de la qualité, et l'on envoie beaucoup de noms aux missions centrales, mais on acquiert peu d'âmes à Dieu.

Maintenant que j'en ai fini avec les Arabes, je vais continuer par les Hébreux, qui ont pratiqué le bakhchich, aussi bien que les premiers, à qui ils l'ont peut-être transmis, comme on le voit par les nombreux exemples qu'en donne la Bible. Mais, me dira-t-on, la demande d'un cadeau est partout en usage, surtout en Orient! Je l'admets ; mais cet abus n'est nulle part aussi exagéré qu'en Palestine, où on demande continuellement et sans raison. C'est ce qui a contribué à me consoler de mon éloignement de ces pays, que j'aime tant. Cependant, cette consolation a duré peu de temps, car, aussitôt arrivé en France, si je n'entendis pas cet horrible refrain, j'en entendis un autre appelé *pourboire*, qui y correspond un peu et qui a l'avantage d'être demandé plus raisonnablement et avec plus de grâce, mais avec autant d'insistance que le bakhchich chez les Arabes. Il est possible qu'avant que l'Algérie appartînt à la France, ces demandes fussent plus modérées, comme elles le sont en Angleterre.

Je rappellerai donc, pour revenir aux Hébreux, qu'Abraham reçut, grâce à sa femme, beaucoup de dons de Pharaon en Égypte et ensuite d'Abimélech à Gherar (1). Jacob en revenant de Haran, envoie de grands présents à Ésaü pour le calmer (2) ; et maintenant encore deux propriétaires qui se sont disputés échangent le bakhchich. — Jacob envoie des présents en Égypte à Joseph (3). — Les Israélites, au moment de quitter l'Égypte, demandent aux Égyptiens de l'or et de l'argent, qu'ils obtiennent (4). — Dalila, sous la promesse d'un bakhchich de onze cents sicles d'argent, trahit Samson (5). — Isaïe, en envoyant des vivres à ses fils dans le camp de Saül, dit à David de faire un présent à leur capitaine (6). — Abigaïl, femme de Nabal, apaise la colère de David avec des présents (7). — Naaman, Araméen, offre un présent à Élisée, qui le re-

(1) Gen., XII, 16 ; XX, 14, 16.
(2) Gen., XXXII, 13, 14, 15 ; XXXIII, 11.
(3) Gen., XLIII, 11.
(4) Exode, XI, 2 ; XII, 35, 36.
(5) Juges, XVI, 5, 17, 18.
(6) I Rois, XVII, 18.
(7) I Rois, XXV, 18, 19, 23, 27, 32.

fuse; mais Guérazi, son serviteur, en demande un et est puni (1). — Je m'arrête ici, car j'ai assez prouvé que les Arabes ne diffèrent pas des Hébreux, même sous le rapport du bakhchich.

AUBERGES POUR LES VOYAGEURS DANS LES VILLAGES DE LA PALESTINE

Il existe, dans beaucoup de villages de la Palestine, une habitude dont j'ai souvent profité en parcourant l'intérieur du pays ; je dis l'intérieur, parce que, dans les environs des villes où quelque rayon de la civilisation européenne a pénétré, les habitants sont devenus plus égoïstes et n'offrent plus l'hospitalité, comme faisaient autrefois les anciens patriarches. Il y a donc, dans ces villages, une auberge appelée *Khan*, qui est plus ou moins grande, selon la richesse des habitants, et qui se compose d'une ou de deux chambres non-meublées pour recevoir les personnes, et d'une cour pour les bêtes de somme. Aussitôt que quelqu'un s'y présente, celui qui en est le gardien examine l'extérieur de la personne qui demande l'hospitalité et la sert en conséquence, apportant une ou plusieurs nattes, des coussins ou des tapis, s'il croit avoir affaire à un riche; on lui donne ensuite de l'eau pour les ablutions, une pipe, de la boisson, du café. Ces préliminaires terminés, on lui offre des galettes de pain, des œufs, du lait, des fruits secs et des olives, et, quand il a fini son repas, on lui apporte de nouveau la pipe et le café. Comme,

(1) II Rois, v, 15, 16, 21, 22, 23, 27.

dans mes premières excursions, j'étais accompagné de cavaliers du gouvernement, je crus que ce traitement était une des contributions que ces sbires ont l'habitude de tirer, suivant leur bon plaisir, des pauvres paysans, et j'offris en conséquence de payer le montant de la dépense que nous avions faite ; mais j'appris à mon grand étonnement du chef du village et des autres habitants que je pouvais donner un bakhchich à celui qui me servait, mais non pas payer la nourriture et le logement, qui étaient offerts gratis aux voyageurs. Tous les feux qui forment la population doivent, chacun à son tour, fournir les aliments pour l'hospitalité et les remettre au gardien du Khan, lorsqu'il en fait la demande, et celui qui s'y refuserait serait sévèrement puni par le chef même. Ces auberges, dans l'été, sont insupportables, à cause des milliers d'insectes voraces dont vous êtes assailli et qui vous sucent le sang. En hiver elles peuvent à la rigueur vous garantir de la pluie et de la fraîcheur de la nuit, mais il faut renoncer aux nattes et aux tapis du village, pour ne se servir que de ceux que l'on a, et encore en les saupoudrant de poudre insecticide et en faisant des fumigations dans le brasier, qui est rempli d'insectes. Il faut avoir un estomac de fer, pour boire ce qu'on vous donne, et manger les yeux fermés.

Je regrette de ne pas être un romancier oriental, pour pouvoir mieux décrire cette hospitalité vraiment digne du temps des patriarches ; mais je préviens aussi celui qui voudrait en essayer de bien regarder autour de lui dans les rues qui conduisent au Khan, car il est très-facile d'être dévalisé à moitié chemin par ceux-là mêmes, peut-être, à qui le tour échoit de vous donner la nourriture. Cela ne m'est jamais arrivé, mais je le dis comme avertissement.

C'est en raison de cette coutume, que les grands chefs de bourgade offrent, sur les chemins fréquentés, de somptueux banquets aux voyageurs qui parcourent le pays. On pourrait croire qu'ils ont fait de grandes dépenses; au contraire, ces réceptions leur sont très-lucratives, car ils imposent tout le pays pour les vivres, la boisson, le café, le tabac, le bois à bruler, les montures, les bêtes de somme; et, comme ils demandent au delà du nécessaire, ils en retirent un grand bénéfice pour leur propre famille. Aucun des fournisseurs ne se plaint, de crainte qu'il ne lui arrive pis dans une autre occasion ou bien pour ne pas recevoir une grêle de coups de bâton. J'ai été témoin oculaire de ces faits, quand LL. AA. le duc et la duchesse de Brabant, S. A. le prince Constantin de Russie, et l'archiduc Maximilien vinrent à Jérusalem.

Quoique les Khans soient quelquefois incommodes pour les Européens, et assez peu avantageux pour les habitants, à cause des grands abus résultant de l'avidité des chefs, on n'y reconnaît pas moins la tradition des exemples d'hospitalité qu'offre la Bible. Ces Khans répondent aux auberges appelées, dans le texte sacré, *Malon*, ou retraite pour la nuit, qui se trouvaient aussi sur les voies publiques (1). On les appelle encore

(1) Gen., XLII, 27; Exode, IV, 24; Jérém., IX, 2; Jérém., XLI, 17.

gueruth, mot qui dérive de *guer*, étranger. Les habitants ont certainement reçu des anciens cette bonne vertu sociale (1). Les Nomades sont les plus magnifiques dans leur hospitalité ; mais, du reste, j'en reparlerai dans les articles suivants, ainsi que de la manière dont elle est pratiquée.

DES NOMS DES HABITANTS EN PALESTINE

Dans tout le pays, et surtout dans l'intérieur, les Arabes et les Nomades ne s'appellent jamais par leur nom de famille. Pour se nommer entre eux ou pour donner à quelqu'un des renseignements sur une autre personne, ils disent le nom, uni à celui du père et quelquefois à celui de la mère, en y joignant un prénom ou le nom du pays de la personne en question, comme par exemple : Jacques fils de David, de Tamar ; mais il est plus commun de dire Jacques, fils de David ou d'Étienne. Les Arabes imitent donc aussi dans cette coutume les Hébreux (2).

MONCEAUX DE PIERRES

En parcourant la Palestine, on rencontre bien souvent dans les campagnes des monceaux de pierres isolées, le plus souvent en forme de pyramide élevée.

(1) Job, XXXI, 32 ; Gen., XIX, 2, 3 ; Juges, XIX, 21, etc.
(2) Gen., XXIV, 47 ; I Rois, IX ; XVII, 58 ; Marc, I. 19 ; Luc, III, 2.

Leur différente conformation a son but, comme je vais l'expliquer.

Lorsqu'ils sont de la hauteur d'un homme et rangés sur une ligne dans un certain ordre, c'est un signe certain qu'il y a eu dans l'endroit un combat entre deux partis ennemis, et j'en raconterai quelques-uns en parlant des guerres et des batailles. Quand ils sont composés de cinq pierres ou plus et qu'ils sont sur les limites d'un champ, ils annoncent la réconciliation des deux propriétaires et ont été élevés par les deux partis en témoignage de la bonne paix établie entre eux ; aussi personne ne se permet de les changer de place, parce qu'ils servent de défense et de garde à ce qui a été convenu. Quelquefois de petits tas entourent des broussailles sur pied ou coupées, ou bien encore se trouvent sur du bois coupé. Cela indique que ces matières ont leur propriétaire, et personne n'oserait en rien dérober tant que les pierres restent là.

L'origine de ces usages doit remonter en grande partie aux anciens possesseurs du sol, comme la Bible en fournit plusieurs exemples. En effet, Laban et Jacob élèvent des tas de pierres et les considèrent comme des témoignages de leur alliance (1). Jacob, avec la pierre qui lui servit d'oreiller lorsqu'il eut sa vision, dressa un monument en souvenir de ce fait (2). Josué fait élever une colonne de douze pierres au milieu du Jourdain, et il fait aussi enlever douze pierres

(1) Genèse, XXXI, 45, 46, 47, 48, 49, etc.
(2) Gen., XXVIII, 18.

du même endroit pour édifier une colonne à Ghilgal (1), en témoignage de la grâce que Dieu lui avait faite d'arrêter le cours des eaux du Jourdain. Josué, après avoir exhorté le peuple à suivre les lois de Dieu, dresse une pierre et dit qu'elle portera témoignage contre les Israélites lorsqu'ils renieront leur Dieu (2). Je ferai remarquer enfin que, de ces pierres réunies, sont venus les autels sur lesquels les anciens offraient au Seigneur des holocaustes et qui n'étaient que des témoignages du respect de l'humanité pour son Créateur (3). Tels sont les autels élevés par Noé quand il sortit de l'arche, par Abraham en mémoire de l'apparition du Seigneur (4), et tant d'autres qu'il est inutile de citer.

DES NOMBRES DOUZE ET QUATRE

Ces nombres ont reçu une espèce de consécration religieuse par l'usage qui en a été fait dans les choses saintes. Le peuple de Dieu a eu quatre grands et douze petits prophètes. Jésus-Christ choisit douze apôtres; il y a quatre évangiles; on compte quatre patriarches au commencement de l'Église; la Palestine fut divisée en quatre parties, à savoir : la Judée, la Samarie, la Galilée et le pays au delà du Jourdain; dans leurs campements au désert, les douze tribus étaient réunies trois par trois et tournées vers les quatre

(1) Josué, IV, 9, 20, 21. 22.
(2) Josué, XXIV, 26, 27.
(3) Gen., VIII, 20.
(4) Gen., XII, 7, 8, 26, 25, etc.

points cardinaux (1). La tribu de Juda, qui devait élever ses tentes à l'Est, avec celles d'Issachar et de Zabulon, portait un lion sur ses étendards; le camp de Ruben, de Gad et de Siméon était au Midi et avait pour bannière la figure d'un homme ; à l'Ouest étaient celles d'Éphraïm, avec les tribus de Manassé et de Benjamin, qui avaient un bœuf pour enseigne ; les fils de Dan campaient au Nord avec ceux d'Aser et de Nephtali : l'aigle était leur drapeau. (Rabbi Ben Esra, *Bereschith rabba.*) Ces enseignes sont les premières que l'on connaisse. Les quatre figures en question devinrent les emblêmes des quatre provinces de la Palestine. Le lion, qui régnait sur les autres, était celui de la Judée ; le bœuf, celui de Samarie, si riche en paturages ; l'aigle, celui de la Galilée, pays de montagnes ; et l'homme, celui du pays des Géants, situé au delà du Jourdain. Ces quatre figures mystérieuses sont, dans l'Apocalypse comme dans la vision d'Ézéchiel, représentées comme supports du trône de Dieu (2).

LES DEUX GRANDS PROPHÈTES MOISE ET JÉRÉMIE

Les Arabes de la Palestine ont une grande vénération pour tous les patriarches de la Bible ; mais Moïse et Jérémie sont ceux qu'ils honorent d'un plus grand nombre de petites mosquées, de légendes et de pèlerinages, et, sans connaître les points par lesquels les

(1) Nomb., chap. II.
(2) Ezéch., I, 10 ; Apoc., IV, 7.

deux prophètes se ressemblent, ils ne respectent pas moins l'un que l'autre.

Voyons maintenant quels sont ces points de ressemblance.

1° Moïse était de la tribu de Lévi (1), et Jérémie en était aussi (2).

2° Moïse a commencé par refuser sa mission en disant : *Qui suis-je* (3)? Jérémie s'écria aussi : *Je ne sais pas parler; car je suis un enfant* (4).

3° Moïse trouva des adversaires dans sa propre tribu, dans Coré, Dathan et Abiron ; Jérémie, à son tour, fut persécuté par ses compatriotes eux-mêmes (5).

4° Moïse a prophétisé pendant quarante ans, et Jérémie aussi.

5° Moïse fut jeté dans le Nil par sa mère (6), et Jérémie dans la fosse de Melchias, où il y avait de la boue dans laquelle il s'enfonça (7).

6° Moïse fut sauvé par une servante de la fille de Pharaon (8); Jérémie fut retiré de la fosse par un eunuque éthiopien, serviteur de la maison du roi (9).

7° Moïse punit plusieurs fois les Israélites à cause de leurs péchés ; Jérémie en fit autant.

8° Moïse, ainsi que Jérémie, a annoncé aux Israélites l'exil et le retour.

(1) Exode, II, 1, 2, 10.
(2) Jérém., I, 1.
(3) Exode, III, 11.
(4) Jérém., I, 6.
(5) Jérém., II, 21.
(6) Exode, II, 13,
(7) Jérém., XXXVIII, 6,
(8) Exode, II, 5.
(9) Jérém., XXXVIII, 10, 11, 12, 13.

9° Moïse a reproché aux Israélites d'avoir profané le sabbat ; ce que fit aussi Jérémie.

10° Moïse prévient les Israélites de ne pas retourner en Égypte ; Jérémie en fait autant.

11° Moïse a prédit la mort violente de ses ennemis (1) ; Jérémie a dit à Hananie, son ennemi : *Tu mourras cette année* (2).

12° Moïse a brisé les pierres du Décalogue ; selon le Talmud, Jérémie a caché l'arche d'alliance et les tables de la loi.

13° Moïse n'a pas eu le bonheur de mourir dans la Terre sainte ni d'y être enterré ; Jérémie est mort et a été enterré hors de ce pays.

14° Moïse s'est plusieurs fois affligé sur son peuple *au cou dur ;* Jérémie aussi, et il a pleuré sur les ruines de Jérusalem.

Nous donnons ces quatorze points de ressemblance, parce que le génie prophétique de Jérémie se rapproche plus de celui de Moïse que d'aucun autre. Nous avons pensé bien faire en rappelant cette similitude, qui, certainement, n'est pas ignorée des savants hébreux anciens et modernes et de ceux qui sont versés dans la Bible ; mais elle n'est pas du tout populaire.

LES PAUVRES EN PALESTINE

Les pauvres, en général, avaient, chez les anciens Hébreux, certains droits qui devaient les préserver

(1) Nombre, XVI, 29, 30, 31.
(2) Jérémie, XXVIII, 16.

d'une extrême indigence. Outre un grand nombre de préceptes de morale, qui les recommandaient à la bienfaisance et à une protection spéciale, la loi leur assurait certaines redevances qui ne pouvaient leur être refusées. Le propriétaire ne pouvait récolter ce qui croissait sur les limites de son champ, de sa vigne, de sa plantation d'oliviers, ni retourner sur les lieux où la faulx et la serpe avaient passé sans tout enlever, ni ramasser ce qui était tombé çà et là, ni envoyer reprendre un fagot oublié dans les champs. Toutes ces choses appartenaient de droit aux veuves, aux orphelins et aux pauvres en général, qu'ils fussent du pays ou étrangers. Les passages indiqués en note en sont la preuve. Le Lévitique mentionne le fait parmi les devoirs des hommes envers leur prochain (1). Le Deutéronome le rappelle en parlant de la charité (2).

Les pauvres pouvaient s'emparer de tout ce qui croissait dans l'année sabbatique (3). Enfin les impôts des dîmes étaient institués principalement en leur faveur (4).

Ces institutions prévenaient la grande misère dans une famille hébraïque, et le jubilé, qui arrivait tous les cinquante ans, réintégrait tous ceux qui étaient appauvris dans leurs droits et dans leurs anciennes possessions (5). Aussi la loi mosaïque ne connaissait-elle pas de *mendiants* proprement dits, et il est remar-

(1) XIX, 9, 10; XXIII, 22; Ruth, II, 2.
(2) XXIV, 19, 20, 21, 22.
(3) Lévitique, XXV, 3, 4, 5, 6.
(4) Deut., XIV, 28, 29; Prov., XIX, 17.
(5) Lév., XXV, 10, 11, 28.

quable que ce mot, ou son équivalent, ne se trouve jamais mentionné dans l'ancien Testament.

Maintenant que nous avons considéré les anciens habitants de la Palestine dans leurs rapports avec les pauvres, voyons comment agissent les modernes. Les mendiants qu'on trouve dans le pays ont l'aspect de la misère, mais ils ne souffrent réellement aucune privation, car ils sont secourus par tout le monde; et bien souvent ceux qui demandent l'aumône sont plus riches que ceux qui la donnent, au moins relativement, parce que les uns se contentent de peu, tandis que les autres ne sont jamais satisfaits et veulent avoir toutes les commodités de la vie.

L'Arabe aime à voler et se jette sur le voyageur, lorsqu'il en trouve l'occasion, dans le seul but de le dépouiller; mais sa bienfaisance est grande pour les nécessiteux et il l'exerce avec beaucoup de charité envers ceux qui demandent en prononçant le mot : *malheureux*. L'Arabe, dans sa vengeance, est capable de réduire à la mendicité un frère, un ami qui l'aura offensé, en lui coupant ses plantations, en brûlant ses moissons, en tuant ses bestiaux; mais quand la victime implore son secours par nécessité, sa colère s'évanouit et il ne s'occupe plus que de la tirer de l'indigence, ce qui se pratique franchement chez les Musulmans, tandis que chez les Arabes chrétiens, le masque de l'hypocrisie ne manque pas d'y figurer plus ou moins. Enfin l'Arabe connaît bien le proverbe : « Qui donne au pauvre, prête à Dieu; et Il lui rendra son bienfait (1); »

(1) Prov., XIX, 17

et c'est pour cela qu'il pratique en grande partie tout ce que faisaient les Hébreux.

On pourrait m'objecter que, dans le Coran, Mahomet recommande et prescrit la charité, mais qu'il ne donne pas la manière de l'exercer, et que c'est précisément dans la manière de l'exercer que les Hébreux sont imités. En effet, le pauvre, à quelque religion qu'il appartienne, trouve l'hospitalité partout où il se présente ; il ne manque jamais de pain ni d'aliments, car il en trouve à toutes les portes ; il peut se mettre à couvert des intempéries de la saison et des rigueurs de l'hiver dans les chaumières des paysans, et il n'est pas chassé de la demeure du riche. Il lui est permis de prendre du bois pour se chauffer, de glaner et de ramasser dans les champs après la récolte. Il n'a pas, il est vrai, l'avantage de l'année Sabbatique, du Jubilé et des dîmes dont j'ai parlé plus haut, mais mille autres équivalents le dédommagent de cela.

Dans les grandes solennités mahométanes, dans *le jeûne du Ramadhan* et dans les quatre fêtes qui s'y rattachent, ainsi que dans celles du *Baïram*, les riches croiraient ne les pas bien observer, s'ils ne s'occupaient des nécessiteux ; ils habillent des mendiants, ils leur donnent des viandes et en envoient à ceux qui ne peuvent marcher ; ils vont même les visiter, de sorte qu'on peut avec raison leur appliquer ce passage du Deutéronome (1) : « Et tu te réjouiras en ta fête solennelle, toi, ton fils, ta fille, ton serviteur et ta servante, le lévite, l'étranger, l'orphelin et la veuve qui

(1) XVI, 14.

seront devant ta porte. » On dirait presque qu'il y a dans ces fêtes un certain honneur à pratiquer la bienfaisance et à se montrer libéral.

Je ne puis m'empêcher de raconter ici un acte de philantropie exercé, pendant les fêtes du Ramadhan de 1857, par le scheikh d'Abugosc, chef si connu et si craint dans les montagnes de la Judée et dont j'aurai occasion de parler ailleurs ; mais je dirai d'abord qu'il est considéré comme le plus redoutable brigand de la Palestine. Un bon père de famille, de religion grecque, se rendit de Constantinople à Jérusalem pour chercher à s'occuper ; après avoir perdu l'espérance de trouver un emploi, il voulait retourner à sa première résidence ; mais à bout de moyens, et n'ayant pu obtenir que de très-faibles aumônes des chrétiens, il eut recours à ce chef, qu'il connaissait personnellement. Aussitôt que ce dernier sut sa position, il lui envoya des vivres, lui paya les voitures jusqu'à Jaffa et lui donna deux cents francs, avec lesquels il put se tirer d'une misère qui était déplorable : ce bienfait fut la source du bonheur dont il jouit maintenant.

Je voudrais que cette action d'un brigand trouvât des imitateurs parmi ceux qui sont à la tête des communautés religieuses ; mais ceux-ci ne sont que trop souvent à Jérusalem, dans leur rite respectif, plus fanatiques que les Mahométans eux-mêmes, et si chacun d'eux était maître du pays, ils n'auraient certainement pas la même modération que les Musulmans, et commettraient probablement des horreurs, car ils ne pourraient vivre chrétiennement entre eux.

Pour en revenir aux ressources des pauvres, nous dirons que, dans la plupart des grandes bourgades, et surtout à Jérusalem, il y a des bureaux de bienfaisance, auxquels étrangers et naturels, Mahométans, Chrétiens et Juifs, peuvent avoir recours sans que les inspecteurs leur demandent *leur certificat d'indigence* ou *à quel rite ils appartiennent*; ils y trouvent toujours une distribution journalière de pain et de soupe. L'hospice de *Tekhié*, de Kasséki Sultan, communément désigné dans la ville sainte sous le nom d'Hôpital de Sainte-Hélène, est un établissement où on pratique la charité de la manière que je viens de décrire, et on en trouve de semblables à Hébron, Gaza, etc. Ces établissements n'ont plus autant de ressources qu'aux premiers temps de leur fondation, parce que les administrateurs, surtout ceux d'aujourd'hui, se considèrent comme les premiers pauvres, et, en conséquence, commencent par se faire la charité à eux-mêmes et à leur famille, en gardant pour eux le pain et les soupes. Mais, comme ils cherchent encore à voler le plus qu'ils peuvent pour s'enrichir, ils ne restent pas longtemps dans leur emploi, et, après un temps donné, ils sont chassés et remplacés par quelqu'autre peut-être plus avide encore. C'est pour cela qu'en Palestine toute œuvre de bienfaisance est dévorée par ces reptiles, qu'on appelle Effendis dans le pays, et dont je m'occuperai bientôt.

Les obsessions continuelles des mendiants auprès des Européens, lorsqu'ils demandent l'aumône, s'expliquent par toutes les ressources qu'ils trouvent chez les Mahométans; aussi lorsque les Européens leur offrent du pain ou de la viande, leur réponse accoutumée est-elle celle-ci : *Nous n'avons pas besoin de pain, mais nous demandons le* bakhchikh, *c'est-à-dire de l'argent;* et, si vous leur refusez une menue pièce de monnaie, ils sont toujours prêts à vomir mille injures et mille imprécations contre vous, croyant n'avoir pas été compris. A Jérusalem les lépreux se donnent comme pauvres, et demandent l'aumône, que personne ne leur refuse, à cause de la pitié qu'inspirent leurs membres mutilés et les plaies qu'ils étalent; mais celui qui connaît le pays ne leur donne rien, parce qu'il sait qu'ils ont des maisons, des rentes, des mulets, et qu'il ne leur manque que la santé. Les Derviches se donnent aussi pour pauvres, mais ils le sont comme les Jésuites en Europe. Il résulte donc de ce que je viens de dire que les Arabes suivent aussi les coutumes des Hébreux dans ce qui a rapport aux nécessiteux.

VAQOUF

Si l'on savait administrer avec intelligence et honnêteté les biens de *main morte* ou *Vaqouf* en Palestine, il en résulterait d'immenses avantages pour le soutien des pauvres d'abord, et ensuite pour former ou développer d'autres œuvres de bienfaisance; mais, au lieu de cela, les fondations pieuses primitives disparaissent, parce que les rentes en sont gaspillées par ceux qui devraient en être les gardiens. Ce sont les pasteurs qui affament leurs troupeaux et les tuteurs qui violent impudemment la volonté des testateurs et dépouillent le pauvre, la veuve et l'orphelin. C'est ainsi qu'agissent les effendis musulmans de Jérusalem et de toutes les villes de la Terre-Sainte où il y a des *Vaqouf* ou quoi que ce soit qui puisse solliciter la voracité et la vénalité de ceux qui règnent sur le peuple. Tous les établissements religieux, les mosquées, les colléges, les hospices, les hôpitaux et les piscines ont, comme dotation, un certain nombre d'immeubles, dont les rentes, fixées et assurées par des locations à longs termes, sont administrées par des *fidéicommis* qu'on appelle *Muttevvelli.* D'après les réglements, chaque fois qu'un immeuble change de propriétaire, soit pour cause de décès, soit pour résiliation de bail, les Muttevvelli doivent faire une adjudication au dernier enchérisseur pour déterminer la valeur du nouveau loyer. Mais, au lieu de cela, les prix fixés à l'origine de la fondation, à une époque où la *piastre* valait 5 francs, tandis que maintenant elle ne vaut pas plus de 22 centimes, continuent sans aucune augmentation, malgré l'énorme changement de la valeur des monnaies; de sorte qu'une dotation de vingt mille piastres ne vaut plus réellement aujourd'hui que mille piastres. Cette énorme différence, qui ruine les Vaqouf, enrichit les Muttevvelli, parce que, à chaque transmission des biens de main morte, ils savent exiger avec la plus grande habileté un droit pour l'application de leur sceau sur le contrat de mutation, formalité qui est indispensable pour donner à la transaction force et validité. Le nouveau bail est exactement le même que l'ancien; les prix n'ont pas changé; mais comme il ne conviendrait pas que le rapport du Vaqouf ne fût lucratif que pour le nouveau fermier, le Muttevvelli se charge, moyennant un bakhchich, d'arranger à l'amiable les deux parties. Grâce à cette honnête administration, les rentes des fondations religieuses vont se perdre dans quelques sacoches particulières et ne suffisent même plus aux grosses réparations des bâtiments, dont les ruines augmentent de jour en jour, jusqu'à l'écroulement total.

C'est pour cela que tous les hospices, les hôpitaux, les écoles et les fontaines sont si rares à Jérusalem et dans toute la Palestine : ceux qui restent sont considérablement appauvris, et ne donnent plus le moindre soulagement aux voyageurs fatigués, qui n'ont d'autre ressource que de maudire les voleurs qui les ont dépouillés de leurs espérances.

Ces déplorables abus viennent bien plus des hommes que de l'organisation même ; car, quoique le système des vaqoufs ait de grands inconvénients, il n'en a pas moins été l'idéal de la constitution de la propriété dans tout gouvernement théocratique. Pour en donner un vieil exemple, je dirai que Moïse a fait de toute la Terre promise un Vaqouf, en réduisant à cinquante ans la durée des fermages (1). Dans la société hébraïque, le véritable et unique propriétaire est *Jéhovah* (2) ; le Muttevvelli est le premier occupant ; l'acquéreur n'est qu'un fermier temporaire. Quoique cette règle, qui rend en réalité les terres inaliénables, ne s'applique qu'aux biens ruraux, comme indice de prédilection

(1) Lév., xxv, 13.
(2) Lév., xxv, 23.

du législateur pour la vie nomade, elle s'étend aussi aux propriétés urbaines du clergé, c'est-à-dire des Lévites (1), et va jusqu'à leur reconnaître un droit de revendication perpétuelle.

Ce que je vieus de dire ne sera pas inutile à celui qui ira en Palestine, car il comprendra alors la véritable raison pour laquelle tant de bâtiments sont délabrés ou tombent en ruines, surtout à Jérusalem ; et il se souviendra encore mieux de moi, lorsque, dans ses excursions, il trouvera les citernes et les fontaines sans eau.

ARGENT ENTERRÉ EN PALESTINE

Il n'est pas rare, en remuant des ruines ou en fouillant les terres en Palestine, de trouver de l'argent renfermé dans de petits sacs de cuir ou dans des vases d'argile. Il ne m'est jamais arrivé, dans le grand nombre de ruines que j'ai remuées, de faire de ces heureuses trouvailles : la fortune probablement s'est obstinée à me les refuser parce que j'allais à la recherche des antiquités hébraïques, et, comme les monnaies de cette époque ne se trouvent jamais réunies, mais sont éparses dans le sol, elle a cru que les autres ne m'intéressaient pas, ce qui me console d'avoir dû bien souvent me contenter de voir le vase de Pomone plein.

Je n'ai vu qu'une fois des pièces coufiques, diffé-

(1) Lév., xxv, 33, 34.

rentes de la monnaie ordinaire du pays. Elles avaient été trouvées par le drogman arabe du consulat français dans une de ses propriétés près de la porte judiciaire à Jérusalem.

C'est une coutume tout à fait arabe, et pratiquée surtout par les gens et les habitants des villes, de se couvrir de haillons pour cacher au gouvernement paternel du pays et à ses satellites le peu qu'ils possèdent, dans la crainte d'en être dépouillés par des taxes ou des demandes d'emprunts ; c'est encore pour cela qu'ils confient leurs ressources à la terre, et vivent ou du moins affectent de végéter comme des misérables. Cette pratique est peut-être moins générale maintenant, parce qu'il y a plus de modération dans le gouvernement, et que les exactions ne sont plus aussi violentes que par le passé. Les autorités locales vendent aujourd'hui leur protection avec beaucoup de grâce et ne l'imposent plus de force.

Kiamil et Surraya Pacha, ainsi que MM. les consuls, ont fait de grands changements dans les abus de leurs subordonnés, et s'ils ne les ont pas tout à fait détruits, ils ont obtenu une grande amélioration. On peut donc espérer que, par la suite, ils triompheront du mal qui reste. On verra alors l'argent, qui ne sera plus caché, circuler dans les villes ; et les économies d'un père ne seront plus perdues pour ses enfants, soit parce qu'une mort imprévue ne lui laisse pas le temps de révéler à sa famille où est caché son argent, soit parce qu'une grave maladie le prive de ses facultés intellectuelles, soit enfin parce que, quoi qu'il soit à la dernière extrémité, il s'obstine à garder son secret dans l'espérance de guérir et dans la crainte de ne plus retrouver le fruit inutile de ses longs et pénibles travaux. Les curés cherchent à tirer des arabes chrétiens malades le secret de leur cachette ; mais il leur arrive souvent de ne pas réussir : tant la soif insatiable de l'or est puissante !

Je crains que le lecteur, convaincu par tout ce qui précède que je veux faire venir les mœurs arabes de celles des Hébreux, ne dise en lui-même : Est-ce qu'il veut en faire autant pour ceci ? Non ; la vénalité seule du Gouvernement de la Sublime Porte a obligé ses sujets à recourir à ce moyen pour se protéger ; mais je ne puis m'empêcher cependant de citer quelques exemples, pour montrer qu'on enterrait aussi l'argent et les effets précieux chez le peuple élu. Jacob, en partant de Sichem, cache sous un chêne auprès de cette ville les dieux des étrangers et les bagues qu'ils avaient aux oreilles (1) ; Acan vole dans la ville de Jéricho, contre la défense de Josué, et cache les objets précieux sous terre au milieu de sa tente (2).

LES EFFENDIS DE LA PALESTINE

Le titre d'Effendi appartient à ceux qui, par leur naissance, leur fortune, leur intelligence ou l'emploi public qu'ils occupent, sont élevés au-dessus de la classe ordinaire du peuple. Ils devraient se rappeler qu'ils

(1) Gén., xxxv, 4.
(2) Josué, VII, 21.

doivent le guider, le conseiller et le modérer selon les circonstances et les temps. Les Effendis forment, en un mot, l'élément aristocratique (qu'on me pardonne cette expression) du pays, et ils sont appelés à composer le conseil du *medjilis,* qui est chargé d'assister le gouverneur dans ses travaux et dans ses délibérations. C'est parmi eux qu'on choisit les autorités municipales, les conseils d'administration des mosquées, des œuvres publiques de bienfaisance; on leur confie la perception des impôts; enfin on leur donne tous les emplois publics à la nomination de l'autorité administrative et du gouvernement de la Sublime Porte. Les Effendis devraient donc être les soutiens de la loi, de la justice, de la bonne administration, les sages conseillers du Pacha Gouverneur et enfin les gardiens de la prospérité du pays; mais ils sont trop souvent tout le contraire, et il en résulte pour la Palestine des plaies continuelles, pires que celles que Dieu infligea à l'Égypte par Moïse et qui ne furent que temporaires, tandis qu'en Terre Sainte elles ne cesseront que lorsqu'un autre ordre de choses y apportera remède.

Avant d'examiner en détail les travaux des Effendis et pour les bien faire connaître à celui qui ne sait pas ce qu'ils valent, je vais entrer dans quelques considérations sur l'ancien peuple hébreu et sur l'organisation de son gouvernement, organisation qui a beaucoup de ressemblance avec ce qui existe aujourd'hui à Jérusalem, avec cette différence que celle-ci est totalement corrompue.

Les anciens exerçaient une grande autorité chez les

Hébreux, et étaient l'objet d'un grand respect (1). Leur longue expérience faisait des vieillards les conseillers naturels et les juges du peuple. Le mot *ancien* devint, plus tard, un simple titre donné à ceux qui, par leur fortune ou leur sagesse, surent se mettre à la tête des tribus ou des affaires publiques. Il y avait des anciens chez les Hébreux en Égypte ; et nous les retrouvons dans le désert et dans tous les temps de l'histoire du peuple élu. On parle quelquefois des anciens de tout Israël ou des tribus (2), et quelquefois aussi de ceux des villes (3). Les anciens représentaient la ville, et la nation tout entière dans certains rites expiatoires (4). Les anciens des villes composaient l'autorité municipale et formaient souvent un tribunal pour les affaires criminelles (5); ils assistaient aussi de leurs conseils le chef du Gouvernement, avec qui ils étaient souvent en rapport direct et à qui ils imposaient quelquefois leur volonté. Moïse, dans une révolte, eut recours à cette aristocratie ; il fit choix de soixante anciens pour soutenir son autorité (6). Josué, après avoir essuyé une défaite, se prosterne, avec les anciens d'Israël, devant l'arche sainte (7). Ce sont les anciens d'Israël qui demandent à Samuël de résigner son pouvoir et d'élire un roi (8) ; ce sont eux aussi

(1) Josué, xxiii, 2; xxiv, 1 ; Job, xii, 12, etc.

(2) Deut., xxxi, 28; Josué, vii, 6; I Sam , iv, 3; II Sam., iii, 17; II Chron., x, 6, etc.

(3) Deut., xix, 12; Juges, viii, 14; I Sam. xi, 3; I Rois, xxi, 8.

(4) Deut., xxi, 2; Lév., ix, 15; ix, 1.

(5) Deut., xxi, 19; xii, 15, xxv, 7.

(6) Nom., xi, 16.

(7) Josué, vii, 6.

(8) I Sam., viii, 4.

qui, plus tard, donnent l'autorité royale à David (1). Je pourrais citer beaucoup d'autres exemples, mais je me tais, pour en finir plus vite.

On voit donc, par tous ces faits, quelle était l'influence de l'aristocratie des anciens chez les Hébreux. Cette même influence, dans des proportions plus petites, est encore exercée par les Effendis de Jérusalem, qui sont presque constitués et organisés comme les anciens d'Israël ; mais malheureusement pour ceux qui dépendent de leur pouvoir et de leur administration, ils manquent du patriotisme, de la charité et des vertus d'autrefois, et ce qui arrive tous les jours fait bien voir qu'ils ne connaissent pas le verset de l'Exode (2) : « Tu ne prendras point de présents, car les présents aveuglent les plus éclairés et pervertissent les paroles des justes. »

Je vais maintenant faire connaître les Effendis par quelques exemples. Parmi ceux de la Palestine, il y en a de bons et de mauvais, de savants et d'ignorants, de riches et de pauvres, de fanatiques et de tolérants, enfin de contents et de mécontents ; il ne manque pas entre eux de rixes et de dissensions qui les divisent en plusieurs partis ; mais tous s'entendent le mieux du monde quand il s'agit *d'en imposer*, comme ils disent, *aux chrétiens*. Depuis quelques années la population ne s'inquiète plus tant de leur haine, et les couvents chrétiens ne se pressent pas de satisfaire à leurs avides demandes, grâce au gouvernement de Surraya Pacha, à l'activité de MM. les consuls et à

(1) II Sam., v, 3.
(2) xxiii, 8.

l'augmentation de la population européenne; mais surtout aussi parce que le fanatisme mahométan perd chaque jour de son zèle et que chacun voit un peuple près de son agonie, agonie qu'il terminera certainement par la mort, quoi qu'il y ait certaine nation qui fasse tout au monde pour la retarder.

Les Effendis, qui, maintenant, ne sont plus assez puissants contre les chrétiens, ont tourné leurs batteries sur les habitants mêmes qui sont leurs coreligionnaires, et ils les traitent, non avec violence et cruauté, mais avec la ruse et la fourberie du renard, en employant toutes les grâces du Tartufe européen. Exemple : un Effendi qui est à la tête d'un district reçoit du Gouvernement, comme traitement mensuel, mille piastres turques au maximun, environ deux cents dix francs; ce traitement n'est pas suffisant pour soutenir la dignité de son rang. Il faut d'ailleurs qu'il rentre en posesssion de tout ce qu'il a dépensé pour obtenir son emploi et s'installer dans sa juridiction; aussi vend-il son amitié et menace-t-il de son inimitié; il protège un parti plutôt qu'un autre; il est, dans une décision, favorable au plus généreux; il prodigue ses visites, considérées comme des faveurs, à ceux qui sont plus à même de lui faire des présents. Cependant, il se fait un scrupule de demander, et il se fait bien prier avant d'accepter. Quelquefois il se plaint amicalement devant ses connaissances, ses *surbordonnés,* et surtout devant ceux qui ont des affaires qu'il doit juger. Alors il parle de la pauvreté du pays, qu'on ne peut rendre responsable à aucun prix; il dit que l'orge achetée pour le cheval est pleine de poussière et contient des pierrailles; que la viande ne vaut rien; que le café n'est pas du pur moka; qu'il y a du plâtre dans le sucre; que le tabac dont il se sert n'est pas frais; qu'il ne sait où acheter un bon service de café, des cristaux, de bons tuyaux pour ses pipes, ou quelques tapis, du linge, ou des manteaux etc, etc. Il a bientôt remarqué si ses auditeurs l'écoutent et le comprennent; malheur à eux s'ils avaient le défaut d'être sourds ou s'ils voulaient passer pour tels! Il faut avouer qu'il ne demande rien et on ne peut l'accuser de cupidité. Lorsqu'on lui montre les choses dont il a parlé, naturellement en vue de lui prouver, pour le rassurer, que le pays n'en est pas privé, il ne peut s'empêcher de se mettre en colère, croyant presque qu'on veut acheter sa protection; il appelle ses domestiques et, la fureur peinte sur le visage, il leur montre les objets en leur disant : *Et pourquoi ne trouvez-vous pas les bonnes choses, quand il y en a; allez-vous-en.* Mais, de crainte qu'on ne lui réponde, il reprend aussitôt : *Je saurai comment vous punir.* Il continue ses récriminations, il s'échauffe, il étouffe; mais les prières des assistants le calment ensuite, et il accepte leurs présents pour leur faire plaisir.

Ayant la responsabilité du bien-être de *ses sujets,* il doit visiter quelquefois la ville ou le pays et le territoire qui lui ont été confiés; aussi dans cette inspection, doit-il tout examiner avec la plus stricte rigueur. Il ne doit pas avoir beaucoup de peine à trouver à se plaindre, et il doit lui être facile de remarquer que les routes sont mal tenues; que les propriétaires riverains ne font pas leur devoir et les laissent encombrées d'immondices ; que d'autres ont besoin d'être cailloutées. Quelques conduits voudraient être réparés ; quelque maison qui menace ruine pourrait, en tombant, blesser les passants ; les boulangers ne donnent pas au pain le poids prescrit par le gouvernement ; les bouchers vendent la viande au dessus du tarif ; on ne se sert pas des mesures de capacité ordonnées par la loi : il trouve enfin tout en mauvais état. Alors il fait des reproches, il crie, il menace et annonce des règlements qui seront appuyés de décrets fulminants contre les délinquants, à qui l'on prodiguera les coups et les heures de prison. Qu'arrive-t-il de tout cela ? Je n'en sais rien ; mais toujours est-il que les abus continuent, que les décrets ne sont pas exécutés, que le magistrat trouve le moyen de multiplier ses mille piastres, et que le confortable ne manque pas chez lui. Suivons-le maintenant à la campagne. Oh ! que ce bœuf est beau ! Combien coûte ce bel agneau ? Que mes enfants seraient heureux de jouer avec ce petit chevreau ! Je vous prie de m'apporter un peu de la laine de votre tonte, je vous la paierai quand vous voudrez ; mais donnez-la-moi bien blanche ; car je ne regarderai pas au prix. Et il dit la vérité. Vos brebis donnent-elles beaucoup de lait ? Est-il bon ? Combien de fromages faites-vous par an ? Le magistrat parle tranquillement ; mais, tout à coup, il se met en colère et s'emporte ; le propriétaire demeure terrifié de ce changement subit et ne sait à quoi l'attribuer. Il en connaîtra bientôt la raison ; car le gouverneur trouve que le troupeau paît dans une terre où il n'aurait pas dû s'introduire; il ordonne, en conséquence, au pasteur de se présenter dans trois jours au siége de son gouvernement, et il le quitte brusquement en le menaçant. Mais en partant, il laisse un de ses serviteurs derrière lui pour arranger la selle du cheval ou pour faire semblant de chercher quelque chose. Ce dernier, interrogé par le propriétaire effrayé, lui apprend la manière d'apaiser son maître, qui est de se rendre, avant l'époque prescrite pour comparaître en jugement, à la maison du fonctionnaire public avec quelques-unes des choses dont il a demandé le prix ou qui ont paru lui faire plaisir. Le malheureux paysan ne se fait pas répéter la recommandation et cherche à l'accomplir le plus vite possible. Quand le jour de l'examen de la cause est arrivé, l'interrogatoire commence; mais, après quelques débats, le magistrat devient lui-même le défenseur du paysan, rejetant la faute sur son ignorance ou déclarant que le troupeau avait passé les limites dans le moment même qu'il l'entretenait. Ce fait est arrivé dans le district d'Hébron. Je dirai donc, pour en finir, de crainte d'ennuyer les lecteurs par d'autres faits innombrables, que j'ai moi-même connu plusieurs pauvres Effendis placés à la tête de petits gouvernements dans les districts, auxquels le ciel, comme ils disent, permet de ne dépenser que très-peu d'argent dans leur administration et qu'il pourvoit pour les années futures où ils ne seront plus employés. Ils voient augmenter rapidement le nombre des meubles de leur maison et les ustensiles de leur cuisine. Ils étaient partis de Jérusalem avec quelques mauvaises malles et un misérable roussin qui ne leur appartenait pas; ils y retournent avec un accroissement de biens considérable, et leur mauvaise monture s'est changée en un bon cheval ou une jument.

Il faut conclure de tout cela que l'équité, la raison et la justice ne s'obtiennent en Terre sainte qu'avec des dons en nature ou de l'argent. Ce que font les supérieurs en grand, les subalternes l'imitent en petit, de manière que cette chaîne se maintient croissante dans toutes les classes depuis des siècles, et elle est presque de règle dans tout département administratif. Je répéterai encore une fois que cela arrive parce que, dans l'empire Ottoman, presque tous les emplois s'achètent à prix d'argent et que ceux qui les achètent, ne sachant pas combien de temps ils les posséderont, y commettent toutes sortes d'injustices pour rentrer dans leurs fonds et pour pourvoir à leur avenir.

Passons à autre chose et examinons ce que c'est que le grand tribunal de justice. Je m'en tiendrai à un fait qui s'est produit à l'époque de mon séjour dans la ville sainte, fait qui est arrivé bien souvent et qui arrivera encore, mais qui n'aura pas toutes les fois la publicité que je vais lui donner.

Tous les ans, d'après une règle fixe, on change le chef de la justice appelé *Cadi :* celui-ci est le grand juge pour les affaires civiles et criminelles; il est, en un mot, le chef de la loi. C'est un Effendi élu par la haute cour de justice de Constantinople, et il apporte de cette ville les balances destinées à peser les actions des hommes qui ont le malheur de tomber dans ses griffes. Le *cadi*, arrivé au siége de son tribunal à Jérusalem, a dans ses attributions la nomination de tous les autres juges secondaires des districts du Pachalik, et le Pacha gouverneur n'a rien à voir là-dedans. Il en résulte que le cadi, dès le moment de son installation, est entouré d'une foule d'Effendis à la recherche d'une position. En 1860, un intrigant bien connu sut se mettre dans les bonnes grâces du nouveau magistrat, qui, quoique connaissant le sujet auquel il avait affaire, ne voulut pas le repousser et eut la naïveté de le croire. Celui-ci lui recommande un Effendi de Naplouse pour la charge de juge de cette ville; et pour donner plus de poids à ses paroles, il lui dit que l'aspirant lui rembourserait vingt quatre mille piastres, ou environ cinq mille trois cents francs, dès qu'il aurait sa nomination. Le *cadi* y consent et donne à l'intrigant le pouvoir de l'installer; le Mercure l'annonce aussi; mais le fripon, au lieu de porter l'argent à Jérusalem, comme le nouveau juge le croyait, l'emporte secrètement à Beyrouth avec le don qu'il avait reçu pour ses peines, en conseillant cependant à son ami d'aller à Jérusalem remercier le *cadi* et se faire connaître. Le pauvre homme écoute l'avis, mais il ne trouve pas près du juge suprême l'accueil auquel il s'attendait, et, après avoir échangé quelques paroles avec lui, il apprend qu'on lui a volé ses vingt-quatre mille piastres. Son reçu ne lui sert de rien, car le cadi ne veut rien perdre et lui dit de renouveler le payement, s'il veut conserver son emploi. On peut bien s'imaginer que, pendant son administration, il ne pensa qu'à regagner ses dix mille six cents francs. Que firent les juges, à la découverte de cette supercherie? Si j'avais pu leur donner un avis, je leur aurais dit de se taire, et c'était ce qu'il y avait de mieux à faire; mais la colère les rendit doublement aveugles; ils confièrent l'aventure à leurs amis, les domestiques l'entendirent et elle fut ainsi connue, au grand plaisir de tout le monde, sans qu'on eût la satisfaction de faire prendre celui qui avait osé tromper deux serviteurs de la justice. Que la justice soit aveugle, je le savais dès mon enfance; mais qu'un cadi Turc et un cadi Arabe se soient laissé tromper par un Grec-catholique, c'est ce que je n'ai appris qu'avec les années. La conclusion de cet article est donc que les Effendis sont les défenseurs de leurs propres intérêts; qu'ils n'agissent que pour cela; qu'ils ne s'occupent qu'à amasser, pour satisfaire leur cupidité et bien vivre, convaincus que leurs successeurs ne manqueront pas d'occasions d'en faire autant.

Un pays qui contient de tels éléments peut-il être heureux et prospérer? J'ai voulu savoir et j'ai appris beaucoup de choses en demeurant auprès de Surraya-Pacha. Aussi je dis que non; et je suis sûr que celui qui a visité l'Orient et qui a fait un long séjour à Jérusalem ne me donnera pas un démenti. Que ceux qui sont disposés à dire que j'exagère les choses ne parlent pas avant d'avoir voyagé en Palestine.

LES SANTONS EN PALESTINE

On entend par *Santons* des individus qui, en Palestine, demeurent dans les mosquées en ville, dans quelques oratoires musulmans à la campagne, et dans quelques grottes ou cavernes; qui parcourent le pays en se donnant l'air de prophétiser, de distribuer de sages conseils, de guérir les maladies, et qui s'attribuent des pouvoirs miraculeux. Les musulmans les estiment beaucoup et sont très-heureux quand l'un d'eux approche de leur maison et qu'il accepte leur hospitalité, car ils croient que cela amène la fortune chez eux. Aussi, lorsqu'il part, on lui donne des provisions, que l'on porte triomphalement à l'endroit que le voyant indique. Parmi ces Santons, il faut distinguer les sages des fous : les premiers demeurent près des sanctuaires, les autres sont considérés comme inspirés; on leur permet tout et ils peuvent commettre toutes sortes de folies et d'extravagances impunément. Les uns vont nus partout le pays, d'autres avec une ceinture au milieu du corps et de très-longs chapeaux; ils chantent continuellement quand on les voit et quand on les écoute; d'autres, couverts de guenilles et la bouche pleine d'écume, marmottent et soufflent continuellement en écarquillant les yeux. Dans ces deux catégories de Santons, il y en a qui possèdent divers dons : l'un guérit la stérilité de la femme; l'autre peut obtenir de Dieu la pluie en temps de sécheresse; un autre peut fertiliser les campagnes, un troisième peut rendre la santé à un malade; enfin, une foule d'autres prédisent l'avenir.

Tous les musulmans ne croient pas à ces charlatans, mais ils sont tenus de les supporter, de les recevoir, de les bien traiter quand ils s'introduisent dans leurs salons, dans leurs fêtes ou dans leurs réunions sans avoir été invités, parce que, s'ils agissaient autrement, ils seraient haïs du peuple.

J'ai pu moi-même voir avec quelle patience Kiamil et Surraya Pacha les souffraient dans leurs divans; quoiqu'ils fussent couverts de boue et de vermine, ils ne les faisaient pas chasser, et, quand ils s'en allaient, ils leur faisaient des présents, au grand plaisir des assistants. Une fois, cependant, Surraya Pacha ne put se contenir contre un d'eux qui chantait dans Jérusalem des airs fanatiques lors des massacres de Syrie en 1860. Il ordonna qu'on le prît et qu'on le lui amenât, et il le menaça de la prison et de la bastonnade, s'il ne changeait de ton. Celui-ci n'oublia pas l'avis et s'éloigna de la ville, lorsqu'il vit qu'il y avait un Santon plus fort que lui et capable de lui tenir tête.

Je vais citer quelques exemples, pour faire voir quelle confiance on a dans les Santons. Il y a sur la montagne des Oliviers, comme gardien de la mosquée de l'Ascension, un Santon que je considérais comme respectable, parce qu'il ne sortait jamais une parole fanatique de sa bouche; ses discours étaient pleins de charité et de modération, et il regardait comme enfants de

Dieu aussi bien ses coreligionnaires que les Chrétiens, qu'il recevait très-bien chez lui avant de leur montrer la mosquée et les environs.

La pluie s'étant fait attendre en 1855 à Jérusalem, toutes les communautés religieuses dirent des prières pour l'obtenir du ciel. Comme la sécheresse continuait, les Musulmans demandèrent au Santon si Dieu exaucerait les prières des fidèles. Le bon vieillard ne répondit rien ; mais il s'agenouilla, pria, et, ayant collé ses oreilles à terre comme pour écouter, il se releva quelques instants après en disant : *La terre ne demande rien*, et laissa tous les assistants s'évertuer à chercher la signification de ses paroles. Il plut deux jours après qu'il eut rendu cet oracle, dont la signification devint évidente : *la terre ne demandait rien*, parce qu'elle savait déjà qu'il tomberait une pluie bienfaisante ; et s'il en fût advenu autrement, on aurait dit que la terre n'en avait pas besoin.

Surraya Pacha, avant de purger Hébron de deux fameux brigands, lorsqu'il pensait aux moyens à employer pour les prendre tous les deux, demanda en riant à un Santon d'Ascalon s'il pourrait lui dire *si ce qu'il pensait réussirait*. Je ferai remarquer que le Pacha avait pour règle fixe, dans toutes les circonstances, de ne rien dire de ce qu'il voulait faire à qui que ce fût, avant le moment précis de l'exécution. Ce Santon lui répondit : *Ce que tu veux faire te réussira ; mais prends garde qu'un fil du lac ne se rompe*.

Quelques jours après l'oracle, il prenait un soir un des brigands près d'Hébron et trois jours plus tard il se rendait maître du plus terrible à Hébron même. Ces brigands étaient les deux frères Salem et Abderrahman, qui ruinaient le pays depuis tant d'années et s'opposaient au gouvernement. Lorsque ceci fut arrivé, le Santon alla féliciter le Pacha et lui dit : *Tu vois que je ne me suis pas trompé*. Depuis ce moment, le gouverneur l'a pris sous sa protection, non pas qu'il soit convaincu de sa prophétie, mais à cause de la finesse de sa réponse; car, si un des deux frères s'était enfui, le Santon n'en aurait pas moins été prophète, *parce qu'un fil du lac se serait rompu*, et par conséquent l'affaire aurait été manquée.

Je m'abstiendrai de rapporter d'autres exemples, qui prouvent tous que, parmi les Santons, il y en a qui ont de l'intelligence et de la finesse. Je trouve aux sages Santons de la ressemblance avec les faux prophètes de Baal de la Bible, qui voulurent rester avec Élie et que celui-ci fit tuer au nombre de quatre cent cinquante au torrent de Cison (1), et aux Santons extravagants et fous, avec David quand il se trouve chez Akis, roi de Geth (2). Que l'on me pardonne ce que ces rapprochements ont de forcé, pour la manie que j'ai de vouloir démontrer que tout ce qui se faisait au temps des Hébreux se fait encore aujourd'hui par les Arabes en Palestine.

Après avoir parlé de la vie des Santons, je vais donner quelques détails sur les honneurs qui leur sont prodigués par leurs coreligionnaires après leur mort, détails que je résumerai en un fait arrivé dans la ville

(1) III Rois, XVIII, 22, 40.
(2) I Sam., XXI, 13.

sainte et dont j'ai été témoin en 1858. Mais je dois donner quelques éclaircissements, avant de décrire la cérémonie funèbre.

Un Santon du nom de Daoud (David) vivait à Jérusalem misérablement, en apparence ; mais, en réalité, la Providence le comblait de ses faveurs : *Dieu prodigue ses biens à ceux qui font vœu d'être siens !* Il était vêtu ou plutôt couvert d'un sac de toile bleue que la piété renouvelait continuellement, et, dans ce sac, il y avait de chaque côté deux sacoches toujours bien garnies. Je me fis souvent moi-même un plaisir d'y jeter des provisions, pour me mettre dans ses bonnes grâces et m'attirer la sympathie des habitants en ne me montrant pas contraire à leurs préjugés, ce qui me servait beaucoup pour l'exécution de mes travaux d'exploration dans les lieux réputés saints par le fanatisme musulman.

Je devrais raconter ici les prodiges du Prophète en question, mais ce ne serait qu'une fastidieuse répétition de ceux que font ou que prétendent faire ses collègues, comme je l'ai démontré ci-dessus. Du reste, quoiqu'il me regardât comme moins infidèle que les autres chrétiens, il ne me fit jamais l'honneur de me faire assister à ses prodiges ; mais il me fut d'une grande utilité dans mes recherches archéologiques, parce qu'il m'accompagna et me servit de sauvegarde partout où j'allai. Mais revenons à la question.

Un beau jour on trouve mon bon ami mort dans une des innombrables chambres du *Haram es-Scherif ;* il n'avait souffert aucune maladie et son âme, racontait le vulgaire, « plana quelques heures dans l'intérieur de la coupole de la mosquée d'Omar, alla ensuite sur le mont Sion visiter le tombeau de David et de là s'envola au ciel. » Tandis que cette âme était encore dans l'air, la population musulmane accourait en foule pour voir sa dépouille mortelle, que beaucoup baisaient, en prenant un petit morceau de ses habits comme relique. Une masse compacte de femmes jetaient des cris et poussaient des gémissements, faisaient mine de s'arracher les cheveux et de se flageller, se roulaient par terre en faisant mille extravagances. Ces femmes n'étaient pas les seules à agir ainsi, car les hommes, jeunes et vieux, les imitaient.

Ces démonstrations de deuil me rappelèrent celles de David et de ses fidèles, lorsqu'il apprit la mort de Saül et celle d'Abner (1). De magnifiques funérailles devaient suivre cette immense douleur et une multitude d'hommes et de femmes de tout rang et de toute condition se rassembla au Haram es Scherif pour les commencer.

Après que le cadavre eut été mis dans un cercueil, il fut recouvert de riches tapis et de châles de Perse; une forêt de bannières, de branches de palmier, d'olivier et de cyprès, ouvrait la marche ; immédiatement après venaient les Santons, les Derviches, les Effendis et le peuple, en répétant et en chantant continuellement : *La Ilah ilah Allah, vê Mohammed reçoul Allah* (Il n'y a de Dieu que Dieu et Mahomet est son prophète). Une foule d'aveugles, chantant comme des possédés, précédaient ce cercueil, qui était porté par six person-

(1) II Sam., I, 11 ; 3, XXXI, 32.

nes, à chaque instant relayées par d'autres, parce que, depuis le plus puissant Effendi jusqu'au dernier du peuple, tout le monde voulait avoir l'honneur de porter les restes mortels de David. Il y en avait certainement beaucoup qui s'en seraient volontiers dispensés, mais ce n'était pas le moment de montrer de l'indifférence, car le peuple n'aurait pas manqué de le remarquer et peut-être aurait-il passé de la douleur à la fureur. Ensuite venait la nombreuse troupe des femmes, dont beaucoup pleuraient à chaudes larmes, d'autres sanglotaient en jetant des cris perçants et en faisant voler leurs mouchoirs en l'air, ce qui est le signe d'un grand chagrin dans les funérailles des Musulmans. C'est dans cet ordre que le convoi funèbre fit sa sortie de la mosquée d'Omar et du Haram es Schérif, en se dirigeant vers la porte de Jaffa par la rue qui, partant de cette porte, va directement à Haram. Le convoi funèbre fut très-longtemps à parcourir ce chemin, parce que la marche s'arrêtait très-souvent. J'en demandai la cause et on me répondit sérieusement que le Santon faisait ce qu'il pouvait pour ne pas être enterré, et regrettait de quitter la ville et ses sanctuaires ; c'est pourquoi les porteurs se trouvaient arrêtés comme par une force surhumaine, qu'ils ne pouvaient vaincre qu'après avoir longtemps invoqué le nom de Dieu. Près de la porte de Jaffa, la halte fut d'une plus longue durée et toujours la raison en était que « David se refusait absolument à sortir de l'enceinte de la ville. » Surraya Pacha se montra sur la porte au milieu de cette foule ; alors le Santon voulut bien la passer, et, grâce aux prières et à la présence du gouverneur, il continua son chemin jusqu'au cimetière de Birket-Mamillah, sans plus faire de résistance, et se laissa enterrer au milieu des sanglots de la multitude et des extravagances des femmes. Sa tombe fut très-honorée pendant huit jours; et encore aujourd'hui il y a beaucoup de personnes qui vont implorer en vain ce qu'il ne peut leur accorder. Les Arabes font ainsi pour leurs Santons ce que les Israélites faisaient pour leurs prophètes.

UN VOYAGE AU JOURDAIN ET A LA MER MORTE

Quel que soit le nombre ou la qualité des voyageurs qui veulent faire cette excursion, une escorte est considérée comme une garantie indispensable, pour se préserver de toute désagréable visite des tribus nomades qui habitent à droite et à gauche du Jourdain et qui ne sont pas disposées, par leur caractère cupide et sauvage, à recevoir ceux qui ont la fantaisie de les visiter. Autrefois l'escorte était formée pour un temps donné par les cheikhs des tribus ou des villages qui se trouvaient le long du chemin, et le prix en était fixé par un ancien usage à cent piastres par voyageur; mais, après divers combats entre les tribus et les villages pour savoir à qui appartiendrait le droit d'escorte, Surraya Pacha fit une ordonnance par laquelle il ne reconnaissait d'escortes que celles qu'on aurait demandées au Gouvernement, qui les accorde toujours et se rend responsable de tout ce qui peut arriver. C'est pourquoi les cavaliers du gouvernement forment maintenant les escortes officielles, que l'on doit requérir.

Une foule d'auteurs, qui ont écrit sur la Palestine, ont raconté les périls et les menaces d'agression qu'ils ont eu à essuyer dans ce voyage; d'autres disent comment ils étaient armés et prêts à tenir tête aux ennemis; mais il n'y a de péril que lorsqu'on ne tient pas compte des prescriptions de l'autorité ; quand on les respecte, on peut aller partout avec deux cavaliers, non pas que ceux-ci soient capables de défendre au besoin, car ils seraient les premières à prendre la fuite, mais parce qu'ils produisent un effet moral comme représentant le gouvernement. Celui-ci, d'ailleurs, n'autorise les voyages que dans les directions bien connues, où il sait qu'il n'y a rien à craindre et où il pourrait obtenir une prompte et sérieuse satisfaction. Quant aux armements et à *tenir tête*, ce sont des expressions qui ne peuvent se dire qu'en Europe et non pas dans les pays où il sortirait un homme de derrière chaque pierre ; quand même on en tuerait quelques-uns, il faudrait toujours succomber.

Dans des cas semblables, il ne s'agit ni de courage ni de gloire, mais d'avoir de la prudence, pour souffrir le moins possible. Il faut se persuader qu'on ne court jamais de risque pour ses jours, quand on n'est pas le premier à répandre le sang ; les Arabes respectent la vie, parce qu'ils craignent de payer *le prix du sang* et savent que la vie ôtée à un voyageur attire sur leur tribu ou sur leur village toute sorte de malheurs de la part du gouvernement.

Le long de la route de Jérusalem au Jourdain et à la mer Morte, les voyageurs ne rencontrent quelques individus que de loin en loin, s'ils sont escortés; mais s'ils sont privés de gardes, les nomades, cachés dans les roches et dans les vallées, s'avertissent entre eux et accourent en foule pour réprimer la folle audace de ceux qui se sont introduits sur les terres qu'ils prétendent être de leur juridiction. Cette excursion a été dangereuse dès la plus haute antiquité, car c'est là que se trouve la montée d'*Adummin* (1), et *Adummin* veut dire *sang*, à cause des crimes qui y ont été commis dans tous les temps. Nous voyons aussi que les voleurs n'y ont jamais manqué (2) : Saint Luc le raconte dans la parabole du bon Samaritain. Je conseille donc aux voyageurs de se conformer aux ordres du gouvernement local, s'ils ne veulent pas être exposés à ce qu'il leur arrive des désagréments. Je vais raconter un événement arrivé en 1860.

Une caravane de quatorze Américains, se moquant des dispositions du pacha et se confiant davantage dans sa force et dans ses révolvers, s'achemina vers le Jourdain avec quelques Arabes, convaincue peut-être que le nom d'Américain pourrait répandre une crainte salutaire dans ces régions éloignées : je dis cela, parce que je ne crois pas qu'ils aient été assez fous pour s'imaginer qu'ils feraient peur à une légion de nomades. Nos héros eurent de plus la témérité de faire élever leurs tentes sur la rive même du Jourdain, pour y passer la nuit ; ce qui ne s'était pas encore vu avant

(1) Josué, xv, 7 ; xviii, 17.
(2) Saint Luc, x, 30.

eux. Malheureusement pour eux, les habitants de la rive gauche du fleuve respectent bien les conventions faites avec le pacha de Jérusalem, mais, sortis de là, ils ne savent que voler, se souciant fort peu que le butin qu'ils font provienne d'un Américain ou d'un habitant de la république de Saint Marin ; car ils n'ont pas de notions géographiques ni de connaissances politiques. Nos braves soupèrent le soir de la meilleure humeur du monde, et chacun d'eux gagna son lit à une heure avancée : on n'entendait que le doux murmure du Jourdain. Tandis que le camp et les guides étaient plongés dans un profond sommeil, un bon nombre d'Arabes vinrent de la rive gauche du fleuve, qu'ils passèrent, et, se glissant comme des reptiles, ils se tapirent derrière les broussailles qui étaient autour du camp. Ils l'envahirent tout à coup, pénétrèrent dans les tentes, se rendirent maîtres des armes, des habits, des provisions et de tout ce qu'ils y trouvèrent, et obligèrent ensuite nos héros stupéfiés à monter à moitié nus sur leurs chevaux, qu'ils eurent la générosité de leur laisser. Les Américains purent se rendre à Jérusalem, plus confus que contents, et certainement pénétrés d'admiration pour la sagacité de leurs agresseurs. Ils adressèrent immédiatement une réclamation à Surraya-pacha, qui ne s'en effraya pas, sachant bien que l'Amérique n'envoie pas des vaisseaux demander réparation des torts que ses nationaux se sont attirés par leur folle imprudence et pour n'avoir pas suivi les prescriptions du gouvernement. Mais, grâce à la politesse partout répandue maintenant, les biens volés furent retrouvés au bout de quelques jours et rendus à leurs propriétaires.

J'ai voulu montrer par ce récit qu'on paie de sa propre bourse les imprudences que l'on commet ; que le gouvernement local à Jérusalem a assez de force pour se faire respecter et donner satisfaction ; et qu'il ne manque pas de courtoisie même envers ceux qui en manquent envers lui.

CHAPITRE V

MŒURS DE LA PALESTINE.

Les maisons et leurs dépendances; les terrasses; les habillements des hommes et des femmes; les objets de toilette des deux sexes et la nourriture des anciens Hébreux, le tout comparé avec ceux des Arabes actuels de Palestine.

I

LES MAISONS ET LEURS DÉPENDANCES

Les maisons, chez les Hébreux, étaient construites en pierre, en briques et en terre. On employait au temps de David et de Salomon (1), pour les édifices publics et pour les demeures de quelques grands, la pierre, que l'on revêtait encore de marbre. Les maisons de briques devaient être les plus communes dans les villes et dans les campagnes pour les bourgeois et pour les grands propriétaires (2); celles de terre (3) devaient être pour les petits propriétaires, les agriculteurs et la basse classe du peuple.

(1) III Rois, VII, 9, 10, 11; I Chron., XXIX, 2.
(2) Isaïe, IX, 9.
(3) Job, IV, 19.

On lit dans le Lévitique (1) les prescriptions à observer contre les maisons attaquées de la lèpre. Elles devaient être soigneusement visitées par les Lévites, qui étaient chargés de cette surveillance, et si elles ne valaient pas la peine d'être réparées, on les démolissait. On ne doit entendre par *lèpre dans les maisons* que la *moisissure* des murs, produite par l'efflorescence du salpêtre, qui corrompt l'air et nuit à la santé des habitants ; car, lorsque le salpêtre est en grande quantité, il peut miner la maison et la faire tomber avec le temps. Il est aussi prescrit dans le Deutéronome, XXII. 8, de faire une gouttière au toit des maisons neuves pour empêcher que rien ne tombe à terre, car, ainsi que je le montrerai bientôt, les toits et les terrasses étaient très-fréquentés.

Je ferai remarquer ici que les Hébreux savaient faire les briques, lesquelles remontent à la plus haute antiquité, peut-être même à la construction de la *ville et de la tour de Babel dans la plaine de Sinear* (2).

Voici quels étaient les moyens qu'on employait.

On foulait la terre grasse ou l'argile avec les pieds (3) et l'on y mêlait de la paille (4) ; puis on cuisait les briques dans un four (5).

Aujourd'hui on construit les maisons en Palestine comme on faisait autrefois, dans l'antiquité, à l'intérieur du pays. Les chefs de village seuls ont des maisons de pierre ; les propriétaires aisés ont de pauvres

(1) XIV, 33, 48.
(2) Gen., XI, 2, 3.
(3) Nahum, III, 14.
(4) Exode, V, 7.
(5) Nahum, III, 14 ; II Rois, XII, 31.

chaumières en briques non cuites, et les demeures des cultivateurs sont en terre. Je ne parle pas des constructions des villes, parce qu'il y en a un grand nombre dont l'origine remonte aux conquérants qui ont régné successivement sur le pays, tandis que les nouvelles constructions sont le résultat du progrès et de la civilisation, qui ne pénètrent que lentement et à pas de tortue, grâce encore aux Européens : aussi ce n'est pas dans les villes qu'il faut chercher les anciennes coutumes.

La Palestine est fort riche en éléments de construction ; mais les habitants n'en tirent aucun parti, parce qu'ils n'y sont pas encouragés et qu'ils sont mal gouvernés. Leur nature sauvage, cupide, indolente fait qu'ils préfèrent habiter dans une chaumière ou dans une ruine plutôt que de se donner leurs aises, sachant bien que le gouvernement leur ferait payer ce confortable et aussi parce qu'ils craignent les combats continuels des différents partis, qui portent partout la destruction. Ces causes leur ont fait oublier tout ce que les Hébreux leur avaient transmis ; car, s'ils fabriquent encore les briques de la même manière que les anciens, ils ne savent plus les faire cuire, et ils les emploient après les avoir fait sécher au soleil. On trouve des maisons bâties avec cette dernière espèce de briques dans tout l'ancien pays des Philistins, de Jérusalem à Gaza. Les malheureux construisent encore leurs tanières avec de la boue, de l'argile et de la paille hachée finement, et y mêlent des fientes de chameau ou de bœuf, surtout pour les terrasses, ce qui les rend plus impénétrables à l'eau.

Je vais donner une idée générale des matériaux de construction des Arabes.

La Palestine abonde en pierres calcaires et crétacées, propres aux plus somptueuses constructions. Les brèches rouges, blanches, jaune pâle reçoivent le poli aussi bien que le marbre. Le pavé de beaucoup d'églises à Jérusalem, les colonnes de la mosquée El Aksa, celles de la basilique de Bethléem et une foule d'autres ornements, dans quelques autres villes, en sont la preuve évidente. La pierre dite *melaki* est un dur calcaire qu'on travaille difficilement; mais elle ressemble au marbre et je crois qu' elle a dû passer autrefois pour du marbre: la façade de l'hospice austro-italien à Jérusalem est construite avec cette pierre. La pierre appelée *Misi* est blanche, d'un grain serré, et résiste sous le ciseau: les ruines des anciens murs de Jérusalem sont composées de cette pierre, ainsi qu'un grand nombre d'anciens édifices de la ville. Le *Caculi* est une pierre tendre, dont il existe différentes espèces de plus ou moins de valeur: l'enceinte de la ville sainte élevée par Soliman est faite avec cette pierre, ainsi que la plupart des constructions modernes arabes. D'autres genres de pierres servent à bâtir les voûtes, les petits murs de clôture, les fours, les cheminées, et il y en a aussi que les sculpteurs emploient pour faire différents objets qu'ils vendent aux voyageurs, comme la pierre bitumineuse de la mer Morte, la pierre rouge de Sainte-Croix, la pierre crétacée de la Grotte de lait, à Bethléem; etc., etc. Sans les Européens, on n'emploierait guère que le *Caculi* le plus commun, à l'exclusion de toutes les autres pierres.

On trouve dans la Bible trop peu de renseignements sur la forme et la disposition intérieure des maisons, pour que nous puissions en donner une idée exacte, ce qui nous force à laisser ce chapitre de côté, d'autant plus que, comme je l'ai déjà dit, les maisons des villes ne sont pas le résultat d'une idée propre aux habitants et n'offriraient aucune ressemblance avec celles des Israélites. Nous allons, en conséquence, passer à l'examen de quelques objets qui sont indispensables dans les maisons à cause de leur utilité et du confortable.

Chez les Hébreux, les portes d'une seule pièce ou à deux battants tournaient sur deux gonds, fixés aux deux extrémités du battant et entrant dans deux trous placés l'un en haut et l'autre en bas (1). Les Arabes pratiquent encore ce vieil usage, que l'on retrouve dans les anciennes maisons et dans les chaumières de tous les villages. Les verrous, les serrures (2) et les clefs (3) étaient ordinairement en bois : chez les Arabes qui ne vivent pas à l'européenne, comme on dit, et chez ceux de l'intérieur, il y a encore des clefs de ce genre. Les verrous de métal devaient être fort rares anciennement, car on n'en parle pas souvent, et peut-être ne s'en servait-on que pour les portes des villes (4) : on en trouve bien rarement dans les villages, et ceux qui existent sont solidement attachés aux portes, sans quoi ils seraient bientôt volés. Il y avait, au-dessus des portes des maisons et des villes, des inscriptions qui,

(1) Prov., XXVI, 14 ; III Rois, VII, 50.
(2) Cant., V, 5.
(3) Juges, III, 24, 25.
(4) Juges, XVI, 3 ; Amos, I, 5.

selon la loi de Moïse (1), devaient avoir un caractère religieux et se rapporter aux croyances fondamentales des Hébreux. Cette coutume, qui a laissé des traces dans les anciennes maisons arabes et sur les portes des villes actuelles, existe encore à la campagne dans toute la rigueur du terme. Les fenêtres qui donnaient sur les rues étaient garnies de jalousies et de treillis (2), qui, tout en garantissant des rayons du soleil et en laissant pénétrer l'air, permettaient de les ouvrir à volonté (3). Les mêmes jalousies existent encore dans les villes et dans les bourgades, mais elles ne servent plus qu'à cacher les femmes gardées dans le Harem, qui, du reste, trouvent bien le moyen de les ouvrir quand elles veulent. Il y avait dans les maisons des riches Hébreux, de vastes chambres bien aérées (4); des salles pour repas et festins (5); des pièces pour se reposer (6); des chambres au milieu desquelles on mettait un grand brasier pendant l'hiver pour se réchauffer (7). Toutes ces commodités ne manquent pas non plus chez les riches Arabes qui veulent largement pratiquer l'hospitalité et qui continuent de vivre comme les anciens possesseurs du sol.

Voyons maintenant ce qu'étaient les meubles. La Bible mentionne très-distinctement, comme meubles indispensables, le lit, la table, le siége et le chan-

(1) Deut., VI, 9; XI, 20.
(2) Juges, V, 28; Cant., II, 9.
(3) II Rois, XIII, 17.
(4) Jérém., XXII, 14.
(5) I Rois, IX, 22.
(6) II Rois, IV, 7.
(7) Jérém., XXXVI, 22.

delier (1). Les Arabes de l'intérieur ne sont pas encore arrivés à la connaissance des trois premiers objets; ceux de la ville les connaissent bien, mais ils les ont pris des Européens. Les Hébreux se servaient du lit pour s'y reposer la nuit et lorsqu'ils étaient malades (2). Quand le luxe se fut introduit chez eux, il y avait, dans les demeures des riches, des lits magnifiques en bois de cèdre (3). On dit aussi du roi Salomon qu'il avait un lit couvert de pourpre avec des colonnes en argent et une tête en or (4). Dans les proverbes (5), la femme de mauvaise vie vante son lit garni d'étoffes précieuses, et parfumé de myrrhe, d'aloës et de cinnamome. Quelquefois le mot *lit* dans la Bible est appliqué à des sofas, sur lesquels on s'asseyait pour se mettre à table (6), et quelquefois aussi à des divans placés le long du mur. Cette dernière coutume s'est conservée, non-seulement en Palestine, mais encore dans tout l'Orient. La Bible mentionne encore, comme garnitures de lits, les couvertures ou tapis, les matelas et les coussins (7).

Les Arabes ont bien aussi tous ces objets, mais je ne crois pas qu'ils soient aussi propres que ceux des Hébreux : il est certain qu'ils y laissent pulluler la vermine, au point qu'il est moins désagréable de recevoir la pluie sur le dos pendant une nuit d'hiver que d'être

(1) II Rois, IV, 10.
(2) Genèse XLVIII, 2; XLIX, 33; Psaum., VI, 6; Job, VII, 13.
(3) Cant., III, 9.
(4) Cant., III, 10.
(5) VII, 16, 17.
(6) Ezéch., XXIII, 41; Amos. VI, 4.
(7) Juges, IV, 18; Ezéch., XIII, 18, 20; Prov., VII, 16.

exposé à se faire piquer et sucer le sang par ces abominables ennemis, qui, sans respect pour l'hospitalité, cherchent continuellement une proie dans leurs excursions nocturnes. On ne trouve de chaises que chez les imitateurs des Européens.

On se sert de chandeliers en Palestine, et les riches en ont d'élevés, qu'on pose à terre et qui donnent plusieurs flammes ; mais comme on ne retrouve pas de modèle se rapprochant quelque peu de celui du tabernacle (1), on peut en conclure que les Hébreux avaient plus de goût et de luxe pour cet ustensile.

Il faut ajouter à ces meubles le moulin à bras pour moudre le grain, qui ne manquait dans aucune maison : il en est fait mention dès le temps de Moïse (2). Il se composait de deux meules, dont l'inférieure, qui paraissait immobile, était extrêmement dure (3); la supérieure était la meule *roulante* (4). C'étaient ordirement les femmes esclaves qui tournaient la meule dans toutes les maisons (5); les hommes détenus en prison étaient aussi quelquefois employés à ce travail (6). Le bruit du moulin égayait la maison; et son interruption était l'image de la désolation (7).

On distingue dans la Bible au moins deux espèces de farine plus ou moins fine ; ce qui prouve que le procédé de la mouture était arrivé à une certaine per-

(1) Exode, xxv, 31, 38.
(2) Nomb., xi. 8; Deut., xxiv, 26.
(3) Job, xli, 15.
(4) Juges, ix, 53; II Rois., xi, 21.
(5) Exode, xi, 5; Isaïe, xlvii, 2.
(6) Juges, xvi, 21; Lam., Jérém., v. 13.
(7) Jérém., xxv, 10; Eccl., xii, 4.

fection. Il y a quelques moulins mus par un cheval chez les Arabes ; mais la meule, faite exactement comme celle des Hébreux, existe toujours dans toutes les maisons. Elle est manœuvrée par les serviteurs, par les esclaves et par les hommes, qui chantent continuellement en travaillant. Les meuniers propriétaires de meules, qui travaillent pour le public, ont intérêt à ne pas choisir des meules trop dures, parce que celles qui ont le grain tendre, s'usant en fonctionnant, remplissent la farine de petites pierres, qui en augmentent le poids ; ce qui permet toujours au meunier de faire d'amples bonis sur le bon grain qu'on lui apporte. Quant à moi, je ne puis dire que le bruit du moulin soit l'âme de la maison ; car pour mon malheur, dans les premiers temps que j'habitais Jérusalem, il y en avait un dans une maison arabe contigue à ma chambre à coucher, et il me causait des crispations atroces, en m'empêchant de dormir ou en me réveillant trop tôt.

II

TERRASSES

Je vais enfin parler des terrasses, si estimées chez les Hébreux et chez les Arabes. Sur ce point, ces deux peuples se ressemblent dans l'usage et dans la pratique.

Les toits étaient presque plats et élevés seulement un peu au milieu, pour permettre aux eaux de s'écouler par les gouttières (1). On se servait probablement de briques pour les construire; du moins un passage d'Isaïe semble le faire croire (2), et cela est d'autant plus probable, qu'on n'en manquait pas alors; mais on pouvait aussi employer une composition de petits cailloux, de chaux, de sable et de cendres, qui, bien battue et bien mêlée, préservait la maison de toutes les infiltrations de la pluie. L'humble toit du pauvre n'était couvert que d'une couche de terre bien solide, où poussait souvent l'herbe (3); et l'on voit encore la même chose aujourd'hui dans les villes et dans les villages de Palestine.

Les toits, construits en plate-forme ou en terrasses, pouvaient être utilisés de différentes manières : on y exposait à l'air certains objets de travail (4); on s'y promenait pour prendre le frais (5); on y dormait quelquefois dans la belle saison (6). C'était encore l'endroit où l'on traitait les affaires secrètes (7) et où l'on se livrait au désespoir dans les moments malheureux (8). *Être assis dans un coin du toit* (9) est une expression proverbiale pour désigner une vie triste et retirée.

Dans les tumultes et dans les grands mouvements,

(1) Prov., XIX, 13; XXVII, 15.
(2) LXV, 3.
(3) Psaum, CXXIX, 6.
(4) Josué, II, 6.
(5) II Rois, XL, 2.
(6) I Rois, IX, 26.
(7) I Rois, IX, 25.
(8) Isaïe, XV, 3.
(9) Prov., XXI, 9; XXV, 24.

de peuple, on montait sur les toits (1) pour voir ce qui se passait, pour se sauver ou pour se défendre (2), et quelquefois aussi pour faire des actions extraordinaires en présence de la foule assemblée (3). On construisait sur les toits les *tabernacles* pour la fête de ce nom (4), et les Hébreux idolâtres y avaient des autels consacrés au culte des astres (5). C'est aussi sur les toits que Salomon dit qu'il vaut mieux habiter qu'avec une femme querelleuse (6). Le divin Maître recommande à ses disciples de prêcher sur les toits ce qu'il leur a dit à l'oreille (7); saint Pierre monte sur le haut de la maison à midi pour prier (8).

On a observé que les escaliers étaient, en général, sur un des côtés de la maison, et conduisaient directement de la cour extérieure aux étages et jusqu'au toit, où l'on pouvait ainsi monter et descendre sans traverser l'intérieur de la maison (9). Comme les terrasses communiquaient avec celles des maisons voisines, les personnes qui s'y trouvaient pouvaient, dans un moment de péril, se sauver par là ou par la cour. Nous comprenons maintenant plus facilement ce verset de l'Évangile : « Et que celui qui sera sur le haut ne descende point pour emporter quoi que

(1) Isaïe, XXII, 1.
(2) Juges, IX, 51.
(3) II Rois, XVI, 22.
(4) Néhém., VIII, 16.
(5) IV Rois, XXIII, 12; Jérémie, XIX, 13; Soph., I, 5.
(6) Prov., XXI, 9.
(7) Mathieu, X, 27.
(8) Actes, X, 9.
(9) III Rois, VI, 8.

ce soit de sa maison (1); » et les autres passages à propos du paralytique : « Et voici des hommes qui portaient dans un lit un homme qui était paralytique; et ils cherchaient le moyen de le déposer dans la maison, et de le mettre devant lui (Jésus). Mais ne trouvant point par quel côté ils pourraient l'introduire, à cause de la foule, ils montèrent sur la maison, et le descendirent par le toit, avec le petit lit, au milieu devant Jésus (2). » Jésus devait donc enseigner dans la cour ou dans la rue; et dans ce cas, ceux qui portaient le paralytique et qui étaient arrivés par les terrasses des maisons voisines au lieu où Jésus se trouvait, n'eurent qu'à renverser les défenses, élevées selon les prescriptions de Moïse (3), pour descendre le malade devant lui. Si le Sauveur était dans une chambre, on pourrait supposer que, après avoir découvert le toit, on descendit le paralytique par l'ouverture; mais cela paraît assez invraisemblable, pour peu que l'on considère la *multitude* des auditeurs et le travail à faire pour découvrir le toit.

Il y avait aussi, sur le devant du toit, un pavillon ou chambre haute, où l'on se retirait pour se reposer, pour prier ou pour être seul; on y logeait aussi les étrangers quand on leur donnait l'hospitalité (4).

On peut conclure de ce qui précède que les maisons ne devaient pas être fort élevées et que leurs façades

(1) Mathieu, XXIV, 17.
(2) Luc, V, 18, 19.
(3) Deut., XXII. 8.
(4) Jud. III, 20; III Rois, XVII, 19.

sur la rue ne devaient probablement pas offrir un ordre d'architecture agréable. L'ensemble d'une ville d'alors ne pouvait donc pas différer beaucoup de celui d'une ville de nos jours, en Palestine, à l'exception, toutefois, des édifices du temps des rois de Juda, et des constructions d'Hérode, qui vinrent rompre la monotonie des cités.

Les Arabes se servent des terrasses comme les Hébreux ; car, durant l'été, les riches y élèvent des tentes, et les pauvres, des huttes faites de vieilles nattes, pour s'y reposer pendant les chaleurs de la belle saison et échapper le plus possible à la vermine empestée de l'intérieur, à laquelle on préfère les insectes moins acharnés du dehors. Ces terrasses servent de promenade le soir ; le jour on y fait la plupart des travaux de la maison, et on y allume les feux de joie. En cas d'attaque, les femmes y vont pousser de grands cris, tandis que les hommes, armés de fusils ou de pierres, se défendent contre les assaillants. J'ai pu remarquer ce dernier fait à Bethléem en 1856. C'est aussi par les terrasses que l'eau s'écoule, lorsqu'il pleut, et que les citernes s'emplissent pour les besoins des maisons.

Il y a généralement une chambre sur les grandes terrasses, et les Arabes suivent le commandement de Moïse en l'entourant d'un mur à hauteur d'homme, avec des créneaux ou barreaux en terre cuite, pour que les femmes puissent voir sans être vues. Cette disposition rend l'aspect des maisons d'autant plus triste, qu'on n'observe aucune symétrie pour les fenêtres et les portes.

Je terminerai ici cet article, non pas faute de matière, mais parce que je crois que les exemples que j'ai donnés sont plus que suffisants pour permettre de conclure que les Arabes actuels, pour la disposition et l'ameublement de leurs maisons, suivent en grande partie la pratique des Israélites ; et que, s'ils ne les imitent pas entièrement, cela tient à la différence de civilisation, de religion, et surtout au défaut de moyens et à la nécessité de tout cacher à un gouvernement cupide.

III

HABILLEMENTS DES HOMMES

On trouve dans la Bible une foule de mots qui désignent des vêtements ou des objets de toilette ; mais ces mots sont trop peu explicatifs pour que nous puissions arriver à connaître aucune partie spéciale de l'habillement ; nous devons donc nous attacher à ce qu'on trouve aujourd'hui chez les Arabes de Palestine pour pouvoir déduire de leurs coutumes celles des anciens Hébreux.

On sait qu'en Orient les modes et les usages changent très-peu, et ils ont éprouvé encore moins de modification dans l'intérieur de la Palestine ; on peut donc y trouver toujours l'image des anciennes formes des objets, qui s'y sont perpétuées à travers tant d'événements et d'invasions diverses. Les habitants, qui, ne voulant pas être exposés aux fléaux des guerres et espérant qu'ils cesseraient bientôt, se retiraient dans les déserts du sud et de l'est, y conservaient de génération en génération les mœurs primitives, qu'ils ramenaient toujours pures et intactes dans leur patrie quand la paix et la tranquillité y renaissaient. C'est pourquoi les habillements essentiels les plus simples s'y sont conservés et s'y retrouvent encore.

Mon intention n'est pas de vérifier chaque expression de la Bible pour l'appliquer à ce qu'on rencontre de costumes parmi les modernes; car cette tâche serait trop pénible, les modes n'ayant pas toujours été les mêmes chez les Hébreux; elles ont subi des changements quand le luxe s'est introduit chez eux. D'ailleurs, il existe aujourd'hui une immense variété de vêtements, qu'il n'est pas possible de décrire ici.

Je ne parlerai donc que de quelques-uns des objets qui se sont conservés en Palestine et dont, aux yeux de tout le monde, l'usage est venu des Hébreux, comme le démontre la Bible.

Les matières dont se servirent d'abord les Hébreux pour les habits furent la laine, le lin et quelquefois aussi la soie (1); peu de temps avant l'exil de Babylone, on y ajouta le coton. La couleur la plus en vogue était le blanc (2); les riches portaient des étoffes teintes en pourpre, en rouge, en violet ou en cramoisi, et celles de luxe étaient enrichies de broderies. Tout cela existe encore chez les Arabes de la Palestine; cependant, quelques riches portent la soie à couleurs variées, et le blanc. Tous les habitants de la campagne et le peuple portent le bleu; la couleur pourpre et la couleur rouge sont celles des habits de solennité ou

(1) Ezéch., xvi, 10.
(2) Eccl., ix, 8.

des mariages, c'est-à-dire du repos et de la joie. Le coton est aujourd'hui plus en usage chez les bourgeois et chez les habitants qui ont reçu quelque éducation; mais on n'emploie que le lin et la laine dans l'intérieur du pays. Les principaux vêtements dont il est parlé dans la Bible sont la *tunique* et le *manteau*. La tunique, qui était de lin, descendait jusqu'aux pieds et était garnie de manches; on la portait tantôt sur le corps nu, tantôt avec une chemise qui était ample et probablement fort longue, et elle s'attachait à la taille par une ceinture. Un passage du IIe livre des Rois, x-4, où on lit qu'Hanon, pour insulter les ambassadeurs de David, leur fit couper la moitié de leurs vêtements *jusqu'aux hanches*, semblerait indiquer que la chemise était fort longue. Les tuniques et les chemises larges sont communes dans toute la Palestine, et les gens riches ou à leur aise les portent toutes les deux; mais les agriculteurs et les ouvriers ne gardent, surtout lorsqu'ils travaillent, que la chemise seule, qui est très-large et qu'ils sont forcés d'attacher à la ceinture en la relevant jusqu'aux genoux, pour avoir une plus grande liberté de mouvements.

Quand ils veulent se présenter devant les autorités, ils ont la coquetterie de la laisser tomber jusque sur la cheville du pied; on la voit alors dans toute sa saleté, car la plus grande partie d'entr'eux ne la changent qu'une fois par mois, et il y en a sur les épaules desquels elle prend toutes sortes de laides couleurs. La chemise est tout ce qu'il y a de plus commode pour l'homme du commun. En effet, s'il veut dormir, il y cache les pieds et les mains pour les préserver de la rosée; s'il a un lourd fardeau à porter, il le place sur son dos nu et le soutient avec sa chemise; si on lui confie de petits paquets, il les met dans sa poitrine; s'il mange dans une maison hospitalière, il se lave les mains et le visage et s'essuye avec sa chemise; s'il se nettoye les pieds, il les frotte ensuite avec sa chemise; lorsqu'il va travailler, il met ses outils dans sa chemise; il entasse dans sa chemise les provisions qu'il va vendre à la ville; lorsqu'il accompagne un Européen en voyage, le pauvre arabe lui offre encore sa chemise, s'il n'a pas de quoi s'essuyer, après s'être rafraîchi le visage et les mains.

La tunique est plus respectée, parce qu'elle indique par elle-même le rang et les moyens de la personne qui la porte; aussi quand les hommes du peuple peuvent en avoir une, ils en ont grand soin, la relèvent en voyage et s'en servent comme d'oreiller lorsqu'ils sont forcés de coucher à la belle étoile.

L'habit de dessus ou manteau était, chez les Hébreux, de forme et d'étoffes différentes. C'était probablement une espèce de manteau semblable à celui que les Arabes appellent *haik;* il avait quatre coins, auxquels, selon la loi de Moïse, on devait attacher des franges avec un fil violet pour se rappeler les préceptes de Jéhovah et éviter l'idolâtrie (1).

On ne prescrivait chez les Hébreux que pour les prêtres l'usage des pantalons, qui devaient descendre depuis les reins jusqu'au bas des cuisses (2). Les autres

(1) Nomb., xv, 38, 39; Deut., xxii, 12; Matth., xxiii, 5.
(2) Exode, xxviii, 42.

personnes n'en portaient pas. Le peuple arabe et beaucoup d'ouvriers n'ont pas adopté cette coutume, mais les riches en font un usage continuel. Les rois portaient une espèce de grand manteau de luxe (1) ; les prophètes en avaient de semblables en poil (2). On trouve actuellement chez les chefs de village et de tribu d'amples manteaux généralement noirs et quelquefois rouges. Ils les portent dans les réceptions, et, comme ils sont fort longs et fort larges, ils les relèvent par-devant avec le bras gauche, qu'ils tiennent à la hauteur du visage. Il n'y a plus maintenant de manteaux de poil; ils sont remplacés par une foule de pelisses grossièrement travaillées et faites de peaux de mouton, de chèvre ou de poil de chameau : les manteaux des prophètes pourraient bien avoir été dans ce genre-là, moins l'ampleur, qui n'est pas d'un usage général, quoiqu'il y en ait cependant quelques rares exemples chez les nomades. Les enfants des riches portaient de longues tuniques rayées de diverses couleurs (3) : cet usage s'est maintenu tel qu'il était jadis chez les Arabes.

La chaussure des hommes se composait de sandales qu'on attachait aux pieds au moyen de courroies ; le dessus des pieds restait nu et il s'y ramassait beaucoup de poussière, c'est pourquoi la Bible fait si souvent mention du *bain de pieds* (4). Les nomades, les cultivateurs et le peuple ont la même chaussure au-

(1) Jonas, III, 6.
(2) III Rois, XIX, 13, 19.
(3) Gen., XXXVII, 3; II Rois, XIII, 18, etc.
(4) Gen., XVIII, 4; XXIV, 32; XLII, 34.

jourd'hui, et j'ai déjà dit, en parlant du chameau et de l'hyène, qu'ils en emploient les peaux à cet usage, quand elles sont un peu tannées.

Les Hébreux se couvraient la tête d'une coiffure qui porte plusieurs noms dans la Bible et qui avait sans doute des formes différentes ; l'une de ces formes était un béret haut et pointu attaché à la tête (1), et l'autre était un turban que portaient les rois et les grands personnages (2). On sait que le turban se composait d'un bonnet entouré d'une pièce de lin et plus tard de coton, qui faisait plusieurs fois le tour de la tête. On voyait encore, il y a quelques années, des bérets pointus en poil, que portaient principalement les drogmans arabes attachés aux communautés religieuses du pays ; le turban est cependant porté par tout le monde, et il est plus ou moins volumineux selon le caprice de ceux qui s'en coiffent. Je vais consacrer ici quelques lignes à cet ornement de tête. Le turban est très-gros en général, parce qu'il sert à garantir des ardeurs du soleil et qu'il est le seul moyen de se défendre de ses atteintes meurtrières. C'est pourquoi il est aussi usité par les chrétiens arabes et par quelques Européens, qui ne peuvent y mettre, cependant, toutes les couleurs qu'ils voudraient, car les musulmans le leur défendent, se réservant pour eux le jaune et le vert ; ils voient aussi de mauvais œil que d'autres portent la mousseline blanche. C'est pourquoi les chrétiens se servent de bandes bleues,

(1) Exode, XXIX, 9.
(2) Ezéch., XXI, 31 ; Isaïe, LXII 3.

noires, blanches, bigarrées, d'étoffes rayées et quelquefois tissues d'or ou d'argent. Chez quelques voyageurs, chez les conducteurs de montures, les gardeurs de troupeaux, et chez les pauvres, le turban ne sert pas seulement à défendre du soleil; on l'emploie aussi aux usages suivants.

Quand on est altéré et qu'on arrive à une citerne, il peut se faire que l'eau soit basse, la descente difficile et qu'il n'y ait pas de corde pour puiser; alors une ou plusieurs bandes de turban et celles qui serrent la chemise à la taille, si la ceinture n'est pas en cuir, remplacent la corde; comme le bonnet rouge en feutre bien battu ou *tarbousc* tient lieu de petit seau, quand on manque d'autre récipient, et j'ai usé de ce moyen très-souvent moi-même. Si l'on est fatigué par une longue marche et que l'on veuille se reposer, les bandes du turban servent pendant le jour à garantir des insectes, et pendant la nuit, étendues sur quatre perches, elles préservent de l'humidité de la rosée.

On voudrait prendre un bain, mais on n'a pas de quoi s'essuyer; la bande y supplée. Après avoir passé une mauvaise nuit et avoir été tourmenté par les insectes, tandis qu'un serviteur bat les habits et recherche soigneusement les ennemis qui y sont cachés, la bande offre le spectacle d'une scène druidique ou de sauvages de l'Amérique découverts par Colomb.

Enfin, le turban est pour les gens du peuple un endroit où ils mettent les papiers intéressants et les lettres qu'on leur a donné à porter, leur bourse, les aliments à cuire et les petites choses qu'ils ont pu voler. On peut conclure de tout ce qui précède que, si les turbans sont pesants, ils n'en sont pas moins très-utiles à ceux qui les portent.

IV

HABILLEMENTS DES FEMMES

Les habillements dont je viens de parler étaient communs aux deux sexes, mais les femmes avaient des étoffes plus fines, des habits plus amples et on les distinguait aussi aux objets de toilette qui leur étaient propres. La différence devait être bien tranchée, puisque la loi défendait à l'homme de porter les vêtements de la femme, et à celle-ci les vêtements de l'homme (1). Les habits des femmes ont quelquefois des noms particuliers (2), qui marquaient une différence dans l'étoffe, dans la forme ou dans les broderies. Il est très-difficile de donner des détails exacts sur tous ces habits et de les comparer avec ceux qui sont en usage actuellement dans le pays, parce que la quantité de costumes que l'on peut considérer comme provenant de l'époque judaïque est beaucoup trop considérable; c'est pourquoi je ne parlerai que des plus communs, de ceux qui sont le plus portés.

Le manteau des femmes devait être fort large (3), puisque Ruth s'en est servie pour emporter six mesures d'orge que Booz lui avait données. Les femmes arabes des campagnes ou du désert ont un manteau

(1) Deut., XXII, 5.
(2) Isaïe, III, 22.
(3) Ruth, III, 15.

carré, généralement en toile de coton; elles se le mettent sur la tête, s'en recouvrent le visage, lorsqu'elles ne veulent pas se faire voir, et l'emploient encore à beaucoup d'autres usages. Elles y mettent des objets qu'elles portent au marché; elles s'en servent en guise de lien, lorsqu'elles vont au bois faire des fagots; elles y ramassent ce qu'elles ont glané ou ce qu'elles ont récolté; elles en font un sac en liant les quatre coins sous leur cou, et elles y placent, en le jetant derrière leurs épaules, leur enfant ou un agneau nouveau-né; lorsqu'elles font leurs provisions à la ville et dans les villages, elles emportent encore ces provisions dans leur manteau; le manteau leur sert enfin de couverture, d'essuie-main et de tapis, selon les besoins et les circonstances. Les femmes des Hébreux avaient aussi un autre pardessus, garni de longues manches, de la forme d'une tunique, et qui était beaucoup plus grand que la tunique de dessous. Un bon nombre de femmes arabes portent aussi ce second manteau, qui est en toile de coton bleu. La plupart des ouvrières, à la moisson, au battage ou à la vendange, portent ce vêtement, qui leur est très-utile pour les vols qu'elles veulent commettre. Elles arrangent les manches de manière à les rendre propres à recevoir une petite quantité de grain; elles les recouvrent de leur tunique et, entre celle-ci et celles-là, elles peuvent mettre encore quelque chose. Enfin elles introduisent encore du grain dans une poche préparée à l'intérieur de la chemise, et arrivent de cette manière à se faire une provision suffisante, pour subvenir quelque temps à leurs besoins. Je ne crois pas qu'elles aient reçu cette pratique des ancêtres; peut-être le tiennent-elles de leurs maris, dont on connaît l'esprit de rapine.

La chaussure des femmes était de cuir fin, comme on le voit dans Ézéchiel (1), soit qu'au temps de ce prophète on ajoutât déjà aux sandales une garniture de peau plus fine, soit, ce qui est plus probable, que le cuir fin servît à faire les courroies des sandales. Ce genre a disparu en Palestine chez les riches et chez le peuple; mais il y a encore quelques femmes nomades qui font usage des sandales de peaux ordinaires. Isaïe indique un ornement qui complétait la chaussure (2) et qui pouvait être une sorte de hautes sandales garnies de petites sonnettes ou de petites plaques de métal sonnant ou tintant à chaque pas que l'on faisait, comme le même Isaïe (III, 16) le fait aussi remarquer. On retrouve aujourd'hui encore cette chaussure chez les femmes orientales, et elle sert en Palestine surtout à garantir les pieds de la poussière et de l'humidité; on en a fait ensuite un objet de luxe, qui donne à la personne une plus haute taille; mais il arrive quelquefois que, étant trop haut, on glisse, et que le plaisir de la coquetterie dégénère en larmes. Je n'ai pas vu de ces hautes sandales avec des sonnettes, mais j'en ai remarqué de magnifiques, garnies d'incrustations de nacre et d'écaille.

Les femmes portaient pour coiffure un turban et un filet (3). On voit encore chez les riches Arabes de

(1) XVI, 10.
(2) Is., III, 18.
(3) Isaïe, III. 18.

petits turbans, et, chez les paysannes, des coiffures qui en approchent ; mais il n'y a plus de ces filets, qui n'étaient peut-être qu'un objet de luxe, et l'usage s'en est perdu depuis que les femmes d'aujourd'hui se conduisent autrement que celles des Hébreux.

Le voile était un objet de toilette essentiel pour les femmes ; mais rien ne prouve qu'elles ne devaient pas, chez les Hébreux, se montrer à visage découvert. Au temps des patriarches, la femme honnête découvrait son visage sans aucune fausse modestie (1). Rebecca porte le voile ; mais elle ne s'en sert pas devant Éliézer, et ne se couvre qu'en voyant arriver Isaac, son fiancé (2). Thamar met son voile pour ne pas être reconnue de Juda ; mais elle le retire aussitôt que celui-ci est parti (3). On peut inférer de ce qui précède que les femmes se couvraient de leur voile lorsqu'elles sortaient dans les rues ou quand la pudeur leur en faisait un devoir, comme pour Rebecca, ou qu'elles voulaient se cacher, comme fit Thamar ; mais dans les maisons, dans les lieux de prière et dans les réunions publiques, elles n'hésitaient pas à se montrer aux hommes à visage découvert, comme on peut le voir par l'exemple d'Anne, que le grand prêtre Héli put reconnaître priant dans le sanctuaire de Silo (1 Rois, I, 12). Le voile, comme on sait, est employé dans tout l'Orient ; mais, dans les campagnes de la Palestine, les femmes le portent et s'en servent comme dans les temps hébraïques ; elles le mettent quand

(1) Gen., XII, 14.
(2) Gen., XXIV. 65.
(3) Genèse, XXXVIII, 14, 19.

elles veulent, gardant plus généralement le visage découvert. Les femmes hébraïques n'ont certainement pas transmis la stricte étiquette du voile dans les villes, car elles jouissaient d'une grande liberté, et leur dignité était reconnue par l'homme, comme toute l'antiquité en rend le plus sincère témoignage. La liberté qu'avait la femme hébraïque, avant et après le mariage, fait un contraste frappant avec la séquestration et l'avilissement de la femme dans tout l'Orient, de nos jours, et c'est de là qu'est venu, sans doute, le triste et déplorable usage du voile, qui est tout à fait contre la morale, et dont ceux qui l'imposent n'obtiennent pas le résultat qu'ils prétendent en tirer. C'est sous le voile et sous les larges manteaux blancs, qui couvrent les femmes et leurs servantes de la Palestine et leur donnent l'aspect de spectres ambulants, que se préparent les trahisons, que se cachent les vices, que naît l'hypocrisie, source de tout mal.

V

OBJETS COMMUNS AUX HOMMES ET AUX FEMMES — LA BARBE

La ceinture était un objet commun aux deux sexes et tout à fait indispensable dans leur habillement. Les femmes l'avaient en lin ou en coton, et elle faisait plusieurs fois le tour du corps, comme celle des prêtres (1). La ceinture des hommes était de cuir (2), ou

(1) Exode, XXXIX, 29.
(2) III Rois, XVIII, 46; IV Rois, I, 8.

encore de lin (1) ; elle était probablement plus simple que celle des femmes, dont elle formait le principal ornement, surtout pour les jeunes mariées (2). On retrouve ces deux usages de la Bible chez tous les habitants de la Palestine. Les femmes portent les ceintures, mais les riches ont remplacé le lin par la soie et la laine ; les pauvres se servent encore du lin et aussi du coton. Néanmoins, chez les uns comme chez les autres, la ceinture forme toujours une partie importante de l'habillement. Quant aux hommes, les riches et tous ceux qui ont des moyens portent aussi de belles ceintures de soie ou de laine ; les villageois et les ouvriers, les courriers de profession et les conducteurs de montures la portent de cuir plus ou moins large, mais jamais de moins de cinq doigts. La ceinture sert à ceux qui la portent de sac à provisions, car on y met de petites bougies, du tabac, de quoi se procurer du feu, de la poudre, du plomb, etc. On s'en sert aussi pour y suspendre les armes, le tuyau de la pipe et le petit sac de peau dans lequel on conserve l'eau.

Quand j'avais à envoyer quelque courrier dans un endroit, celui qui partait, pour me montrer qu'il accomplissait avec célérité ma commission, se serrait les reins avec sa ceinture, me rappelant ainsi que le prophète Élie en fit autant pour courir devant Achab jusqu'à Jezreel (3).

Les Hébreux et leurs femmes avaient grand soin

(1) Jérém., XIII, 4.
(2) Isaïe, III, 20; Ezéch., XVI, 10.
(3) III Rois, XVIII, 46 ; IV Rois, IV, 29 ; IX, 1 ; Job, XXXVIII, 3.

de leur chevelure; les jeunes gens la portaient longue et frisée (1). On avait un certain dégoût pour les têtes chauves; les enfants qui tournent Élisée en dérision en fournissent la preuve (2). Il y avait des prescriptions sur la manière dont les cheveux devaient être taillés; on était obligé de les laisser des deux côtés de la tête et de ne pas les raser (3). La défense du législateur s'explique, parce qu'il ne voulait pas que les Hébreux ressemblassent aux Arabes, qui se rasaient tout le tour de la tête et ne laissaient qu'une touffe au milieu, en l'honneur d'une divinité ressemblant à Bacchus, comme Hérodote le dit (4). Le prophète Jérémie se moque aussi plusieurs fois de ceux qui *se rasent les côtés des tempes*, c'est-à-dire des Arabes (5). Les Arabes en Palestine conservent encore cette coutume, excepté quelques santons et quelques derviches, qui ont toute leur chevelure. Les femmes arabes ne portent pas les cheveux longs; elles les laissent croître jusqu'au cou et les attachent avec un ruban de couleur; les femmes du peuple les portent en longues tresses; mais je conseille au passant de rester à une distance respectueuse, pour ne pas être envahi par de petits insectes que le vent transporte aisément. Les hommes et les femmes ont donc suivi l'usage des anciens Arabes et abandonné celui des Hébreux.

La barbe était considérée comme la parure de

(1) Cant., v, 11, 2.
(2) IV Rois, II, 23.
(3) Lév., XIX, 27; XXI, 5.
(4) III, 8.
(5) Jérém., XXV, 23; XLIX, 32.

l'homme et on la portait longue. Moïse défend de la raser (1). La plus grave insulte que l'on pût faire à un Hébreu était de lui couper la barbe ; et David vengea d'une manière terrible un outrage semblable fait par Hanon, roi d'Ammon, à ses ambassadeurs, à qui il fit dire de rester à Jéricho jusqu'à ce que la barbe leur fût repoussée, ce qui prouve que c'était un déshonneur de paraître où l'on était déjà connu sans ce signe de virilité (2). La barbe est encore maintenant un indice de force et un objet de respect, non-seulement en Palestine, mais aussi dans tout l'Orient ; c'est pourquoi ceux qui vivent au milieu des Arabes ou qui ont l'intention de retourner auprès d'eux ne la coupent pas et la conservent tout entière. On comprendra dès lors la résistance que j'oppose à ceux de mes amis qui, n'aimant pas la barbe, voudraient me faire sacrifier la mienne. Je ne voudrais pas, en retournant en Palestine, que les habitants crussent que l'on m'a *insulté en me la taillant*. Les Arabes la tiennent en une telle considération qu'ils jurent par leur barbe, et celui qui manque à ce serment sacré s'attire le mépris universel. C'est par la barbe qu'on lie amitié et qu'on fait les affaires, car on se la baise et on se la touche réciproquement, en signe de bon accord. J'ai employé ce moyen dans toutes mes excursions, et je l'ai trouvé bien plus commode que de perdre le temps à faire des contrats et à les signer avec des témoins. Une insulte à la barbe entraîne les plus graves conséquences, et

(1) Lév., XIX, 27 ; XXI, 5.
(2) II Rois, X, 4, 5.

si elle n'est pas réparée à temps, il en résulte quelquefois des guerres et des effusions de sang. Les autorités turques à Jérusalem et les chefs de village menacent d'ôter la barbe et la coupent même quelquefois aux menteurs, à ceux qui ne tiennent pas leurs promesses et à ceux qui n'observent pas les ordonnances. Je vais en fournir un exemple.

Surraya Pacha, à l'époque des massacres du Liban et de Damas, en 1860, avait publié des ordres sévères pour que personne n'applaudît de parole à ces massacres, et avait de plus défendu à tous les musulmans de faire des menaces aux chrétiens. Un individu, habitant sur le mont Sion, près du tombeau de David, où ne demeurent que des personnages influents auprès des Arabes de la ville, approuva hautement les massacres et prononça même des menaces. Le pacha le fit venir immédiatement dans son cabinet et, le regardant très-sévèrement dès qu'il fut arrivé, il lui dit : *Vous avez manqué à mes ordres, et vous m'avez mis dans la douloureuse nécessité de vous punir*. Il se leva ensuite, s'approcha de lui et dit, en se tournant vers les effendis qu'il avait exprès rassemblés : *Je ne puis comprendre qu'un homme qui demeure au tombeau du prophète David n'ait pas été plus modéré dans ses paroles ; je dois le punir*. Et en même temps il lui prit son turban qu'il jeta à ses pieds, en s'écriant : *Tu es indigne de porter cette distinction de l'Islam ; notre prophète Mahomet recommande la charité et tu n'en as pas eu*. Il fit ensuite appeler un barbier, lui fit raser la moitié de la figure, toujours en sa présence, et le renvoya. Les assistants et la population de Jérusalem furent profondément terrifiés de cette action. Les musulmans apprirent une fois de plus qu'ils avaient un juge qui ne craignait personne dans l'accomplissement de son devoir, et les chrétiens eurent une nouvelle preuve qu'ils avaient un puissant protecteur en Terre-Sainte, qui se serait sacrifié pour leur tranquillité. Je m'abstiendrai de donner d'autres exemples qui prouveraient tous que les habitudes et le respect au sujet de la barbe sont les mêmes chez les modernes que chez les anciens.

VI

OBJETS DE TOILETTE DES HOMMES ET DES FEMMES POUVANT SERVIR AUX DEUX SEXES

Les hommes n'avaient ordinairement, pour toute *parure*, que l'anneau à sceau, un cordon et un bâton. On portait l'anneau à l'un des doigts de la main droite (1), ou encore suspendu sur la poitrine (2) au moyen d'un cordon (3), qui sera devenu une chaîne de métal précieux quand le luxe se fut introduit dans les mœurs. Tous les Arabes en Palestine ont leur sceau ou cachet qu'ils portent généralement au petit doigt de la main droite, ou enfermé dans un petit sachet de peau, pendu au cou à un cordon ou à une chaîne. Le sceau servait, comme encore de nos jours, de signature, et on l'appose sur tout écrit, contrat, lettre de change et acte public, au-

(1) Gen., XLI, 42; Jérém., XXII, 24.
(2) Cant., VIII, 6.
(3) Gen., XXXVIII, 18.

quel on a part ou que l'on reconnaît vous appartenir. Ce n'est pas une sauvegarde contre les falsifications, qui sont malheureusement trop faciles, car, comme le cachet contient les lettres initiales de la personne et quelquefois le nom entier et qu'il reste un blanc sur le papier au milieu de la teinte noire, il suffit d'un petit trait de plume pour changer la signification du nom; en mouillant plusieurs fois le noir, on peut même l'enlever tout à fait.

Il y avait plusieurs sortes de bâtons; mais celui dont je vais parler était le plus important. Hérodote (1) nous apprend que, chez les Babyloniens, les Hébreux portaient un anneau pour sceller, et un bâton surmonté d'un ornement, tel qu'une pomme, une rose, une fleur de lis, ou toute autre chose. Antérieurement Juda portait aussi l'anneau et le bâton, qui devait avoir quelque valeur, puisque Thamar le demande en gage (2). Les bâtons de Moïse et d'Aaron étaient aussi des marques de distinction, et étaient différents de ceux que portaient le peuple et les voyageurs, à qui il servait de soutien et d'appui, comme le prouvent les passages auxquels renvoie la note (3). La plupart des riches Arabes ont un bâton d'honneur, dont ils se servent lorsqu'ils paraissent en public, quand ils se promènent majestueusement dans les rues de la ville ou dans leurs campagnes. Ce bâton est différent aussi de celui qu'on voit dans les mains de tout le monde, comme défense, surtout contre les chiens, les impor-

(1) I, 195.
(2) Gen., XXXVIII, 18.
(3) Gen., XXXII, 10; Juges, VI, 21; IV Rois, IV, 31.

tuns et les malfaiteurs, qui, non contents d'en éprouver l'effet sur la plante des pieds, dans les tribunaux publics, y exposent quelquefois leur dos et leur tête; et quand cette leçon est bien donnée, elle les corrige mieux que celle de la justice régulière.

On avait l'habitude de porter des amulettes chez les anciens Hébreux, et ce fut pour abolir cette superstition que Moïse ordonna d'avoir sur les bras et sur le front quelques versets contenant les principaux fondements de la loi (1). Les passages qu'on y gravait, sont particuliers (2) et ont probablement été déterminés après l'exil; mais un usage analogue a peut-être existé antérieurement : ce que disent les Proverbes (3) semblerait s'y rapporter.

L'usage des amulettes existe encore aujourd'hui en Palestine chez les Arabes musulmans et chez les Chrétiens; ceux-là y gravent des préceptes du Coran et en font un tel usage, qu'ils les mettent aussi sur les animaux qui leur sont chers; ceux-ci y renferment des reliques ou quelque talisman, tels que des cendres de scorpion ou de serpent, etc.

Parmi les pauvres restes d'Israélites qui vivent à Jérusalem, il y a beaucoup d'individus des deux sexes qui assistent aux solennités, dans les synagogues, avec une petite cassette de forme cubique attachée sur le front et sur les bras et contenant les passages ci-dessus indiqués. Ils agissent ainsi machinalement, car

(1) Exode, XIII, 9, 6; Deut., VI, 8; XI, 18.
(2) Deut., VI, 4, 9; XI, 13, 21; Exode, XIII, 11, 16; XX, 1, 17.
(3) Prov., III, 3, 22; VI, 21; VII, 3.

ils n'apprennent jamais par cœur la signification du proverbe ou de la sentence.

Comme les bijoux et les parures des femmes étaient très-nombreux chez les Hébreux, et qu'il serait très-fastidieux de les énumérer tous, je ne parlerai que de ceux qui étaient les plus usités et dont on se sert en Palestine.

Les *pendants d'oreille* (1) ont dû être de diverses formes, de métaux plus ou moins riches, et ornés de pierres précieuses. On rencontre, mais bien rarement, dans l'intérieur du pays et chez les nomades, car c'est là que se retrouvent surtout les anciens usages, et non dans les villes, où les objets européens ont été introduits, de longs pendants d'oreille en or et en argent. Les plus usités sont des anneaux en argent, et ceux d'or ayant un diamètre d'un ou de deux pouces sont plus rares et tellement lourds, que celles qui les portent les soutiennent avec des cordons ou des chaînes qui leur entourent la tête.

Les anneaux pendant sous le nez (2) étaient d'ivoire ou de métal et ornés quelquefois de perles de plus d'un pouce de diamètre, qui pendaient sur la bouche. Éliézer donna à Rachel un anneau de ce genre en or, qui pesait un demi-sicle (3). Dans les Proverbes (4), on compare la beauté d'une femme sans esprit à un anneau d'or pendu au groin d'un porc. On ne voit pas aujourd'hui de porcs qui aient un anneau au

(1) Isaïe, III, 19; Ezéchiel, XVI, 12.
(2) Isaïe, III, 21; Gen., XXIV, 27; Ezéchiel, XVI, 12.
(3) Gen., XXIV, 22.
(4) XI, 22.

groin, mais on voit des chevaux, des ânes et des mulets, auxquels les Arabes en mettent pour déterminer un épanchement extérieur des humeurs qui se ramassent dans le nez. Beaucoup de femmes de la campagne et du désert portent encore cette parure à un des deux côtés du nez, qu'elles percent comme les oreilles; et cette coutume est en usage dans beaucoup d'autres contrées de l'Orient, surtout chez les danseuses et les odalisques.

Les bracelets, les colliers ou *chaînes* (1) attachés autour du cou et descendant sur la poitrine se composaient en partie de fils d'or, de pierres précieuses et de perles. Il y avait quelques ornements d'or aux différentes chaînes, tels que des épis, de petits soleils ou de petits croissants (2), des amulettes ou des talismans (3). On laissait descendre quelquefois aussi sur les joues une chaîne d'or, accrochée à la coiffure (4).

Les ornements que je viens de décrire sont communs en Palestine aux femmes des riches et à celles du peuple; la matière seule est différente selon la richesse, mais les formes sont les mêmes. Les femmes de Bethléem surtout et celles de Nazareth portent sur les joues des chaînettes d'argent, auxquelles pendent diverses petites pièces de monnaie.

Il y avait deux espèces de *bracelets* (5) : les premiers étaient formés d'un anneau qui entourait le bras près

(1) Ezéchiel, XVI, 11.
(2) Isaïe, III, 18.
(3) Isaïe, III, 20.
(4) Cant., I, 10.
(5) Nomb., XXXI, 50.

du coude, comme le dit la Bible (1), et les autres se portaient aux mains (2) Ces deux espèces de bracelets devaient être des anneaux ronds ou plats d'or ou d'argent. Les bracelets que le serviteur d'Abraham donne à Rebecca pesaient dix sicles d'or (3). Outre les anneaux, il est aussi fait mention de bracelets en forme de chaîne (4). Ceux-ci sont encore en usage dans la Palestine. Les dames ont des bracelets en or sous forme d'anneaux et de chaînes, qui sont un produit du pays ; quant aux paysannes, elles portent pour la plupart des bracelets à anneaux plats et fort larges aux poignets ; il y en a très-peu qui en mettent au bras, cette coutume n'étant plus usitée que chez les femmes nomades et les femmes arabes de l'intérieur. Les plus beaux, pour la matière et le dessin, sont ceux des belles femmes de Bethléem et de Nazareth, qui attachent une grande importance à cette parure et se donnent toutes les peines du monde pour s'en procurer quelques-uns.

Les femmes des Hébreux portaient des anneaux aux doigts des deux mains (5) ; et on trouve encore à chaque pas de misérables femmes arabes, avec des habits en lambeaux, parées de deux ou trois anneaux de fer, de cuivre ou de verre, si elles ne peuvent en avoir en argent. Il existe à Hébron une verrerie qui fabrique une grande quantité d'anneaux et de

(1) II Rois, 1, 10.
(2) Gen., XXIV, 30, 47 ; Ezéchiel. XVI, 11.
(3) Gen., XXIV, 22.
(4) Isaïe, III, 19.
(5) Isaïe, III, 21.

bracelets de différentes couleurs pour les femmes. Il s'en fait un débit considérable, parce que toutes les femmes, riches ou pauvres, surtout en Palestine, s'en parent. Ce sont les bracelets de cette matière qu'on met au coude; et ces objets forment l'assortiment de bijoux des femmes nomades, quand leurs maris sont assez malheureux pour ne pouvoir les changer contre de plus précieux, qu'ils se procurent dans leurs pillages ou qu'ils reçoivent en don des voyageurs. Mais, dans ce dernier cas, avant de les accepter, ils s'assurent que l'argent est bon, et ils n'en reçoivent que deux, parce que leurs femmes ne voudraient pas donner la préférence à un bras plutôt qu'à l'autre. M. de Saulcy l'a éprouvé dans le voyage qu'il a fait autour de la mer Morte. J'en offris deux de cuivre argenté à un Bédouin, qui me les rapporta quelques instants après, en me disant qu'*ils étaient trop lourds pour sa femme*, et je fus obligé de lui donner quelque chose de plus léger, mais aussi d'une valeur double de celle de mon premier cadeau.

Les anneaux des pieds (1) sont très-rares en Palestine; mais on en trouve encore quelques-uns chez les femmes de Jéricho et chez les femmes nomades des deux rives de la mer Morte.

Les *sachets* ou les petites bourses (2), que les dames portaient à la ceinture, étaient sans doute d'une belle étoffe enrichie de broderies, du genre de celles que portent aujourd'hui les femmes riches en Orient. Comme

(1) Nomb., XXXI, 50; Isaïe, III, 20.
(2) Isaïe, III, 22.

il n'est parlé du mouchoir nulle part dans la Bible, on peut penser qu'il n'y en avait pas autrefois ; mais celles qui fréquentent les Européens s'en servent maintenant. Comment faisaient donc les femmes des Hébreux quand elles voulaient se moucher, quand elles avaient froid, quand elles pleuraient et quand elles voulaient s'essuyer les yeux ? Comme c'est une question à résoudre et dont les archéologues ne se sont pas encore occupés, j'exposerai modestement mon opinion. Les femmes arabes actuelles ont un mouchoir dont elles se couvrent le visage, mais lorsqu'elles ne le couvrent pas, elles attachent le mouchoir à leur taille ou autour de leur cou ; elles en ont aussi un autre attaché à la ceinture : les femmes du peuple et celles de la campagne ne connaissent pas ce dernier. Généralement les premières, quand elles ne sont pas avec des Européennes, ou qu'elles n'ont pas de ménagement à garder avec celles-ci, portent au nez, avec la plus grande délicatesse, le pouce et l'index de la main droite, et elles serrent les narines en soufflant fortement pour faire descendre l'humeur sur les tapis ou dans un coin ; elles s'essuient ensuite avec leur mouchoir. Les femmes de moyenne classe en font autant, mais elles s'essuient à leur chemise ; les femmes du peuple se frottent les doigts à leurs propres vêtements, à une pierre ou à un tronc d'arbre, si elles sont à la campagne. Les hommes des diverses classes font exactement comme ces dernières. En m'en tenant au principe : *que les coutumes changent difficilement en Orient*, la question est résolue par ce qui précède ; mais comme je crois que les femmes des Hébreux connaissaient mieux les convenances sociales que celles des Arabes, les dames employaient sans doute un des deux mouchoirs qu'elles portaient, peut-être, comme les femmes Arabes. Je me permettrai de faire observer à mes lectrices qu'elles ne doivent pas se scandaliser beaucoup de la description que j'ai faite des dames orientales, parce que, en examinant bien la chose, celles-ci font l'opération du nez tout naturellement, tandis qu'elles-mêmes ne font que sauver les apparences. Les femmes arabes ne diffèrent pas par le fait de nos Européennes, dont les petits mouchoirs brodés, piqués et à dentelle, qu'elles portent comme luxe de toilette, ne peuvent pas servir à l'usage auquel ils étaient destinés. Je demande pardon de cette digression, et je reprends la suite de mon récit.

Un objet essentiel, et qui ne pouvait pas manquer dans la toilette des femmes hébraïques, était une espèce de fard servant à teindre en noir les cils et les sourcils, pour les faire paraître plus grands et leur donner plus d'éclat. Cette opération s'appelait *se farder les yeux* (1) ou, comme s'exprime ironiquement Jérémie (2) « se gâter les yeux par le fard. » Ézéchiel aussi fait mention de cet usage, qui est toujours en honneur chez les femmes de la Palestine. Il m'est souvent arrivé d'entrer dans une maison et d'y voir des femmes avec des yeux naturels ; après les premiers compliments de réception, elles cherchaient un petit prétexte pour se retirer ; et elles n'étaient plus reconnaissables quand elles revenaient, parce-qu'elles s'étaient barbouillées de rouge et d'autres

(1) IV Rois. IX, 38.
(2) Jérém., IV, 30.

couleurs pour paraître plus colorées et plus jolies. On peut juger de l'importance qu'on attachait dans l'antiquité à ce genre d'ornement par le nom que portait la troisième fille de Job, qui s'appelait *Keren-Happac*, cornu stibii, c'est-à-dire, le vase dans lequel les femmes conservaient cette espèce de fard. Les trois filles de Job étaient les plus belles demoiselles de tout le pays (1), et on leur avait donné des noms qui désignaient leur genre de beauté. Cette teinture, que les anciens appelaient *stibium* et que les Arabes appellent *Chol*, est une poudre tirée du pays de Fez et qui est faite avec une matière extraite du plomb. En Égypte, on a trouvé du *stibium* dans les sarcophages, et, dans les urnes, des aiguilles d'argent, d'ivoire, de bois, et de petites plumes pour l'appliquer, ainsi que beaucoup d'autres objets de toilette. Si les femmes de ce temps-là voulaient s'appliquer du fard jusque dans l'autre monde, elles étaient certainement plus coquettes que les femmes modernes européennes. Les dames n'étaient du reste pas les seules à se mettre du noir ; Joseph (2), Juvénal (3), et une foule d'auteurs anciens nous apprennent que les hommes avaient la même faiblesse. Hérode le Grand se faisait teindre les cheveux, la barbe, et farder le visage (4). Est-ce que cette coutume n'est plus en vigueur aujourd'hui ? Que de femmes et d'hommes, qui continuent à se faire teindre, sans se douter que cela ne leur ôte pas les années, que les rides du visage, plus fortes que toutes

(1) Job, XLII, 14, 15.
(2) *Guer. Jud.*, liv. V chap. IX.
(3) Juv., Sat., II.
(4) Jos., *Ant. Jud.*, liv. XVI, chap. VIII.

les teintures possibles, trahissent toujours chez eux, en les rendant bien souvent ridicules.

Les femmes Orientales aiment aussi beaucoup à se teindre les ongles, la paume de la main et les cheveux avec les feuilles d'un arbuste appelé *Al-Kenna* par les Arabes et *Cyprus* par les Latins. On fait une immense consommation de cette laide composition en Palestine : je ferai bientôt voir pourquoi je dis laide. Pour composer la couleur qui sert à teindre, on prend les feuilles de l'arbuste, on les fait bouillir dans l'eau et on les pulvérise après les avoir fait sécher au soleil. La poudre en est d'un jaune sombre, et c'est en la faisant infuser dans l'eau chaude qu'on se teint les parties indiquées ci-dessus. Cette teinture, dont les femmes se servent pour se rendre belles, a quelque chose de dégoûtant, et tout d'abord celui qui ne connaît pas la chose éprouve une impression désagréable ; car, à la bien regarder, je crois qu'il est impossible d'y trouver rien d'attrayant. Pour moi, je compare les femmes barbouillées d'Al-Kenna aux sorcières que les vieux contes nous montrent avec leurs marmites pleines de sang humain. Les fleurs que produit l'arbuste ressemblent à des grappes assez agréables à l'œil et à l'odorat par la variété de leurs couleurs et leur parfum. Aussi les Arabes s'en font de belles parures et en remplissent leur demeure. On peut visiter les maisons ordinaires à l'époque de la floraison de cet arbuste, parce que l'odeur que répandent les fleurs est plus forte que celle des miasmes nauséabonds que ces maisons exhalent continuellement.

Les femmes des Hébreux faisaient-elles, comme les femmes des Arabes, usage de cet arbuste? Je n'en suis pas certain, mais je le crois, parce qu'il est nommé dans le Cantique (1).

Après avoir donné une idée de tout ce qui était nécessaire à la toilette des belles filles de Sion, dont la coquetterie trouve un austère censeur dans le prophète Isaïe (2), je devrais parler du miroir qui leur servait sans doute pour juger par elles-mêmes de l'effet de leur beauté et de l'élégance de leurs parures, sans être obligées d'avoir recours aux yeux d'une amie ou d'une servante. Mais je crois inutile d'en donner de grands détails, parce qu'on sait très-bien qu'à cette époque les miroirs consistaient en une plaque de métal poli, déjà en usage du temps de Moïse (3). Dans le livre de Job (4), on compare le firmament *à un miroir de métal*. Ces miroirs ne servaient pas à orner les appartements, comme en Europe, car ils étaient de petite dimension, ronds ou ovales et garnis d'un manche. On en trouve beaucoup encore de ce genre dans l'intérieur du pays, et d'anciens dans les ruines.

Voyons maintenant les vases d'essences qui servaient à parfumer les appartements, les habits, les corps et les cheveux (5).

On faisait une grande consommation d'objets de parfumerie chez les Hébreux, à cause de la transpi-

(1) I, 14; IV, 13.
(2) Is., Chap. III, 16, 24.
(3) Exode, XXXVIII, 8.
(4) Job. XXXVI, 8.
(5) Isaïe, III, 20; Luc, VII, 37; Jean, XI, 2; XII, 3; Proverb., XXVII, 9.

ration, des fréquentes ablutions et des bains, qui desséchaient la peau. La composition des huiles odoriférantes, des onguents et des parfums, tant pour l'usage profane que pour le service du sanctuaire, formait un art particulier. On retrouve en effet des artistes qui portaient le nom de parfumeurs, et qui s'occupaient spécialement de la préparation des huiles et des onguents (1); les femmes esclaves étaient quelquefois aussi parfumeuses (2); et il y avait des prêtres qui fabriquaient des parfums pour le service des autels. L'huile sainte se composait d'huile d'olives et de quatre sortes d'aromates : la *myrrhe franche*, qui coule d'elle-même et sans incision; la *cinnamome* ou *cannelle;* le *roseau aromatique* et la *casse aromatique*. Le parfum qui servait dans le sanctuaire se composait aussi de quatre substances aromatiques : la *gomme storax;* le coquillage odorant appelé *onix marin;* le *galbanum* et l'encens pur auquel on ajoutait toujours du sel (3). Il était défendu de se servir de ces deux compositions pour l'usage ordinaire (4), mais on faisait un fréquent usage de quelques autres odeurs dont il est parlé et de l'aloès, du nard, du safran, du baume, du laudanum (5). La plus grande partie de ces essences venaient de l'étranger, de l'Inde et de l'Arabie, mais surtout de Saba, par le commerce des Phéniciens (6).

(1) Exode, XXX, 25, 35; II Chr., XVI, 14; Eccl., X, 2.
(2) I Rois, VIII, 13.
(3) Exode, XXX, 23, 24, 34, 35.
(4) Exode, XXX, 37.
(5) Prov., VII, 17.
(6) Isaïe, LX, 6; Jérém., VI, 20; Ezéch., XXVII, 22.

Les parfums et les parfumeurs ne manquent pas chez les Arabes, mais la fabrication des parfums est beaucoup simplifiée, parce qu'on ne fait plus venir les essences de l'extérieur ; on emploie une faible partie de celles que fournit le pays, telles que les fleurs de limon, d'oranger, de rose, et l'on rejette toutes les autres fleurs dont le pays abonde.

Tous les Arabes aiment les parfums, mais la plupart d'entre eux ne peuvent les apprécier, parce qu'ils sont toujours entourés de certaines odeurs ammoniacales plus fortes que les senteurs de l'Yémen. Je me tais ici de crainte d'en dire trop.

Les eaux dites de senteur ont remplacé les anciennes huiles et les onguents : on en fait un grand usage lorsqu'on reçoit des visiteurs de distinction dans les couvents et chez les particuliers. Cette pratique est, du reste, très-louable et fort à propos, parce que le visiteur, en entrant dans une maison, ne sent que l'odeur que l'on a répandue pour lui, et quand il sort, il peut se remettre de tout ce qu'il a souffert. Les femmes sont toujours fournies d'une foule d'essences, surtout d'essence de rose, de sorte qu'on ne peut avoir une conversation avec elles sans en sortir avec une forte migraine.

Je regrette beaucoup de n'être pas romancier pour pouvoir broder ce sujet et le traiter avec plus de charme ; mais je m'en suis tenu à la stricte vérité et j'ai mis de côté toutes les fables.

Il y a encore une autre coutume, qui est pratiquée en Palestine, non-seulement par la plupart des habitants des deux sexes, mais aussi par un grand nombre de pèlerins : c'est le *tatouage*. Cette opération consiste à graver sur quelques parties du corps des figures ou des objets, après les avoir imprimés d'abord avec des formes en bois, noircies de poudre de charbon ; puis on suit les contours du dessin en piquant la peau avec de fines aiguilles trempées dans une liqueur noire composée généralement de poudre à fusil et de fiel de bœuf, et on lave enfin le dessin avec du vin. Comme les uns disent que l'opération n'est pas douloureuse et que les autres affirment le contraire, je laisserai la question en suspens, attendu que je ne me suis jamais fait tatouer. Les figures ainsi imprimées sont ineffaçables. Les Arabes musulmans de l'intérieur du pays, surtout les femmes, croyant s'embellir, se font tatouer ; et un grand nombre de ceux des villes en font autant dans le même but. Les chrétiens et les pèlerins se font généralement imprimer, sur les bras ou sur la poitrine, les cinq croix de Jérusalem, les images de Jésus et de Marie ou encore celles de leurs saints patrons. Cette coutume remonte à la plus haute antiquité, et les païens la pratiquaient aussi. Les Syriens qui allaient au temple d'Hiérapolis se faisaient graver sur les mains ou sur la nuque, en l'honneur de la déesse païenne, une figure qui lui ressemblait ou des emblèmes symboliques ; et le nombre de ceux qui allaient en pèlerinage dans ce temple était si grand qu'il y avait peu de Syriens qui ne fussent tatoués (1). La pratique superstitieuse de se faire marquer de quelques signes a peut-être existé aussi chez

(1) Lucien, *De la Déesse syrienne*.

les Israélites, puisqu'on en trouve la défense expresse dans le Lévitique (1) ; je dis *peut-être*, parce que, dans la Bible, il n'y a pas de preuves positives que les Hébreux l'aient adoptée ; mais on peut bien supposer qu'ils ont désobéi aussi dans ce cas aux prescriptions de leur Législateur, comme ils l'ont fait presque toujours.

Je vais parler maintenant des bains, que l'on peut considérer à bon droit comme de la plus haute nécessité, aussi bien pour la santé que pour la toilette. Moïse, en prescrivant des lois de pureté, n'a pas seulement eu en vue la religion ; il a voulu donner aussi des règlements médicaux et salutaires à l'hygiène publique, réglements des plus utiles dans un pays chaud, où les vents d'Est soulèvent et emportent des nuages de sable et de terre. Je crois que c'est surtout pour ce dernier motif qu'il a ordonné les bains et les ablutions comme pratiques religieuses, afin qu'on en fît un plus grand usage et qu'ils ne fussent pas oubliés. D'ailleurs, chez tous les peuples orientaux, chez les Indiens (2) et chez les Égyptiens (3), les ablutions ont toujours eu un caractère sacré. Moïse a modifié les pratiques de pureté en retranchant tout ce qui, chez les autres peuples, était fondé sur des superstitions, et en ne laissant subsister que ce qui était nécessaire pour l'hygiène du corps et la conservation des coutumes. Les Hébreux prenaient des bains soit

(1) Lév., XIX, 28.
(2) *Hist. des Ind.*, lois de Manou, V, pag. 57 et suiv.
(3) Hérodote, II, 37.

dans les rivières (1), soit dans les bassins au milieu des cours des maisons; les femmes faisaient principalement usage de ces derniers, comme on le voit par celle d'Urie, que David aperçut lorsqu'elle était au bain (2). Il n'est pas fait mention de bains publics dans l'Ancien-Testament; mais le Talmud en parle plus tard.

On se servait pour se laver, au lieu de savon, d'une substance dans laquelle il entrait du nitre et un alcali végétal, herbe qui croissait, comme encore aujourd'hui, en Palestine, dans les lieux montagneux et humides (3). Un passage de la Bible (4) semble dire qu'en hiver on se lavait avec de la neige, qui n'était pas rare dans les montagnes. Comme les bains en Palestine, dans l'intérieur des villes, sont des bains de vapeur, je juge inutile de les décrire, puisqu'on les emploie aussi en Europe.

Les bains froids, dans l'intérieur du pays, servent plus pour le divertissement que pour l'utilité, et comme l'eau est rare, les paysans sont on ne peut plus malpropres.

Les Arabes n'imitent pas les coutumes des anciens Israélites par rapport aux bains; je dis les anciens Israélites, car ceux qui habitent le pays aujourd'hui paraissent éprouver la plus profonde aversion pour l'eau, ce dont on a la preuve dans la crasse qui les couvre. Il est de fait qu'une personne, vue d'abord

(1) Lévit., xv. 13.
(2) II Rois, xi, 2.
(3) Jérém., ii, 22; Malach., iii, 2.
(4) Job, ix, 30.

dans le cours de la semaine et ensuite le dimanche, est devenue presque méconnaissable : elle a changé de linge, elle s'est peigné les cheveux et s'est lavé la figure. Mais on s'aperçoit malheureusement, en approchant, qu'elle n'a pas pris un bain complet, car elle sent encore aussi mauvais que les autres jours. Ce n'est pas le manque de moyens qui empêche de prendre un bain, mais une sordide avarice et le désir d'amasser pour prêter à trente pour cent d'intérêt.

VII

DE LA NOURRITURE ET DE LA MANIÈRE DE LA PRENDRE

Mon intention n'est pas de reproduire dans cet article tout ce que raconte la Bible relativement à la nourriture, ni ce qu'elle dit de la qualité des aliments, de la manière de les préparer, des divers genres d'ustensiles et d'instruments dont on se servait pour faire la cuisine et pour manger ; car beaucoup d'auteurs en ont parlé déjà longuement et le texte sacré fournit tant de détails sur ce sujet que ce serait peine inutile d'y insister. Je ne m'occuperai donc ici, en conséquence, que des choses qui sont reconnues comme ayant été transmises aux habitants actuels par les Hébreux, et qui jusqu'alors n'ont subi aucun changement depuis les temps anciens.

On voit quelle était la nourriture la plus ordinaire dans le pays, dès l'époque la plus reculée de l'histoire des Hébreux jusqu'aux premiers temps de l'établissement du pouvoir royal, par les vivres que reçoit David, en diverses circonstances, pour ses troupes. C'était du froment, de l'orge, de la farine de ces deux céréales, du grain rôti, du pain, du vin, des fèves, des lentilles, de l'huile d'olive, des bœufs, des moutons, des chevreaux, du miel, du lait, du fromage de vache, des raisins, des figues et d'autres fruits secs (1). Ces produits existent encore en Palestine et servent aux besoins des habitants ; mais il y en a beaucoup qui ne sont plus en aussi grande quantité, parce que le terrain, presque partout inculte, ne produit plus comme dans les temps anciens ; ainsi les bœufs sont devenus fort rares et le peu qu'il y en a sont très-maigres ; il en est de même des vaches, de leurs produits et du vin.

Outre ces divers genres d'aliments, beaucoup d'autres ont été introduits à diverses époques par les progrès de l'agriculture ; mais ils ne sont pas aussi communs que les premiers, et une grande partie de la population ne fait pas usage de tous. On se servait généralement de la farine de froment pour faire le pain ; mais les classes pauvres employaient aussi l'orge (2). La pâte ayant été pétrie dans la huche (3), on la laissait lever, excepté dans les circonstances où il fallait faire le pain tout de suite (4). Les pains étaient de médiocre grandeur et de forme ovale ou ronde, d'où leur vient le nom de *kiccar* (cercle), Ils étaient très-minces, c'est pourquoi on ne les coupait jamais,

(1) I Rois., xxv, 18 ; II Rois., xvi, 1 ; xvii, 29, 30 ; I Chron.. xii, 40.
(2) IV Rois. iv, 42.
(3) Exode, xii, 34.
(4) Exode, xii, 39 ; Gén., xix, 3 ; Juges, xvi, 19.

mais on les rompait (1). On cuisait généralement le pain dans un petit four (2); la Bible ne dit pas comment il était construit, mais il devait ressembler à celui qu'emploient maintenant les Arabes des campagnes et surtout les nomades. Ce four consiste en un *vase* plus ou moins grand, fait d'un mélange d'argile, de paille hachée et de fiente de chameau. On le fait sécher lentement au feu pour qu'il ne se fende pas. Il est sans fond et a environ deux pieds et demi de hauteur et un peu plus de deux pieds de tour; il est large en bas et plus étroit en haut; on le met par terre et on le chauffe intérieurement avec du petit bois (3). Pour faire cuire le pain fermenté, quand le feu est éteint et qu'il ne reste plus que la braise (4), on lève le vase et l'on étend quelques charbons allumés par terre; on place le pain sur ces charbons en le recouvrant du vase, sur lequel on met un couvercle que l'on entoure de braises, comme le bord inférieur. Mais lorsqu'on voulait avoir du pain azyme, comme Sarah en prépara pour les Anges (5), on mettait des braises en dessous et en dessus du pain, pour le faire cuire plus vite. L'antiquité la plus reculée est prise ici sur le fait: on mange encore le pain en Palestine comme au temps d'Abraham et de Jésus-Christ, si ce n'est que peut-être alors les boulangers (6) étaient plus consciencieux, et comme il n'y avait pas d'employés du

(1) Isaïe, LVIII, 7; Mat., XIV, 19; Marc, XXVI, 26; Luc, XXIV, 30.
(2) Lévit., XXVI, 26.
(3) Isaïe, XLIV, 15.
(4) Isaïe, XLIV, 19.
(5) Gen., XVIII, 6.
(6) Jérém, XXXVII, 21; Osée, VII, 4.

gouvernement qui se vendissent, ni de préposés pour les vivres qui vécussent des dons de la boulangerie, on obtenait certainement une meilleure fabrication. Il y a bien maintenant des pains ronds ou ovales aussi minces qu'autrefois; mais ils sont remplis de terre et mal cuits, pour qu'ils pèsent davantage. Je parle ici du pain arabe levé, que l'on vend dans les villes et dans les grosses bourgades, et non pas des pains azymes que font les paysans dans les campagnes et qu'ils offrent avec autant de plaisir qu'ils en auront à vous voler quelques instants après, s'ils vous rencontrent seuls dans une rue et qu'ils soient sûrs de n'être pas reconnus, à la faveur des ténèbres. Je n'ai pas éprouvé ce que je viens de dire, mais je l'ai vu.

Le four décrit ci-dessus était employé aussi chez les anciens Égyptiens (1) et en Grèce aux temps héroïques. Les Bédouins, et la plupart des Arabes de l'intérieur et des pauvres villages cuisent le pain sans levain sur le sable ou sur une pierre qu'ils chauffent avec des charbons ardents ou de la fiente de chameau et de bœuf. Cette coutume a aussi certainement existé chez les Israélites; Ézéchiel nous l'apprend (2), et ce que dit Osée (3) : « *Éphraim est une galette qui n'a point été tournée,* » y fait allusion; en effet, ces pains sont comme les galettes dont Élie se nourrit (4). Les Hébreux faisaient encore des pâtisseries fines, telles que des galettes azy-

(1) Hérodote, liv. II, ch. XCII.
(2) Ezéch., IV, 13.
(3) Osée, VII, 8.
(4) II Rois, XIX, 6.

mes de fleur de farine, pétries avec de l'huile, ou des galettes azymes frottées d'huile (1), que l'on cuisait au four et que l'on offrait principalement au temple. Ils fabriquaient aussi plusieurs espèces de beignets, gonflés ou plats, avec de la farine et du miel, qu'ils faisaient frire dans la poële avec de l'huile (2). On mange encore aujourd'hui de toutes ces pâtisseries en Palestine, et pour s'en assurer, on n'a qu'à sortir le matin dans les villes et se promener dans les lieux où il y a des boutiques : on sent alors une odeur fétide produite par l'épuration que font les rôtisseurs de l'huile de sésame, qu'ils emploient préférablement à l'huile d'olive, parce qu'elle est moins chère.

La purification de l'huile de Sésame se fait de cette manière : on met l'huile dans la poële, et lorsqu'elle commence à bouillir, elle produit, avec une fumée puante, une sorte d'écume dans laquelle on jette de la mie de pain ; l'huile est alors propre à la friture.

Les viandes qui, selon la Bible, paraissaient sur la table des Hébreux, étaient le bœuf, le veau, le mouton, la chèvre, différentes espèces de volailles et le gibier (3). Il est rarement question de poisson ; mais on peut croire que les Hébreux ne dédaignaient pas ce genre de nourriture, puisqu'ils se rappellent dans le désert ceux qu'ils mangeaient en Egypte (4), et que la loi de Moïse fait aussi la distinction des poissons purs

(1) Lév., II, 4.
(2) Lév., II, 7 ; Exode, XVI, 31 ; II Rois., XIII, 6.
(3) Gen., XVIII, 7 ; Jud., VI, 19. III Rois, IV, 23.
(4) Nom., XI, 5.

et impurs (1). La Bible fournit en effet de nombreux détails sur la pêche, dont elle parle souvent au figuré dans les images des poëtes et des prophètes Hébreux; on se rappelle, d'ailleurs, dans le Nouveau-Testament, les quelques poissons qui, multipliés par le Divin Maître, servirent à nourrir *quatre mille hommes, non compris les femmes et les enfants* (2). On parle aussi dans l'Ancien et dans le Nouveau-Testament des pêcheurs et de leurs instruments, tels que lignes, filets, hameçons, etc., etc. (3). Je rappellerai enfin qu'il y avait à Jérusalem une porte dite *des poissons* (4), où, à l'époque de Néhémie et probablement antérieurement aussi, se trouvait un marché, puisque les Tyriens y portaient des poissons (5). Les Arabes actuels de la Palestine ont presque perdu la viande de bœuf et celle de veau, non pas que ces animaux fussent rares, mais à cause de la mauvaise nourriture qu'ils leur donnent. Quant au gibier, au lieu des daims, des chevreuils et des cerfs, on ne trouve plus que quelques rares gazelles et des sangliers, que les musulmans ne mangent pas, quoiqu'ils ne dédaignent pas le lièvre. Il y a des volailles domestiques en abondance, mais celles que l'on porte au marché sont si maigres, qu'il faut les engraisser chez soi pour qu'elles soient bonnes à manger; les volailles sauvages sont aussi en grande quantité dans quelques

(1) Lév., XI, 9.
(2) Matthieu, XV, 34, 36, 38.
(3) Job, XL, 19; XLI, 1, 2; Isaïe, XIX. 18; Ezéch., XXVI, 5; XLVII, 10; Amos, IV, 2; Matth., IV, 18, 21, 26.
(4) II Chr., XXXIII, 14.
(5) Néh., XIII, 16.

endroits, mais jamais l'Arabe n'en apporte sur les marchés, parce qu'il trouve qu'elles ne valent pas la poudre et le plomb qu'il userait et qu'il préfère garder pour ce qu'il appelle *de meilleures occasions*, c'est-à-dire pour voler sur les grands chemins, pour s'en servir en temps de guerre, et enfin pour se défendre contre les voleurs ses confrères. Le poisson est un objet de haute gastronomie pour l'Arabe, qui considère cependant cet aliment comme un plat de pure gourmandise et non comme quelque chose de substantiel. Aussi, comme il ne pêche presque pas dans la Méditerranée, dans le lac de Tibériade ni dans le Jourdain, on ne trouve que rarement du poisson en hiver dans les marchés de la ville, et jamais en été.

A cette occasion, je dirai qu'il y a à Jaffa une espèce de poisson, long de 5 à 7 pouces, dont les écailles supérieures sont vertes, et qui, lorsqu'on en mange, donne de forts vertiges et cause des dérangements de corps : le venin doit se trouver dans la tête, car, si on la coupe lorsque le poisson est encore vivant, on peut le manger impunément. Le lac de Tibériade contient une grande quantité de poissons, parmi lesquels il y en a un que les Arabes appellent *El-ialtry* et que l'on ne retrouve que dans le Nil, en Égypte. Ils sont de forme ronde et bons à manger ; la chair en est un peu rouge. Les habitants sont aussi très-friands d'un autre poisson qu'ils appellent le poisson de Saint-Pierre et qu'ils vendent aux pèlerins, après l'avoir conservé dans de l'esprit de vin.

Les légumes les plus communs chez les anciens

Hébreux devaient être les fèves et les lentilles (1) ; mais ils faisaient aussi usage d'autres plantes potagères, comme les citrouilles, etc. (2), qu'ils assaisonnaient avec de l'huile d'olive.

Les Arabes imitent encore les Hébreux sous ce rapport, mais il y a eu naturellement un changement pour les différentes qualités des produits que les progrès de la culture ont introduits, comme le riz, la *durra*, les salades, etc., etc., dont la culture est néanmoins bien négligée, par suite de l'indolence des habitants. En outre, les propriétaires sont obligés de garder nuit et jour ce qu'ils ont fait pousser à la sueur de leur front, s'ils ne veulent s'en voir dépouiller. Les fruits surtout attirent les voleurs dans les lieux où il y en a, parce qu'ils sont rares dans tout le pays.

Je ne m'arrête pas à décrire la forme des cuisines et de leurs ustensiles, à cause des changements que le luxe peut leur avoir fait subir, et parce que ces ustensiles étaient si variés qu'il serait fort long de les énumérer tous. Il est certain qu'ils étaient en métal, car la loi de Moïse se montre peu favorable aux objets de terre cuite, qui ne pouvaient plus servir lorsqu'ils étaient souillés d'impuretés, et devaient être brisés, tandis que les ustensiles de divers métaux pouvaient se mettre sur le feu (3). Chez les riches Arabes des campagnes et ceux qui sont à leur aise, tous les ustensiles et la vaisselle sont en métal. La poterie s'introduit bien de jour en jour, surtout chez les pauvres,

(1) Gen., xxv, 34; Ezéch, IV, 9.
(2) II Rois, IV, 3.
(3) Lév., VI, 21; XI, 33; XV, 12; Nomb., XXXI, 22; Ezéch., XXIV, 11.

mais si ceux-ci donnent à dîner à une personne distinguée, ils la servent dans des plats de cuivre ou sur des plateaux de fer ; et s'ils n'en ont pas à eux, ils en empruntent.

On sait que la boisson la plus commune était l'eau ou le vin mélangé d'eau ; la Bible ne fait pas mention de cette dernière boisson, mais le Talmud en parle souvent et le Cantique (1) y fait peut-être allusion. Le vin était connu dès la plus haute antiquité, puisque Noé s'enivre (2) et que les filles de Lot en donnent en trop grande quantité à leur père (3). On peut inférer d'un passage d'Isaïe que l'on falsifiait le vin et que cette falsification s'opérait au moment où on le faisait (4). Les amateurs de boissons fortes (5) ne se contentaient pas du vin seulement ; ils y mêlaient encore des aromates (6) pour lui donner plus de force. Il y a aussi une autre boisson appelée *schéchar* (*sicera*), mot qui désigne de forts vins factices préparés avec du froment ou des fruits. Saint Jérôme dit « que c'était une boisson qui servait à enivrer, qu'elle fût faite avec le froment ou avec le suc des pommes » etc. Dans les chaleurs, le peuple et les cultivateurs se rafraîchissaient avec du vinaigre mélangé d'eau, où ils trempaient du pain (7). Le lait des vaches et des brebis était aussi une boisson ordinaire (8).

(1) Cant., VII, 2.
(2) Gen., IX, 21.
(3) Gen., XIX, 32.
(4) Isaïe, I, 22.
(5) Isaïe, V, 22; XXXVIII, 7 ; Luc, II. 3. 9.
(6) Cant., VIII, 2.
(7) Ruth, II, 14.
(8) Deut., XXXII, 14.

Voyons maintenant quels étaient les vases dont se servaient les anciens pour conserver leurs boissons, ou pour les transporter et les faire rafraîchir. Il y en eut de bien des genres, mais j'en décrirai deux : l'outre et les vases de terre. L'outre est déjà nommée lorsqu'Abraham chassa Agar avec le petit Ismaël (1) ; les seconds sont cités dans les Psaumes (2) et dans beaucoup d'autres endroits, et Jérémie dit qu'on les faisait sur un tour (3).

Comme ces deux récipients sont encore aujourd'hui des meubles indispensables dans un intérieur arabe, nous allons en dire quelques mots. Les outres se fabriquent surtout à Hébron, qui en fournit un grand nombre à l'Orient. On les fait avec des peaux de chèvre ou des plus petits chevreaux : quand l'animal est tué, on lui coupe la tête et les pieds et on lui enlève la peau sans l'éventrer ; on coud ensuite avec du fil poissé toutes les ouvertures de la peau, excepté celle du cou qui sert à remplir l'outre. Cela fait, on introduit au dedans des substances corrosives pour brûler les restes de chair ; on lave ensuite l'outre avec de l'eau de sel et elle devient parfaitement propre à contenir toutes sortes de liquides. On ne peut avoir généralement une outre bien conditionnée en moins de trente jours ; elle peut alors conserver l'eau à boire sans lui donner de mauvais goût, et aussi le vin, l'huile, le miel et le lait. Personne ne voyage en Orient, surtout en Palestine et en Egypte, sans avoir

(1) Gen.. XXI, 14; et Job, XXXII, 19.
(2) Psaumes, II, 9.
(3) Jérém., XVIII, 3.

une outre remplie d'eau dans ses bagages ; et on en attache de plus petites à la selle du cheval ou à la ceinture quand on voyage à pied. Pour faire le beurre, on se sert dans tout le pays de petites outres, que l'on remue pendant un certain temps dans tous les sens.

La plus grande partie des vases que l'on trouve en Orient sont petits et de terre poreuse ; le cou en est plus ou moins long et large, et la partie inférieure est ronde ou elliptique ; il y en a beaucoup dans les maisons pour rafraîchir l'eau, qui y devient en effet très-froide. Joseph (1) dit à propos de ces vases : « L'eau est aussi » froide que la neige, quand elle a été exposée à l'air, » ce que les habitants ont l'habitude de faire pendant » la nuit. »

Il y a donc 1865 ans, au moins, que cette coutume dure. Les vases dont se servit Gédéon devaient être de cette dernière qualité, car ils étaient très-propres à l'usage qu'il en voulut faire et il avait pu en trouver facilement trois cents dans son armée (2).

On fabrique encore de grands vases en Orient, pour y faire le vin et le transvaser (3), et pour y conserver toutes sortes de choses, notamment de la farine, afin de la garantir de l'humidité et des insectes, comme le faisait la veuve de Sarepta, qui logea le prophète Élie (4). Les petits vases sont les compagnons inséparables des ouvriers et des cultivateurs, qui les attachent à la ceinture en chemin, et les mettent au frais quand ils travail-

(1) Joseph, *Guer. Jud.*, liv. III, chap.
(2) Juges, VII, 16, 19, 20.
(3) Jérémie, XLVIII, 11 ; XIII, 12.
(4) III Rois, XVII, 12.

lent. Si cette coutume existait dans l'antiquité, ce qui est très-probable, elle expliquerait parfaitement pourquoi on trouve en Palestine, tant sur le sol que dans les ruines, une si grande quantité de débris de ces vases. L'art de les fabriquer est bien connu dans le pays : la machine employée à cet effet se compose de deux pierres rondes ou de deux roues en bois placées l'une sur l'autre ; la roue de dessus est plus petite que celle de dessous.

On connaissait les vases de verre au temps des Hébreux ; mais on en parle comme d'une chose très-rare et fort précieuse, puisqu'on les classe avec l'or (1).

J'ai voulu donner la description de ces récipients pour leur payer un tribut d'hommage qu'ils ont bien mérité par les grands services qu'ils m'ont rendus ; et je les recommande aux voyageurs qui ne voudront pas avoir le gosier brûlé ou être obligés de boire souvent chaud. Les Arabes modernes n'ont pas les mêmes boissons que les anciens Hébreux ; la plupart boivent de l'eau et du lait, que la loi de l'Islam leur impose presque ; mais il n'en manque pas qui boivent des liqueurs blanches ou jaunes et des vins blancs, croyant ne pas transgresser la loi du Prophète, car ils prétendent : *qu'il défend le vin rouge et non ceux des autres couleurs*. Il y en a aussi beaucoup qui n'osent pas boire quand on les voit ; mais s'ils se trouvent en société et qu'ils ne puissent résister à l'odeur et à la couleur qu'ils ont devant eux, ils s'enhardissent et boivent en fermant les yeux eux-mêmes pour ne pas voir les autres, ou bien ils s'en

(1) Job, XXVIII, 17.

vont dans un coin de la chambre rendre leur hommage à Bacchus. Ils n'agissent, toutefois, ainsi qu'au commencement du dîner ou de la soirée, car ils continuent ensuite de manière à l'emporter sur tout Européen qui voudrait joûter avec eux.

Voyons maintenant à quelle heure on prenait la nourriture et comment cela se pratiquait. Je ne parlerai pas de l'heure des repas de la haute société, qui a dû varier souvent, selon les temps, surtout à l'époque de l'introduction du luxe; mais quelques passages de la Bible semblent dire que les Hébreux faisaient leurs grands repas à midi, comme par exemple celui que Joseph donna à ses frères (1), et celui encore que Ben-Hadad, roi de Syrie, donna à ses alliés devant Samarie (2). L'heure du repas devait certainement être à midi chez le peuple, ou peu avant, puisque nous voyons dans le livre de Ruth les ouvriers se réunir *à l'heure du repas*, et continuer leur travail jusqu'au *soir* (3) : il était, du reste, naturel qu'ils se reposassent au milieu du jour, en hiver et en été, pour être à l'abri des rayons ardents du soleil. Dans les Actes (4), on parle de Pierre qui dînait à la *sixième heure du jour*, c'est-à-dire à midi, et les Apôtres devaient certainement se régler alors sur le peuple, attendu qu'ils ne pensaient pas encore au luxe et aux conséquences qu'il entraîne. Tous les Arabes en général dînent à midi et font un autre repas le soir; mais cela ne les empêche

(1) Gen., XLIII, 16, 32.
(2) III Rois, XX, 16.
(3) II Ruth, XIV, 17.
(4) Actes, X, 9, 10.

pas de dîner à toute heure, quand l'occasion s'en présente; et, s'il ne leur en coûte rien, ils se rassasient difficilement, heureux qu'ils sont de profiter de l'aubaine, pour se remettre des jeûnes qu'ils se sont imposés par économie, par besoin ou par un calcul prémédité dans l'espoir de se refaire tout d'un coup. Les Arabes sont comme les anciens héros; ils craignent de n'être pas estimés, s'ils ne sont pas grands mangeurs. Un fait constant chez eux et surtout chez les nomades, c'est que, lorsqu'ils veulent donner une idée de la force ou de la bravoure d'un individu, ils disent qu'il mange *telle ou telle quantité de viande;* et ils dénoncent toujours la quantité d'eau ou de boissons enivrantes qu'il peut avaler. J'ai eu le malheur d'éprouver leur capacité, surtout celle des effendis, et si, grâce à Dieu, ils ne m'ont pas dévoré physiquement, je n'en puis dire autant de ma bourse. Mais je ne pouvais faire autrement; il me fallait les endormir comme le serpent boa, lorsqu'il fait la digestion, afin de profiter du moment pour travailler : par malheur, ils dormaient les yeux ouverts et ne manquaient jamais de se réveiller à temps pour me demander le Backhchich, quand j'avais fini mon travail.

Avant de se mettre à table, les Hébreux se lavaient les mains; et les Évangiles font remonter cet usage aux époques anciennes (1). Dans les premiers temps, on se tenait assis à la table (2); et les prophètes parlent plus tard de riches voluptueux qui se couchaient sur

(1) Math., xv, 2; Marc, vii, 3; Luc, xi, 3.
(2) Gen., xxv, 19; xxxvii, 25.

de moelleux divans (1). La table et les siéges devaient être fort bas ; on en peut juger par les dimensions de la table du sanctuaire, qui était longue de deux coudées, large d'une coudée et haute d'une coudée et demie. Avant de commencer le dîner, le chef de la maison ou le principal convié faisait une prière ou la bénédiction (2), et il bénissait le Seigneur quand le repas était fini (3). On apportait d'abord la viande coupée et ensuite les autres mets dans de grands plats ; chacun mettait la portion que lui donnait le chef de famille (4) sur le pain rond qu'il avait devant lui et se servait de ses doigts pour manger. Il y avait un ou plusieurs plats de sauce où tous les conviés trempaient leur pain (5). Les cuillers et les fourchettes ne paraissaient jamais sur la table, et il n'en est pas fait mention dans la Bible. On parle du couteau dans les Proverbes (6), et dans beaucoup d'autres endroits, de plats de différentes formes et des vases qui servaient pour boire, tels que la bouteille de terre, le calice, la coupe, la tasse et la grande tasse (7).

Ce qui précède montre que les usages de la table étaient analogues à ceux de l'Orient moderne ; car, si aujourd'hui on ne s'assied plus sur des chaises, on s'assied sur des coussins, ce qui est la même chose.

Je vais faire maintenant la description d'un des

(1) Amos, VI, 4.
(2) I Rois., IX, 13.
(3) Deutér., VIII, 10.
(4) I Rois., I, 4.
(5) Math., XXVI, 23.
(6) Prov., XXIII, 2,
(7) Gen., XLIV, 2, 12 ; III Rois, VII, 51 ; Cant., VII, 2; Math., XXVI, 27.

nombreux dîners auxquels j'ai été condamné à assister, toujours contre ma volonté; mais je ne pouvais refuser, parce que j'observais beaucoup de choses qui m'étaient utiles pour mes travaux, dans ces dîners.

VIII

DE LA MANIÈRE DE MANGER CHEZ LES ARABES

La manière de manger est la même chez le riche que chez le pauvre; il n'y a de différence que la qualité, l'abondance des mets et les ustensiles que l'on emploie, selon les moyens respectifs. On apporte, au moment du dîner, un large plateau d'argent, de cuivre ou même de bois, que l'on met au milieu de la chambre sur un tapis étendu au plancher, et quelquefois sur une petite table incrustée de nacre; les commensaux s'asseoient à terre ou sur des coussins autour de cette table, et il y a sur le plateau autant de pains ronds que de personnes. S'il y a un grand nombre de conviés, on met les pains ronds à terre et chacun prend celui qui marque sa place. Les diverses postures sont fort curieuses à voir : celui-ci s'assied les jambes croisées, celui-là reste à genoux, un autre s'étend d'un côté et un quatrième d'un autre; tout cela fait un tableau vraiment caractéristique. Quand chacun est à sa place, on apporte les viandes, qui sont coupées chez les gens bien élevés et tout entières chez les habitants de la campagne. Il n'y a qu'un service, qui se compose de plusieurs mets et entremets, et chacun peut ainsi voir d'un seul coup d'œil quel côté il peut attaquer. Le chef de famille fait honneur aux invités de distinction en leur présentant avec la main une portion de viande ou de ce qu'ils préfèrent, et ceux-ci, en la recevant, la mettent sur leur pain, qui est le seul couvert que l'on emploie. Les plats de ragoût et de sauce sont communs à tous, ce qui veut dire que toutes les mains y plongent et y puisent leur part. Lorsque l'on apporte le plat de riz, appelé *pilau*, ce qui indique la fin du repas, on a, chez quelques riches des cuillers en bois ou en ivoire, mais la plupart du temps on se sert de ses mains de la manière suivante : on prend une poignée de riz que l'on pétrit avec le poing, et quand on lui a donné la forme d'une boule ou d'un cylindre, on la porte à la bouche et on secoue ensuite les mains dans le plat commun, pour y rejeter les grains et les restes, afin qu'ils ne soient pas perdus ; et l'on répète cet horrible manége à chaque instant! Le lecteur comprendra maintenant l'impression que je dus éprouver les premières fois que je fus obligé d'assister à ces festins. Mais je trouvai bientôt le moyen de m'arranger, car je prenais adroitement une cuiller, si l'on ne m'en donnait pas, et j'avais ma provision devant moi, avant que les autres eussent commencé leur manœuvre. Je tenais beaucoup à me servir le premier, parce que c'était des prémices seulement que je dînais la plupart du temps et du peu que j'avais pu prendre des plats précédents avant qu'ils fussent souillés.

A la vérité, il faut dire que cela ne se pratique pas dans les maisons où l'on se pique de savoir vivre ; on s'y sert des trois doigts de la main, et quelquefois, outre les cuillers, il y a aussi des couteaux ; mais les couteaux et les cuillers sont très-dangereux, parce que, si un Arabe cherche à imiter un Européen, il se perce la lèvre avec la fourchette ou se coupe le doigt avec le couteau. J'ai vu ce fait plusieurs fois, et je ne pouvais m'empêcher d'éclater de rire, ainsi que les autres conviés, qui ne pouvaient non plus se contenir, quand le blessé furieux rejetait la fourchette de la main gauche ou le couteau de la droite d'un air qui voulait dire : *maudites soient les modes franques.* On appelle ces repas *manger à l'européenne.*

Malheureusement la manière de boire n'est pas à l'européenne, car, lorsque vous avez soif, on vous offre une des deux ou trois tasses, calices ou coupes où tout le monde a trempé ses lèvres. Il y a rarement du vin ; on a, à la place, de l'eau sentant l'orange, la rose, etc., etc. On trouve du vin et de l'eau-de-vie chez les personnes du grand monde, mais il y a alors un autre inconvénient, c'est que quelques personnes, pour se donner un genre ou pour cacher la quantité de liqueur qu'elles boivent, portent le gouleau de la bouteille à leur bouche. J'enviais dans ces circonstances les Juifs de Palestine, dont la plupart ne buvaient jamais, pas même à une fontaine, sans filtrer le liquide avec un chiffon ou un mouchoir bien fin, de crainte d'avaler un insecte ou une mouche (1). Si, par amour de la nouveauté, le lecteur voulait assister à un de ces banquets, je lui conseille de mettre ses plus mauvais habits, les bons se salissant très-promptement, car celui qui est chargé de découper ne se

(1) Math., XXIII, 24.

sert que de ses mains et il sépare, déchire et tire les viandes avec tant de force que la sauce rejaillit sur tous les conviés. Un autre aussi, alléché par les mets, peut saisir la plus petite occasion pour en prendre avec les mains toutes luisantes. Enfin, quelqu'un, pour vous faire une amabilité, peut vous jeter un morceau de viande à la tête. Je dirai en outre que l'on chante presque toujours à table, c'est pourquoi il est bon de se boucher les oreilles avec du coton, si l'on ne veut pas avoir le sens de l'ouïe déchiré par les tons aigus, les cris et les sons nasillards que poussent ceux qui se piquent de musique et qui croiraient ne pas chanter bien ni amuser, s'ils n'étourdissaient tout le monde. Cette habitude des patriarches existe encore dans les banquets en Palestine; mais j'avoue que je ne tiens plus du tout à ce supplice qui trouble l'esprit, le cœur, la tête, et use les habits.

CHAPITRE VI

MŒURS DE LA PALESTINE

Position sociale de la femme; mœurs avant, pendant et après le mariage chez les Hébreux et chez les Arabes. — Chants. — Description d'un mariage. — Chants latins.

I

POSITION SOCIALE DE LA FEMME MARIÉE CHEZ LES HÉBREUX ET CHEZ LES ARABES

On ne tarde pas à s'apercevoir, en lisant la Bible, que l'auteur de la Genèse cherche à établir l'égalité de l'homme et de la femme par un simple rapport étymologique. En effet, la femme, en hébreu, est appelée *Ischah*, et son compagnon *Isch* (homme). La même Bible dit encore qu'elle a été créée à l'image et pour le soulagement de l'homme, à qui il est ordonné de ne l'abandonner jamais (1). Il ressort de là qu'il y avait chez les Hébreux un sentiment religieux unanime à reconnaître à la femme une position sociale libre et indépendante, ce qui a épargné au législateur la peine d'insister sur ce point. Comme l'his-

(1) Gen., II, 7, 20, 23, 25.

toire hébraïque abonde en exemples montrant de quelle liberté la femme jouissait, j'en reproduirai quelques-uns, qui prouveront mieux qu'une longue dissertation que la femme était très-considérée et qu'on la traitait comme l'amie et la compagne de l'homme, et non comme une servante, faite pour recevoir des ordres et agir sans participation de sa volonté propre. Marie, sœur de Moïse, avec un grand nombre de ses compagnes, célèbre, devant tout le peuple, par des chants et des danses, la miraculeuse sortie d'Égypte (1). Les femmes, à certaines époques déterminées, s'assemblaient à l'entrée du tabernacle, où le public était admis (2). Les filles de Siloh dansaient dans les vignes, sans autres gardiens de leur innocence que la pudeur. Comme les jeunes gens avaient la facilité de les aborder, ce fut ainsi que ceux de la tribu de Benjamin purent les enlever (3). Les femmes de la capitale d'Israël, après la victoire remportée par David sur les Philistins, allèrent au devant du roi Saül ; et l'ironie avec laquelle elles célébrèrent ses louanges, en dansant et en chantant, fut la première cause de la jalousie du roi et de son inimitié contre David (4). Deborah, qui avait su se mettre à la tête du gouvernement, entraîne Barach au combat contre Siserach et l'accompagne partout (5). C'est grâce à l'indépendance dont jouissaient les femmes qu'Atha-

(1) Exode, xv, 20.
(2) Exode, xxxviii, 8.
(3) Juges, xxi, 21, 23.
(4) I Rois, xviii, 6, 8.
(5) Juges, iv.

lie put exercer sa tyrannie pendant six ans, après avoir exterminé la race royale(1). Plus tard, sous le roi Josias, la prophétesse Holda fut tenue en si grand honneur, que le grand prêtre Helcias et les grands dignitaires de la couronne allaient lui demander des conseils(2). Dans toutes les classes de la société hébraïque, la femme mariée conservait toujours beaucoup de liberté à côté de son mari. L'épouse de Manué, mère de Samson, va seule dans les champs, tandis que son mari est absent(3). Abigaïl, épouse du riche Nabal, prévenue par un serviteur du danger dont est menacé son mari, qui avait offensé David, s'en va, sans lui en rien dire, porter en présent une grande quantité de provisions au héros d'Israël, pour apaiser sa colère(4). La princesse Michol, voyant David, son époux, se livrer à de grandes démonstrations de joie et danser au milieu du peuple, ne craint pas de lui en faire des reproches(5). La Sunamite, qui donnait souvent l'hospitalité au prophète Élisée, alla le trouver avec une servante; et lorsque son mari lui demanda la cause de son voyage, elle refusa de la lui dire(6).

Ces exemples, et beaucoup d'autres que je pourrais citer, ne doivent pas être considérés comme de simples exceptions, mais bien comme une preuve certaine que l'indépendance de la femme avait de profondes

(1) IV Rois, XI, 13.
(2) IV Rois, XXII, 14.
(3) Juges, XIII, 9.
(4) I Rois, XXV, 14, 18, 19, 20, 37.
(5) II Rois, VI, 20.
(6) IV Rois, IV, 22, 24.

racines dans les mœurs des Hébreux, peu différentes, au reste, de celles des patriarches. Cette position de la femme exclut la polygamie, qui, en effet, ne se rencontre chez les Hébreux qu'exceptionnellement, après l'entrée dans la terre promise. La monogamie était la règle générale. Plusieurs passages du Pentateuque semblent tendre, d'ailleurs, à l'établir. Voici quelques-uns de ces passages : « L'homme quittera » son père et sa mère pour s'attacher à une épouse, » et ils ne formeront qu'une même chair (1). » — « Et qui est celui qui a fiancé une femme, et ne l'a » point épousée (2) ? — « Quand quelqu'un se sera » nouvellement marié, il n'ira point à la guerre; mais » il en sera exempt dans sa maison pendant un an, » et sera en joie à la femme qu'il aura prise (3). » Qu'on se rappelle encore (4) la belle description de la *femme forte* (5) et beaucoup d'autres passages (6), et l'on sera convaincu qu'un peuple qui avait de telles lois et de telles maximes ne pouvait être adonné à la polygamie et à la vie oisive et immorale des harems. Si, cependant, quelques rois, notamment David et Salomon, l'ont pratiquée, on peut dire qu'ils se sont mis en opposition avec les mœurs de la nation, comme avec le précepte du Deutéronome : « Il ne prendra » pas plusieurs femmes, afin que son cœur ne se cor-

(1) Gen., II, 24.
(2) Deut., XX, 7.
(3) Deut., XXIV, 5.
(4) Deut., 5, 11.
(5) Prov., XXXI, 10, 31.
(6) Prov., V, 18; VI, 26; XII, 4; XIX, 14; Psaum, CXXVIII, 3; Malachie, II, 14. 15.

» rompe point; etc. (1) » Moïse donne la bigamie comme une chose légitime (2) et, sans s'opposer directement à la polygamie, qu'il n'avait pas ouvertement défendue, il prend plusieurs dispositions qui créèrent de grands obstacles à l'introduction de celle-ci chez les Hébreux. En effet, chaque épouse avait des droits égaux, quand même l'épouse eût été une esclave (3). Comme les eunuques étaient proscrits (4), l'établissement des harems devenait très-difficile. Le législateur, du reste, ne favorise pas beaucoup le mariage avec des femmes étrangères (5). Et dans un pays où chacun voulait avoir des héritiers, on devait bien penser à se marier, mais non à avoir plusieurs femmes. Quant à la bigamie, la raison de la tolérance de Moïse vient de ce que c'était un malheur, chez les Hébreux, de ne pas avoir d'enfants; car ils vivaient en quelque sorte pour l'avenir, et la pensée de la postérité déterminait en grande partie leur conduite présente. C'est pourquoi la loi leur laissait la faculté d'avoir recours à un second mariage, quand le premier avait été stérile.

Je crois avoir démontré par ce qui précède que, chez les Hébreux, la femme jouissait d'une haute considération dans toutes les classes de la société, et que, si les grands ont imité quelquefois les mœurs des nations voisines en s'adonnant à la polygamie, le plus

(1) Deut., XVII, 17.
(2) Lév., XVIII, 18; Deut., XXI, 15, 17.
(3) Exode, XXI, 10.
(4) Deut., XXIII, 1.
(5) Exode, XXIII, 32; XXXIV, 12, 15, 16; Deut., VII, 2, 3, 4.

grand nombre s'en est toujours abstenu, maintenant ainsi la dignité de là femme.

Jetons à présent un coup d'œil sur ce qu'est aujourd'hui la femme dans l'Orient moderne. Tant d'auteurs ont décrit cette position, qu'il serait oiseux de répéter ce qui est connu. Je m'en tiendrai donc à quelques observations relativement aux femmes de la Palestine.

Dans les villes et chez les riches musulmans, la femme n'est considérée que comme un objet matériel, qui doit aveuglément servir l'homme dans tous ses caprices; elle n'est, par le fait, qu'une esclave, qui ne peut user de sa volonté ni de son intelligence, et qui est liée dans toutes ses actions. Condamnée dès son plus jeune âge, généralement de douze à quatorze ans, à la vie oisive et dégradante du harem, on peut dire qu'elle végète misérablement, abrutie dans l'inertie et dans l'immoralité. Elle n'emploie pas le peu d'intelligence et d'esprit qui lui reste pour se tirer de l'abjection où elle vit, mais pour se rendre plus vile, lorsqu'elle peut dérober quelques instants de liberté de loin en loin. Il y en a très-peu ou presque pas qui sachent s'occuper des affaires domestiques; qui connaissent quelque travail d'aiguille pour passer le temps, ou qui apprennent à lire pour se distraire. Elles ne sont occupées qu'à manger toute la journée, à se parer pour plaire à leur mari, à dormir, à bâiller ou à s'étendre sur des nattes et des coussins, fumant sans répit, n'ayant que niaiseries à dire et ne pensant à chaque instant qu'à se dérober aux yeux de celui qui les nourrit, peut-être dans la crainte qu'il ne s'aperçoive des infidélités qu'elles lui ont faites ou qu'elles lui préparent. Si plusieurs femmes sont les épouses d'un même homme, il y a fatalement rivalité, non pas rivalité d'amour, de cœur ou de sentiments généreux, mais rivalité produite par les plus viles passions, telles que la jalousie, la vengeance, l'espionnage, le mensonge, l'hypocrisie. Tous les matins, cette vie d'enfer recommence, et finit le soir par des jurements, des exécrations, des emportements et des pleurs. Si le mari s'en aperçoit, les moins favorisées de la journée sont alors battues, traînées par les cheveux et menacées d'être mises à la porte. Cette scène change quelquefois ; mais elle se renouvelle pour celles qui ne l'ont pas encore subie et qui ont causé les premiers troubles. Je n'ai jamais pénétré dans l'intérieur d'un harem, mais j'ai habité pendant quelque temps près de celui d'un riche bourgeois de Jérusalem, où j'entendais bien souvent du vacarme, des cris et des pleurs. Je voyais fuir de la maison, fermer et ouvrir les portes, et j'en concluais qu'il se passait dans l'établissement quelqu'une des scènes dont je viens de parler. Que de fois me suis-je rappelé, dans ces moments, les récits fantastiques des romanciers sur la vie du harem ! Ils ont mis à la dépeindre beaucoup de verve poétique, il est vrai, mais sans en rien connaître assurément ; car, s'ils parlaient de science certaine, je dirais que montrer comme belle et séduisante une chose qui en elle-même est si horrible, c'est propager ouvertement l'immoralité et tous les autres vices. Si ma plume ne s'y refusait, je pourrais ajouter beaucoup d'autres choses sur l'avilissement des femmes chez les Orientaux; mais je dois, par respect pour moi-même, m'en tenir là.

Voyons maintenant la femme dans les campagnes et notamment dans l'intérieur du pays. Elle est soumise en tout à la volonté de son mari, dont elle est la servante et l'esclave; mais elle a, cependant, la direction des affaires domestiques; elle aide son mari dans tous ses travaux; elle est enfin sa compagne véritable et arrive quelquefois à lui donner des conseils et même à le dominer. La polygamie n'est pas admise dans cette classe de la société; les chefs et les rentiers sont souvent bigames, mais la plupart des autres n'ont qu'une seule femme; c'est pourquoi elle est plus considérée que dans les villes. Il est vrai qu'elle mérite cette considération, parce qu'elle travaille continuellement dans la maison et dans les champs, portant les denrées au marché ou y faisant les provisions. L'homme ne peut donc pas la considérer ici comme un simple instrument de ses plaisirs, car elle est un auxiliaire de la plus haute importance. La femme de la campagne est infatigable, économe, courageuse et généralement honnête; elle sait se réjouir dans le bonheur et supporter le malheur; et son compagnon n'est pas indifférent à toutes ces qualités, puisqu'il lui laisse un vaste théâtre d'action. Mais malheur à elle, si elle abuse ou si elle trahit la foi conjugale : les coups de bâton pleuvront alors sur la malheureuse, qui payera quelquefois de la vie son infidélité. Les maris ne témoignent pas en public la considération qu'ils ont pour leurs femmes : c'est plutôt tout le contraire qui arrive. En effet, si l'homme et la femme, avec leurs enfants, voyagent et ont avec eux quelque monture ou bête de somme, celle-ci sert pour porter l'homme et ses enfants; mais la femme va à pied, chargée d'un marmot au maillot, et quelquefois encore le bagage sur la tête. Quand vient l'heure du repas, c'est elle qui prépare la nourriture ou va la chercher, tandis que l'homme fume nonchalemment sa pipe. Si, en voyage, ils n'ont pas de bête de somme, le mari porte toujours le plus petit fardeau; et si, dans la famille, il y a quelque petite réjouissance qui se termine toujours par un banquet, la femme en a tout le mal. Lorsque deux hommes se rencontrent et qu'ils se demandent des nouvelles de leur famille, ils s'inquiètent d'abord des troupeaux et des enfants, et la femme ne vient qu'en dernier lieu. On peut voir par ce qui précède que la vie des femmes arabes n'a aucun rapport, comme morale et dignité, avec celle des femmes hébraïques. Nous trouverons dans ce chapitre et dans la suite de l'ouvrage d'autres exemples, qui nous montreront encore mieux la différence qui existe entre les femmes d'autrefois et celles d'aujourd'hui. Si la polygamie n'existe point parmi les chrétiens de la Palestine, les femmes ne jouissent pas de plus grands avantages et ne sont pas mieux traitées que les musulmanes; c'est pourquoi on ne peut dire que leur position sociale soit meilleure que celle de ces dernières. Elles ne se servent du peu de liberté qu'elles possèdent que pour se dégrader, s'avilir et se faire mépriser de tous les honnêtes gens. Je ne parle pas de la généralité, mais au moins d'un grand nombre d'entre elles.

II

PRIX DE LA FILLE; FIANÇAILLES; MARIAGE; NAISSANCE DES ENFANTS; ET STÉRILITÉ DE LA FEMME CHEZ LES HÉBREUX

Chez les Israélites, où chacun regardait le mariage comme un devoir et où la loi et les coutumes permettaient de prendre une seconde femme, les pères pouvaient marier leurs filles sans les doter, et même en demander un certain prix. Les Hébreux avaient ainsi conservé l'usage des anciens patriarches, qui était de payer au père le prix de la fille. Ce prix, qui n'était déterminé par aucune loi, variait, selon les circonstances et en raison de la fortune et de la naissance de la fille et de celui qui la demandait. Le Législateur n'a prévu que le cas où la jeune fille aurait été séduite; il ordonne alors au séducteur de l'épouser et de donner au père cinquante sicles d'argent (1). On payait la dot en argent, en marchandises ou en servant pendant un certain temps le père de la femme, que l'on obtenait quelquefois aussi pour épouse en récompense des travaux qu'il avait plu au père de vous imposer. Je vais en donner quelques exemples. Jacob offre à Laban sept années de service, pour qu'il lui accorde Rachel; et comme celui-ci le trompe en lui donnant Lia, Jacob sert sept autres années pour le paiement de Rachel (2). Sichem dit à Jacob et à ses enfants : « Demandez-moi telle dot et tel présent que » vous voudrez, et je vous les compterai comme vous

(1) Ex., XXII, 16.
(2) Gen., XXIX, 18, 27.

» me direz ; donnez-moi seulement la jeune fille (Dina) » pour femme (1). » Plus tard David obtient Michol pour épouse en apportant à Saül, qui les avait demandés comme dot, deux cents prépuces de Philistins (2). Le prophète Osée parle d'une dot composée de quinze sicles d'argent et d'une certaine quantité d'orge (3). Caleb accorde sa fille Hava à Hothoniel en récompense du courage de ce dernier (4). Si la jeune fille avait des frères aînés, ceux-ci participaient avec le père et la mère aux négociations du mariage de leur sœur (5). Lorsque le prix était arrêté, on demandait à la fille son consentement, qui était une formule indispensable, parce que la loi traditionnelle s'appuyait sur l'exemple de Rébecca (6). Dans les temps anciens, c'était de parole que l'on faisait un mariage, et on le concluait en présence de témoins et en le confirmant par un serment (7). Le contrat écrit et signé ne remonte probablement qu'à l'époque de l'exil. Les fiançailles liaient les futurs époux (8) ; mais on accordait à la fiancée un certain temps pour faire ses préparatifs, avant de célébrer le mariage et de l'emmener habiter avec son mari. Parmi les nombreux exemples qu'il y a de cet usage, nous citerons les dix jours demandés par les parents de Rebecca (9), l'intervalle

(1) Gen., xxxiv, 12.
(2) I Rois, xviii, 25, 27.
(3) Osée, iii, 2.
(4) Josué, xv, 16, 17.
(5) Gen., xiv, 50, 54; xxxiv, 11.
(6) Gen., xxiv, 57.
(7) Ezéch., xvi, 8; Malach., ii, 14.
(8) Deut., xxii, 23.
(9) Gen., xxiv, 55.

qui s'écoule entre les fiançailles et les noces de Samson (1), et aussi entre celles de la Vierge Marie et de saint Joseph (2). C'est au délai accordé entre les fiançailles et la célébration du mariage, que s'applique la peine de mort décrétée par la loi contre la fille qui n'aurait pas été vierge (3).

Dans le choix d'une future compagne, il était bien rare que l'homme suivît le penchant de son cœur, comme le fit Samson (4), qui peut être considéré comme une exception ; les parents choisissaient généralement une épouse à leurs fils, et les mariages se concluaient la plupart du temps sans que les futurs époux se fussent jamais vus (5). Quand les parents ou les fils avaient fixé leur choix, le père allait trouver les plus proches parents de la fille pour la leur demander en mariage et convenir du prix de la fiancée et des cadeaux qu'on devait faire (6) ; et lorsque tout était arrêté, on faisait les festins de réjouissance (7). Les Hébreux avaient pour coutume constante de n'accorder jamais pour épouse une fille cadette s'il y en avait une autre plus âgée, coutume qu'ils tenaient de Laban, lequel trompa Jacob en lui donnant Lia au lieu de Rachel (8).

On se mariait quelquefois fort tard, du temps des

(1) Jug., XIV, 8.
(2) Math., I, 18; 3.
(3) Deut., XX.
(4) Jug., XIV, 2.
(5) Gen., XXIV, 3; XXXVIII, 6.
(6) Gen., XXXIV, 12.
(7) Gen., XXIV, 54; XXIX, 22.
(8) Gen., XXIX, 26.

patriarches; mais, dans la suite, le mariage se célébrait quand les époux avaient atteint l'âge de puberté, qui arrive de très-bonne heure dans les pays orientaux. Citons quelques exemples, empruntés aux temps historiques. Joram, roi de Juda, mourut à 40 ans en laissant un fils de 22 ans; Amon, à 24 ans, laissa un fils de 8 ans, qui devint père à 14 ans; Joakim, à 36 ans, laissa un fils de 18 ans. On peut donc inférer de là que ce qui était en usage dans la famille royale l'était aussi dans les autres classes de la société. Selon la tradition rabbinique, les jeunes gens devaient se marier à l'âge de 18 ans, et les filles étaient déclarées nubiles à l'âge de 12 ans (1). Le jour fixé pour la noce, après que la fiancée s'était baignée, parfumée et frottée d'huiles odoriférantes, on la parait de ce qu'elle avait de plus beau, et on lui mettait une couronne sur la tête (2). Entourée de ses parents et de ses amies, elle attendait le coucher du soleil. Le fiancé (3), également paré, couronné et entouré de ses amis (4), se rendait le soir chez son beau-père pour y prendre sa jeune épouse, qui quittait la maison paternelle, après avoir reçu la bénédiction de ses parents (5). Les jeunes gens, placés sous un baldaquin et suivis de leurs parents et de leurs amis, se mettaient en marche, à la lueur des flambeaux, au son des tambours et des autres instruments, et se rendaient,

(1) Maïmonide, *Extrait du Talmud* liv. IV. sec. 1 chap. II paragr. I.
(2) Isaïe, LXI, 10; Jérém., II, 32; Ezéch., XVI, 9, 13.
(3) Isaïe, LXI, 10; Cant., III, 11.
(4) Juges, XIV, 11.
(5) Gen., XXIV, 60.

ainsi accompagnés, à la maison du fiancé, en chantant et en faisant éclater une grande joie (1). Un festin, préparé par le fiancé ou par ses parents, attendait tous les invités de la noce (2). La Bible ne fait mention d'aucune cérémonie religieuse pour le mariage; les jeunes époux recevaient la bénédiction de leurs pères, et les assistants demandaient pour eux les bénédictions du ciel (3). On conduisait ensuite le fiancé dans la chambre nuptiale, où l'épouse l'avait précédé (4). Un passage du Deutéronome (5) semble dire que les parents de la fiancée attendaient avec des témoins les preuves de la virginité de leur fille. Après le premier jour, les réjouissances duraient encore sept autres jours (6), et tous les amis allaient continuer la fête dans la maison des nouveaux époux.

Le but naturel du mariage est la procréation. L'affaire la plus importante pour la femme était donc de donner à son mari une nombreuse postérité ; car c'était là que résidait le plus grand bonheur de la famille et on la considérait comme la plus haute faveur que le Ciel pût accorder. Le poëte sacré le dit dans le Psaume XXVIII, ainsi que beaucoup d'autres passages de la Bible. La stérilité était considérée comme une punition infligée par le Ciel et comme un sujet d'opprobre pour la femme (7). La malheureuse était quel-

(1) Jér., VII, 34; I Macc., IX, 37, 39; Math., XXV, 1.
(2) Juges, XIV, 10; Jean II, 9, 10.
(3) Ruth, IV, 11; Tobie, VII, 15.
(4) Joël, II, 16; Psaum, XIX, 5; Tobie, VIII, 1.
(5) XXII, 15.
(6) Gen., XXIX, 27; Juges, XIV, 2.
(7) Gen., XXX, 23.

quefois exposée à se voir remplacée par une autre, qui pouvait l'accabler d'injures et d'outrages (1) ; et souvent la femme stérile préférait partager ses droits d'épouse avec sa servante, qui devait la remplacer auprès de son mari, et dont elle adoptait les enfants (2).

La naissance d'un enfant était donc un heureux événement pour une famille, surtout si c'était un garçon, parce que le père y voyait une garantie de la perpétuité de son nom. La naissance d'une fille causait moins de joie ; car son éducation demandait beaucoup de soins (3). Les anciens Arabes manifestaient la plus grande tristesse dans cette circonstance, et quelquefois même ils enterraient leur fille toute vivante (4). Lorsque l'enfant venait au monde sans opération, on le baignait, on le frottait de sel, pour rendre sa peau plus ferme, et on l'enveloppait de linges (5). Le père, absent lors de l'accouchement, accourait à cette bonne nouvelle et adoptait l'enfant en le prenant sur ses genoux, ce que faisait quelquefois aussi l'aïeul (6). On agissait de même pour l'enfant de la servante à qui avaient été cédés les droits d'épouse (7). Si le nouveau-né était un garçon, on le circoncisait huit jours après la naissance (8). Les mères nourrissaient généralement leurs enfants, qu'elles ne

(1) I Rois, I, 6.
(2) Gen., XVI, 2 ; XXX, 3.
(3) Ecclés., XLII, 9, 10.
(4) Voy. Pococke, *Spécim. hist. arab.* pag. 334.
(5) Ezéch., XVI, 4.
(6) Gen., L, 23.
(7) Gen., XXX, 3.
(8) Luc, II, 21.

sevraient qu'au bout de deux ou trois ans ; on faisait alors un festin de réjouissance (1) : et il n'y avait de nourrice que chez les grands (2). Les mères élevaient les enfants pendant les premières années, et le père se chargeait ensuite de l'éducation des fils, ou il leur donnait quelquefois un précepteur (3). Nous savons si peu de chose de la méthode d'enseignement en usage pour l'éducation des enfants de l'un et de l'autre sexe, que je m'abstiendrai d'en parler, sans oublier, cependant, de dire qu'on apprenait toujours rigoureusement les préceptes de la loi et qu'on s'instruisait dans les traditions.

Maintenant que nous avons vu qu'elles étaient les coutumes des Hébreux, sous ce rapport, nous allons passer à celles des Arabes. Je n'insisterai pas sur les diverses nuances, selon les localités de la Palestine, mais je me bornerai à ce qu'il y a de plus caractéristique dans les fiançailles et dans le mariage parmi les habitants chrétiens ; car, à l'exception de l'emploi du parrain et du rituel de l'Église, les musulmans ne diffèrent en rien de nous pour le reste.

Le mariage n'est considéré chez les Arabes que comme une affaire de commerce ; et il est bien rare, surtout dans les campagnes, qu'une union se fasse par amour ou après avoir été arrêtée entre le jeune homme et la jeune fille. Un père qui a plusieurs filles les élève dans sa maison, bien plus pour l'utilité qu'il en retire dans ses affaires, surtout s'il est cultivateur, que par

(1) Gen., xxi, 8.
(2) II Rois, xi, 2.
(3) II Rois, x, 1, 5; Nomb., xi, 12; Prov., xxiii, 13, 14.

amour pour elles ; car il ne les considère réellement ni plus ni moins que ses génisses ou ses brebis, puisqu'il les vend comme il ferait de ces animaux et qu'il en retire un prix plus ou moins grand, selon le rang qu'il occupe dans la société, sa fortune, et les qualités extérieures dont sa fille peut être douée. Toutes les jeunes filles ont donc le droit de dire aujourd'hui ce que Lia et Rachel répondirent à Jacob : « Ne nous » a-t-il pas traitées (le père Laban) comme des étran- » gères. Car il nous a vendues, et même il a entière- » ment mangé notre argent (1). » Dans les villes, le prix ordinaire des jeunes filles varie entre 2,000 et 4,000 piastres, et quelquefois davantage chez les riches ; mais dans les campagnes il est presque constamment entre 2,000 et 3,000 piastres. Les pères des deux parties, assistés de leurs proches parents et de leurs amis, conviennent entre eux de la somme à payer, absolument comme s'il s'agissait de la vente d'une jument ou d'un chameau, car les deux familles vantent leurs mérites personnels et les qualités particulières de l'objet du marché. Le marché dure quelquefois plusieurs jours avant de se conclure, mais on finit toujours par convenir de la somme à payer. Il arrive quelquefois que l'acquéreur ne peut payer immédiatement la somme arrêtée ; on lui permet alors d'acquitter sa dette en plusieurs payements, et on ne lui livre la fille que quand il l'a payée entièrement. Cela fait, il reste encore à convenir des cadeaux que l'époux fera à sa future et aux plus proches parents

(1) Gen., XXI, 15.

de celle-ci ; mais cela se règle facilement par les pratiques et usages traditionnels. Lorsque les parties sont parfaitement d'accord sur tous les points, on fixe le jour, le mois ou l'année du mariage, et l'on ratifie ensuite ce qui a été convenu par contrat ou devant témoins, puis on fait des festins de réjouissance, auxquels sont invités les parents, les amis et les alliés. Ces festins se composent ordinairement de viande de mouton, de riz, de figues sèches, et aussi d'une grande quantité d'eau-de-vie, si ce sont des chrétiens. J'ai dit plus haut que l'on fixe le mois ou l'année, parce qu'il arrive très-souvent que l'on convient d'un mariage entre deux jeunes enfants pour resserrer des liens d'amitié ou d'alliance qui pourraient se relâcher, ou pour se garantir un mutuel secours. La conclusion du mariage a rarement lieu quelques jours seulement après les fiançailles ou le payement du prix de la fille ; cela serait du reste contraire aux intérêts du père de celle-ci, parce qu'il reçoit à certaines époques de l'année de grands cadeaux du futur, et qu'il peut, en atermoyant, beaucoup mieux meubler la fiancée, comme je ne tarderai pas à le montrer.

Dans tout mariage, on commence par convenir du prix de la fille et des cadeaux ; puis viennent les formalités, dont la première est la demande de l'époux, qui se fait de la manière suivante. Le père du futur, accompagné de deux ou trois amis, qui lui servent de témoins, s'en va chez le père de la jeune fille, qui le reçoit également entouré de ses parents et de ses amis. Après avoir échangé les premiers compliments, bu quelques tasses de café et fumé quelques pipes, on présente la demande en mariage du jeune homme : lorsqu'elle a été accordée, un festin suit, qui répand la joie parmi tous les convives, et personne ne se demande un seul instant si les deux fiancés seront aussi satisfaits. Les pères ne s'occupent constamment que de leurs intérêts ; tout le reste leur importe peu ; et les fils se laissent marier, non par piété ni par amour, mais pour régler une simple affaire ordinaire de commerce, si, cependant, ils ont l'âge de raison. La plupart des mariées sont des jeunes filles de douze ans qui ne comprennent rien, et quand les jeunes gens, qui ont été fiancés sans le savoir, sont capables d'avoir une volonté, il ne leur est pas permis d'en faire usage pour opposer un refus sans s'attirer les malédictions de tout le monde, et causer quelquefois même des guerres entre les parents. Je ferai remarquer ici que lorsqu'il y a plusieurs filles dans une famille, le père commence par se défaire de l'aînée ; les autres viennent ensuite selon leur âge.

Dans les campagnes et chez les chrétiens grecs, deux jours après que la demande en mariage a été accueillie, le père de l'époux ou le plus proche parent se rend chez le père de l'épouse, accompagné de *papas* (prêtres), du chef de village, et suivi d'un grand nombre de connaissances, et il porte un grand mouchoir de couleur neuf, dans lequel il a mis 20 piastres. En outre, on porte encore quelques bouteilles d'eau-de-vie, des fruits secs, du café, du sucre, du tabac, selon le nombre des conviés des deux côtés. Arrivé à la maison de l'épouse, après avoir bu, mangé et chanté, les *papas* se lèvent, prennent le mouchoir avec ce qu'il y a dedans, et après avoir récité des prières pour les deux fiancés, ils le remettent à la jeune fille, du consentement de son père, comme un gage et un signe qu'elle ne peut disposer d'elle et que son époux se charge dorénavant de l'habiller (en lui montrant le mouchoir) et de l'entretenir (avec l'argent). Cela fait, chacun retourne chez soi, et l'époux est libre désormais de visiter sa femme quand il lui plaît, parce qu'ils sont alors reconnus comme liés indissolublement l'un à l'autre.

En effet, si la jeune fille était infidèle ou insultée par quelqu'un, son père et son époux seraient ses vengeurs acharnés, et leur vengeance n'est satisfaite que par la mort du coupable. Dans le chapitre suivant, où je parlerai *du prix du sang*, on en verra un exemple. Si, pour un motif quelconque, l'époux ou le père de l'époux n'avait pas payé le prix de la jeune fille le jour même de la demande ou dans les deux jours qui suivent, dès qu'il est en état de remplir ses engagements il achète un mouton, du riz, du café et de l'eau-de-vie, et portant tout cela avec des démonstrations de joie, il se rend, accompagné des papas et de tous ceux qui étaient présents aux premières réunions, chez le père de l'épouse, où l'on fait un repas. Ensuite l'époux ou son père remet le prix de la fiancée entre les mains du curé, ou, à défaut de celui-ci, entre les mains d'un des chefs ou d'un des plus honorables assistants, qui le donne, en présence de témoins, au père de la jeune fille. Si l'époux est pauvre, il donne d'abord cinq ou six cents piastres en à compte et paie le reste en plusieurs fois jusqu'à ce qu'il se soit acquitté; c'est alors seulement que le mariage s'accomplit.

Dans le temps qui s'écoule entre les fiançailles et les noces, l'époux est tenu de faire des présents à sa fiancée dans les fêtes solennelles, et il profite de ce délai pour préparer les dépenses nécessaires à la toilette de sa femme, à l'entretien de sa maison, aux cadeaux à faire aux parents, et enfin au festin et aux récompenses à donner aux invités, selon les services qu'ils ont rendus. Si l'époux est chrétien, il achète avant le jour de Noël quelques livres de mouton; il y ajoute vingt piastres et il envoie le tout chez son futur beau-père. La messagère est toujours parente de l'époux, et elle marche en chantant, suivie de quelques compagnes, qui l'imitent. Le père de la fiancée invite ensuite la famille de l'époux à dîner, et donne à sa fille les vingt piastres pour qu'elle en orne sa coiffure. L'époux achète encore des confitures le second jour de Noël, et les envoie ou les porte à sa fiancée, en lui faisant de nouveau quelque présent en argent. Il est également obligé d'envoyer avant le carême un morceau de mouton et du riz, qu'il est invité à manger avec ses plus proches parents. A Pâques, il doit envoyer à sa fiancée un mouton, au cou duquel il aura pendu quelques pièces de monnaie, et quatre chandelles enveloppées dans un bon mouchoir.

Les riches musulmans en font autant dans les solennités de leur religion, seulement ils omettent le don des chandelles; mais les pauvres laissent de côté toutes ces formalités, qu'ils simplifient beaucoup en prenant leur épouse et en l'emmenant chez eux. On voit par ce qui précède que le père de la fiancée est intéressé à ce que le mariage soit retardé le plus longtemps possible, ou à célébrer les fiançailles quand la fille est encore toute jeune, parce qu'il reçoit lui-même des présents et la fille reçoit un plus grand nombre de cadeaux.

On agit quelque peu différemment dans l'intérieur des villes; mais je répète que ce n'est pas là que je vais étudier les anciens usages, parce qu'ils y sont corrompus ; c'est à la campagne que les vieilles coutumes se sont le mieux conservées, et c'est encore là que j'irai puiser tout ce qui me reste à raconter, en m'en tenant, néanmoins, à ce que pratiquent les Grecs, dont les autres habitants ne diffèrent pas.

Lorsque l'époux est disposé à conclure le mariage ou que les deux parties l'engagent à le terminer, il achète, selon ses moyens, les habits et les bijoux dont il veut que sa femme soit parée, et les objets suivants : un habit de cent piastres pour les deux plus vieux oncles de l'épouse, tant du côté paternel que du côté maternel ; un autre de la même valeur pour le frère aîné de l'épouse, et un de moindre valeur pour les autres, s'il y en a ; un habillement de soie ou de coton pour chacune des tantes et des sœurs, toujours de l'épouse. Il est, en outre, obligé de compter cent piastres au père de la fiancée pour faire peindre le visage de celle-ci, quelques heures avant le mariage : les Arabes appellent cela le prix du tatouage du visage. Enfin il doit faire encore un cadeau d'au moins cinquante piastres aux deux plus vieux oncles de l'épouse, pour les récompenser des peines qu'ils se sont données dans la négociation de l'affaire. Il est inutile d'ajouter qu'on n'oublie jamais les *papas*; leurs acolytes et l'église; et je puis assurer qu'on ne se contente pas de peu chez les Grecs.

Lorsque les acquisitions et les paiements dont il vient d'être question sont terminés, on commence le dimanche à tout disposer pour les fêtes qui doivent précéder le mariage. Le fiancé réunit, le soir du même dimanche, toutes les femmes de sa famille, de ses parents et de ses amis, et il leur donne de la farine de grain pour faire du pain et des galettes pendant la nuit. Le lundi matin, il appelle tous ceux du pays qui ont des bêtes de somme; il leur donne du pain, et les prie d'aller à la forêt voisine pour en rapporter des arbustes et du bois; jamais personne ne refuse, et, en revenant avec de bonnes charges, on reçoit un dîner.

Le lundi soir, dans un vaste emplacement, on fait, avec le bois qu'on a reçu, un feu autour duquel les jeunes gens, partagés en deux groupes, entonnent des chansons pour le bonheur des deux époux, en frappant des mains et en se battant entre eux à l'épée, tandis que de nombreuses jeunes filles dansent et jouent au milieu d'eux sans craindre d'entendre une seule parole déplacée.

L'époux et ses parents servent aux musiciens et aux danseuses du café, des fruits secs, de l'eau-de-vie pour tenir la joie en éveil. Ces jeux se renouvellent tous les soirs de la semaine. Dans la soirée du samedi, un grand nombre de parents de l'épouse et de l'époux vont chercher la fiancée chez elle pour la conduire aux bains, si le pays en possède, ou pour la laver chez elle. Dans l'un et l'autre cas, on n'oublie jamais les chants et les bruyants cris de joie. On se fait ensuite donner le *Henna* et l'on prépare pour le lendemain les couleurs à teindre les mains et les pieds de l'épouse avant de la conduire à l'église.

Le dimanche, à midi, l'époux, revêtu de ses plus beaux habits, monte à cheval et se dirige dans une plaine, précédé d'une foule de jeunes gens qui tirent des coups de fusil, chantent, sautent et dansent en faisant beaucoup de bruit; les femmes le suivent en portant des bâtons auxquels sont attachés les habits qu'il a achetés pour l'épouse; elles ne crient ni ne sautent pas moins bien que les jeunes gens. Lorsque tout ce cortége est arrivé à destination, on fiche en terre les bâtons auxquels sont pendus les habits; l'époux caracole autour à cheval et les femmes dansent en poussant des cris de joie, tandis que les hommes élèvent pour les tireurs une cible à laquelle on attache généralement un oiseau, qui est considéré comme de mauvais augure; celui qui le tue reçoit de l'époux un prix de cinq piastres et une paire de souliers en récompense, pour avoir détruit le symbole du malheur de son prochain mariage. Ces cérémonies accomplies, on retourne, toujours en poussant des cris d'allégresse, au village, où l'on prépare des rafraîchissements pour se refaire la voix. Une heure avant le coucher du soleil, l'époux, accompagné des *papas*, des chefs de son village ou quartier et de sa famille, se rend chez son futur beau-père, en faisant porter du riz, des fruits secs, du miel et de l'eau-de-vie, et tous les assistants des deux parties mangent encore et chantent des hymnes en l'honneur des époux. Quelques instants après, il se fait un silence général : c'est le moment où le curé ou un chef prend la parole pour demander au père de l'épouse si son futur gendre lui a payé entièrement le prix de la virginité, et s'il a rempli tous ses autres devoirs dans le temps des fiançailles. Le beau-père répondant que tout s'est fait selon la loi traditionnelle du pays, et les témoins le confirmant, on se dispose alors à aller à l'église. L'époux part le premier, vêtu de ses plus beaux habits ; il a une pipe dans les mains et un poignard dans sa ceinture, comme signes de virilité et de force. Tous ses parents et ses amis l'accompagnent en chantant, avec des torches, des flambeaux et des instruments. Son maintien est si grave et si sévère, qu'on dirait qu'il va subir une peine; mais il ne peut faire autrement, parce que l'usage l'oblige à cela. Arrivé à la porte de l'église, on ferme le côté droit, et il attend l'arrivée de l'épouse, qui, enveloppée de voiles de manière à rester invisible, est conduite et soutenue par son père et par son plus vieil oncle, pendant que toutes les femmes qui l'accompagnent l'éclairent en poussant des cris de joie. On la couronne au moment où elle arrive à l'église, et elle s'avance avec son époux et leurs amis respectifs vers l'autel, où les attend le curé chargé de bénir le mariage. La cérémonie se termine par ces paroles : « *Que Dieu soit témoin, avec ses anges, ses prophètes, ses* » *saints, ses saintes et tous les chrétiens ici présents, que* » *vous êtes unis indissolublement par le mariage.* » Puis toute l'assistance chante un hymne d'actions de grâces au Tout-Puissant, et sort ensuite accompagnée des prêtres. La joyeuse procession se dirige à la lueur des flambeaux vers la maison de l'époux, et, dans toutes les rues où elle passe, quelques propriétaires de pauvres maisons jettent une petite tasse de café aux pieds de l'heureux couple, pour lui faire honneur; d'autres les arrosent d'eau de rose, toujours en faisant des souhaits pour leur prospérité, dans l'espérance de recevoir le bakhchich, ou encore, mais plus rarement, pour leur être agréables. L'épouse, toujours voilée, est conduite par son époux et son père ou par le plus proche parent de celui-ci, qui la confie aux soins des femmes de la famille de l'époux en arrivant à la maison de ce dernier. Un somptueux banquet, béni par les papas, est préparé pour les hommes d'un côté et pour les femmes de l'autre. Je me suis toujours fort peu soucié d'assister à ces honnêtes bacchanales, où le vacarme, les chants, les cris, l'odeur des mets, les feux, la chaleur des appartements, les insectes qu'on attrape assis par terre ou que vous communique quelque voisin, sont autant de choses qui attaquent les nerfs, alourdissent l'esprit, tympanisent les oreilles, fatiguent les yeux, révoltent l'odorat, vous cassent la poitrine et salissent vos habits. Quelle belle matière à description pour un romancier que cette scène orientale! Je voudrais être poète, pour en faire un plus beau tableau et pour raconter les caresses de l'épouse et les tentatives amoureuses de l'époux; mais malheureusement celui qui voit les choses de près ne peut s'empêcher de plaindre une pauvre jeune fille de douze ou quatorze ans, qui se prête, comme un automate, à tous les mouvements qu'on lui fait faire pendant douze heures environ, et qui, tout ébahie de voir ce dont elle n'avait jamais entendu parler, bâille en tombant de sommeil ou reste immobile et comme stupéfiée au milieu de l'assistance, en entendant les cris et le tapage des danseurs effrénés autour d'elle. Quant à l'homme, c'est quelquefois un enfant qui ne diffère en rien de son épouse. Si c'est un jeune homme fait ou un homme d'un certain âge, il se livre à ces réjouissances comme quelqu'un qui serait épuisé de fatigue, et peut-être aussi est-il quelque peu ivre. Cependant, tout cela mérite d'être vu une fois. Les lieux où l'on peut assister le plus aisément à ces fêtes sont Beitgella et Bethléem. Les musulmans, qui n'ont pas de cérémonies religieuses, ne diffèrent des chrétiens que par l'absence des pompes de l'église.

Mais revenons à notre sujet. Quand le repas des hommes est achevé, ce qui a lieu toujours sur les neuf heures en hiver et à onze heures en été, si le temps le permet, on étend sur une place près de la maison un tapis où s'assied l'époux. Des feux de joie éclairent le théâtre, et chacun des conviés va faire un compliment à l'époux et lui donner quelque argent pour l'aider à supporter les grandes dépenses qu'il a eu à faire dans les huit jours précédents et dans la journée même. Cet usage, qu'on peut appeler à bon droit une garantie de secours mutuel, rembourse bien souvent de tous les frais et rapporte même quelquefois bien au-delà de ce qu'on a dépensé, surtout si l'époux est d'une bonne famille ou s'il a su se concilier l'estime générale par son habileté, son courage ou sa vertu. Quand chacun a fait ses présents, le doyen de la compagnie prend l'époux, qu'il conduit dans la chambre nuptiale où l'épouse l'attend; puis chacun se retire dans ses propres foyers. Dans quelques villages de l'intérieur et chez les Musulmans, quand l'époux entre chez sa femme, les plus proches parents des deux parties et quelques témoins attendent que l'époux ait donné la preuve de la virginité de son épouse; quand ils l'ont reçue, ils éclatent en bruyants cris de joie pendant quelques instants, puis la tranquilité de la nuit se rétablit. Le lendemain la marraine de l'épouse apprête un repas, qu'elle porte joyeusement chez les nouveaux mariés pour le manger avec ceux qu'ils voudront bien inviter et qui sont toujours les conviés de la veille; quand le dîner est terminé, les hommes et les femmes font un présent en argent à la mariée et se retirent ensuite. Trois jours après, le père de l'époux fait préparer de la viande de mouton avec du riz; il en remplit un plateau, sur lequel il met deux cents piastres, et il envoie le tout à sa fille mariée, pour lui marquer qu'il se souvient d'elle et qu'il lui servira d'appui dans le besoin. Elle prend l'argent et donne ensuite un repas, auquel assistent quelques invités, qui, avant de s'en aller, doivent, selon l'usage, faire à l'épouse un présent en argent. L'époux achète un ou deux moutons sept jours après le mariage et invite les parents et les amis de l'épouse, qui, après avoir mangé, sont tenus d'offrir un cadeau à la mariée; mais, dans cette circonstance seulement, le mari est obligé de laisser à sa femme tout l'argent qu'on lui donne pour s'en acheter des habits ou s'en faire un collier, qu'elle porte autour du cou ou de la tête.

Ce dernier banquet met fin aux réjouissances, et la monotonie de la vie commune arabe reprend son cours dans les maisons et dans le village.

Parlons maintenant de la procréation. Quelque grossier que soit l'Arabe et quelque peu de cas qu'il fasse de sa femme, il lui témoigne de l'amitié et de la reconnaissance, quand elle lui donne une nombreuse postérité de garçons ; car ceux-ci lui attirent la considération et sont pour lui un aide et un soutien, sans compter qu'il n'a presque plus à s'occuper d'eux aussitôt qu'ils sont assez forts pour travailler, et que, alors, ils lui sont même utiles. C'est pourquoi, à la naissance d'un garçon, les pères s'empressent de le recevoir dans leurs bras, de le montrer à leurs parents et à leurs amis, et ils donnent des banquets, où les démonstrations de joie ne sont pas oubliées, non plus que la mère. Chacun fait des présents, qui sont offerts par les parrains du nouveau-né.

Chez les chrétiens, lorsqu'on célèbre le baptême, dont le jour varie selon la santé de l'enfant ou la volonté du curé, on se réjouit de nouveau, ainsi que chez les musulmans pour la circoncision, qui a lieu généralement huit jours après la naissance. On ne se réjouit pas à la naissance d'une fille, surtout chez les musulmans ; il y a même des hommes brutaux qui accablent de reproches la pauvre mère, comme si elle l'avait mise au monde par sa faute.

Si la femme est assez malheureuse pour enfanter plusieurs filles, elle est méprisée et elle paie quelquefois de la vie ce dont un autre est la cause. La religion chrétienne a beaucoup adouci la barbarie des Arabes sur ce point ; car les chrétiens, pourvu qu'ils aient seulement un garçon, reçoivent toujours bien toutes les filles qu'il plaît à Dieu de leur envoyer, et ils se consolent dans l'espérance d'en retirer un bon profit.

Une femme stérile est méprisée de son mari et des autres femmes, et elle est toujours répudiée chez les musulmans. Si, malgré sa stérilité, elle reste dans la famille de son époux, elle est considérée comme une esclave; elle est humiliée, dégradée, et sa vie n'est plus qu'une suite de souffrances continuelles, qui ne cessent qu'avec la mort.

Dès la naissance d'un nouveau-né, après les premiers soins, on l'enveloppe de linges saturés de sel pour lui rendre la peau plus ferme et le préserver, comme on dit, des accidents que pourrait lui causer la nouvelle atmosphère qui l'entoure. On le laisse généralement deux ou trois jours dans cette enveloppe. Les mères sont elles-mêmes nourrices ; mais si par hasard le lait leur manque, on a recours au lait de chèvre et quelquefois aussi, chez les nomades, au lait de chamelle mélangé d'eau. L'allaitement dure deux ans et même davantage, parce que les enfants ont de nombreuses épreuves à subir, dans un climat très-mauvais pour eux.

La petite vérole, la dentition et la dyssenterie déciment les enfants en Palestine.

C'est pour cela que l'usage prescrit à la mère de fournir une alimentation assez forte à l'enfant, alimentation que le nourrisson ne refuse jamais, même pendant ses maladies. Par là on prévient l'affaiblissement, qui est bien souvent l'unique cause d'une prompte mort.

C'est donc à cause de la trop grande jeunesse des femmes qui se marient, de la prolongation de l'allaitement et des grandes fatigues qu'elles ont à supporter, que les rides de la vieillesse leur viennent de très-bonne heure, et que leur visage se transforme entièrement. En effet, à vingt huit ou trente ans, elles semblent déjà être sur le bord de la tombe.

Les Arabes chrétiens et musulmans s'occupent peu ou même ne s'occupent pas du tout de l'éducation de leurs fils. Les premiers les envoient dans les écoles de leurs communautés religieuses respectives, où ils apprennent les devoirs de leur religion, qu'ils pratiquent si mal par la suite ; les seconds ont des écoles publiques, où l'on apprend le Koran. Quand ils sont capables de travailler, leurs études cessent et ils s'adonnent à une industrie quelconque qui puisse suffire à leur entretien. Mais il y aurait trop à dire sur ce point.

J'espère que le lecteur sera convaincu, par tout ce je viens de raconter sur le mariage chez les Hébreux et chez les Arabes, qu'il y a entre eux une grande analogie contrariée seulement par la différence de religion.

III

TRADUCTION DE QUELQUES STROPHES D'ÉPITHALAMES ET CHANTS DE NAISSANCE, CHANTÉS PAR LES FEMMES ARABES EN PALESTINE

« Béni soit le nom de Dieu ! Toutes ses œuvres sont parfaites ! Oui, oui, oui, lui seul est véritablement puissant, et le bonheur consiste à faire sa volonté. La, la, la, la. »

Toutes les femmes qui ne chantent pas répètent ces refrains à la fin de chaque strophe.

« Cours, cours, ô jeune épouse, où le destin t'appelle ; va dans les prairies, pour y butiner des fleurs et t'en parer. Tu as raison de t'en réjouir, car tu as un père et une mère qui ont toujours observé les commandements de Dieu.

» Réjouis-toi, jeune épouse ? Le village entier sourit à tes noces ; tu as été un agneau timide et obéissant, et tu couleras, en récompense, des jours couleur de rose. Sors et fais voir la beauté unie à la force et au courage. L'argent des noces est déjà prêt.

» Va donc où t'appelle ta destinée, ô belle épouse ! couche-toi voluptueusement sur les moelleux tapis, et si ton époux te dit quelque chose, que lui répondras-tu ? Tu lui répondras que tu es à lui, que tu l'aimes et qu'il fait tes suprêmes délices.

» Joyeux convives ! mangez avec vos mains et admirez la beauté. Oui, oui, demain nous reprendrons nos fêtes et nos chants de joie ; mais allons maintenant visiter nos enfants, qui ne peuvent s'endormir sans nous.

» Que Dieu vous garde pendant votre vie, ô époux bienheureux ! Lui seul peut vous rendre heureux, si vous le craignez; car lui seul fait verdir les campagnes et peut sécher les pleurs et calmer les douleurs.

» Vois l'épouse quittant le lit nuptial, pour venir nous honorer de sa présence. O épouse bienheureuse, ouvre ta bourse et achète, car toute chose prend de la valeur quand elle est payée de tes mains.

» Que de fois l'épouse s'est assise sur des coussins brodés d'or pour obtenir ce que son cœur désirait ! O vous, qui êtes ses amies, allez dire à ses ennemies qu'elle vit heureuse et contente des caresses de son époux, et elles en mourront d'envie.

» Oh ! vois la rosée tomber goutte à goutte et baigner le calice des fleurs ! Que Dieu bénisse les mains des cultivateurs, les moissons de leurs champs et tous leurs troupeaux, afin que leur sueurs et leurs fatigues soient récompensées.

» La nouvelle épouse est mère ! Elle a quitté le lit où elle a dormi ! Elle a mis au monde un fils, le plus beau des enfants; il apprendra à jouer avec l'épée !

» Oui, mon frère bien-aimé, tu ressembles à un minaret d'or éclairé par une seule lampe qui répand au loin sa lumière. Si aimer les hommes est un bien, t'aimer, ô mon époux chéri, est un devoir.

» Cher père, nous ne t'avions pas perdu, nous t'avions, au contraire, attaché à notre cou comme un collier de perles ou de pierres précieuses. Nous t'avions donné la première place dans nos réjouissances.

» Pour l'amour de Dieu, ouvrez la porte de la maison; faites entrer le messager de bonnes nouvelles et d'heureux augures, pour qu'il nous rende joyeux. Le Seigneur tout-puissant a rempli mes vœux. Entendez-vous le ramage des oiseaux dans les bosquets? Voyez l'époux, frais comme une rose, voyez l'époux beau comme un bouquet de violettes parfumées et attrayantes.

» Quel est celui qui ne vient pas se réjouir avec nous? Puisse-t-il lui venir une tumeur à la bouche, et que je possède seule le remède pour le guérir, quand je jouirai des plaisirs du mariage.

» Écoute ce que j'ai chanté joyeusement pour toi, ô mon ennemie: Seigneur, sauve mon ennemie, et qu'elle puisse m'aimer; mais si elle reste mon ennemie, qu'il lui pousse un arbre sur la tête, et que personne ne puisse le couper.

» O toi, qui as accouru vers moi, sois la bienvenue. Tu m'as comblé de joie en mettant les pieds dans ma maison. Allons, jeunes garçons et jeunes filles, sortez votre vaisselle d'argent et de porcelaine, pour faire honneur à notre amie.

» Oh! qu'elle soit la bienvenue! célébrons l'arrivée de celle dont les yeux brillent de beauté, dont la taille est svelte et haute comme un jeune palmier, celle qui peut fermer les fenêtres sans se servir de l'escabeau.

» L'oranger, le cèdre et le limonier ont étendu leurs rameaux, et ils ont donné leurs fleurs parfumées en plusieurs saisons; ainsi est comblée de bénédictions et de bonheur la mère de l'époux. Puisse le Seigneur la rendre heureuse!

» O toi, qui es chargé de fruits et qui prodigues les

parfums à tous les passants, tous les autres, à côté de toi, ne sont que de timides agneaux, tandis que l'on peut te comparer à celui qui terrasse un taureau.

» Qu'il est beau le soleil, dont les rayons éclairent notre maison! Qu'un collier de perles est beau! Dieu te protège, ô mon ami, car tu ressembles à un de ceux qui vont en avant du sultan. »

AUTRE CHANT

« Que Dieu nous garde en ce joyeux festin. Il est le puissant des puissants; s'il lui plaît, il peut nous brûler tous avec les feux mêmes qui nous réjouissent maintenant.

» Ta beauté est parfaite, ô épouse; tu es devenue vermeille comme une rose à demi entr'ouverte, quand tu as vu ton fiancé.

» Tu es belle comme une reine couronnée de saphirs. Puisse vivre de longues années celle qui t'a donné le jour et qui t'a élevée!

» O gâteau d'amour, qui, porté au four, ne change pas de couleur! Venez tous en manger et que les danseurs reprennent des forces.

» O toi dont la taille est svelte comme un palmier et se plie à cause de sa hauteur, prosterne-toi devant Dieu, qui te comble de bonheur.

» O toi qui es verdoyant comme le Carmel, remercie Dieu des dons dont il t'a comblé : il les donne et les ôte quand il veut.

» O belle consolatrice et dispensatrice des plaisirs!

Fasse le Seigneur que nous allions de nouveau chanter et danser quand tu donneras le jour à un beau garçon !

» Vis heureuse avec ton époux, et donne le jour à des garçons ; ils sont le soutien et l'honneur du village et nous serions malheureux sans eux. »

AUTRE CHANT

« Que je suis heureuse ! Ma mère enfante des fils et elle est comme un temple soutenu par des colonnes. O ma mère ! tout le monde voudrait avoir tes nombreux garçons ! Tu es comme une lame d'acier pour les yeux de tes envieux.

» O vase de basilic ! O grenade savoureuse ! O jeune épouse, qui fais déjà les délices de sa maison, prie Dieu qu'il te donne des garçons et qu'il te délivre de la stérilité, qui ne traîne après elle que des malheurs.

» O toi qui es couronné comme un bouquet d'œillets aux multiples boutons, tu es si généreux dans tes achats qu'une pièce d'or est pour toi du fer, et que tu immoles un mouton pour tes amis comme si c'était un petit oiseau.

» Ne te laisse pas dominer par la tristesse et repousse loin de toi les noirs soucis et les chagrins. Si tu veux des fils, Dieu t'en donnera pour ton bonheur, et tu seras estimé et honoré dans tout le pays. A la course, tu es aussi léger qu'une gazelle.

» Ta maison s'est enrichie d'un beau diamant ;

aussi nous sommes tous dans la joie et nous avons banni la tristesse de chez nous. Que Dieu te comble de ses biens, comme un olivier couvert de fruits dans une bonne année.

» O notre père et notre chef! tu es le gouverneur de la famille. Puisses-tu vivre jusqu'à ce que tous tes fils soient mariés, depuis le plus grand jusqu'au plus petit.

» Vois flotter au vent notre rouge étendard! les chevaux hennissent tandis que les hommes se rassemblent. Ils se montrent comme les premières lueurs de la belle aurore un peu avant le lever du soleil.

» O nos chefs! vous êtes bons comme une nourriture sucrée; vous protégez nos familles, vous nous défendez et vous soutenez nos droits. Que Dieu répande le bonheur dans votre famille et bénisse votre jument.

» Soyez les bienvenus chez nous; que votre épée soit bénie de Dieu et qu'elle répande le sang de nos ennemis; vous protégez nos enfants mâles et les mariées, pour que nous ayons une race valeureuse dans le village.

» O héros aux joues merveilles, sache que ton amour a blessé mon cœur comme la piqûre qu'un scorpion fait à un enfant. Si tu t'éloignes de moi et que tu restes seulement absent huit jours, le neuvième je suivrai tes traces jusqu'au désert pour te retrouver. »

IV

DESCRIPTION D'UN MARIAGE LATIN A JÉRUSALEM; LE MARIAGE CHEZ LES LATINS DE JÉRUSALEM

Quand un latin veut inviter un personnage distingué à un mariage, il va porter à ce personnage une chandelle de cire blanche, dont il lui fait cadeau, pour que celui-ci s'en serve lorsqu'il accompagnera l'epoux à l'église. Cette cire représente véritablement les flambeaux de l'hyménée, si célèbres dans l'antiquité. Les visites, les réjouissances, les chants et enfin tous les préparatifs commencent quelquefois, dans une maison où l'on célèbre des noces, deux jours avant celles-ci, et le plus souvent le matin même du jour où elles se font. Le tintamarre de la musique, des cris et des hurlements atteint son plus haut point à la chute du jour. Les voix des femmes forment un monotone concert : le bruit aigu des glou, glou, glou, qu'elles poussent de temps en temps de toute la force de leurs poumons, donne sur les nerfs et produit une sensation désagréable aux oreilles de celui qui n'y est pas habitué. Le sujet des chants peut être un de ceux que nous venons de voir ou un autre quelconque, toujours en l'honneur de l'époux et de l'épouse; on n'en comprend pas les paroles, parce que le chant les exprime mal ou qu'elles sont étouffées par les instruments. Le principal de ces instruments est le *dumdum*, composé de deux petits tambourins collés et formés de caisses de cuivre garnies chacune d'une peau tendue, rendant une note différente. On frappe cet instrument avec de petites baguettes minces et courtes en marquant un rythme peu varié, qui monte ou descend selon les circonstances. Il y a aussi le violon, dont ils tirent les sons les plus divers ; le *canun*, espèce d'épinette à vibrations métalliques, que le musicien tient horizontalement sur ses genoux. Celui-ci, ayant des bouts de doigts en fer, peut, sans crainte d'user ses ongles, tirer de l'instrument des sons qui ne sont pas d'un moindre effet que ceux du violon. Il y a enfin le tambour de basque dont la monotonie s'accorde bien avec les sons faux des autres instruments. Ce concert mélodieux semble n'avoir qu'un but : couvrir le tic-tac du dumdum; mais celui-ci se fait toujours entendre, car il surpasse tous les autres. Il y a des Européens qui trouvent cette musique de leur goût ; je me bornerai à déclarer, sans les contredire, que je n'ai pu m'y accoutumer en huit ans, et que je me suis toujours dispensé de l'entendre quand je l'ai pu. Lorsqu'un invité entre dans la maison, on le conduit au salon où les hommes sont seuls, ou dans celui des femmes, selon son sexe, et on lui offre aussitôt le café et un chibouk, avec d'autres rafraîchissements. Quand l'assemblée est assez nombreuse, les compagnons de l'époux viennent le chercher pour l'accompagner à l'église. Ils lui mettent une pipe entre les mains et ensuite commence la marche de tous les invités, qui ont allumé chacun leur chandelle. On fait les mêmes réjouissances chez l'épouse que chez l'époux, et quand tout ce monde va partir on revêt entièrement la fiancée d'un voile de tulle rouge brodé d'or, qui lui donne l'air d'un *fagot* et l'empêche de voir et d'être vue; cela fait, ses compagnes, qui sont toujours les proches parents ou des amis, la reçoivent et la conduisent en la soutenant par les deux coudes, pendant que les assistants la suivent, toujours avec leur bougie allumée. Les femmes, enveloppées dans leurs grands manteaux blancs défilent avec les cierges ; on dirait une procession de sorcières ou de spectres sortis des tombeaux. Dans le trajet de chacun des deux époux jusqu'à l'église, les cortéges s'arrêtent devant toutes les maisons des amis, et à chaque porte on répand à leurs pieds une tasse de café et on les asperge d'eau de rose, ainsi que les invités. Les compliments et les souhaits de bonheur ne finissent pas. Les cortéges s'arrangent de manière à arriver tous les deux en même temps à l'église, où le curé leur donne la bénédiction nuptiale et fait ensuite un discours approprié à la circonstance. En sortant de l'église, les deux processions se dirigent vers la maison du mari, toujours séparément, mais à la suite l'une de l'autre. L'époux marche en silence et les yeux baissés ; l'épouse sans dire mot et toujours cachée sous son voile. L'étiquette exige, à Jérusalem, que l'heureux couple ait l'aspect le plus triste possible, afin de faire voir qu'il pense à l'avenir, et que leur nouvelle position arrache les époux à la cohue des jeunes étourdis. Arrivées à la maison du marié, la femme et toutes les matrones entrent dans la salle réservée au beau sexe, et l'homme reste dans l'appartement des hommes. Des deux côtés, on renouvelle les chants, les cris, les danses et mille autres folies, ainsi que les distributions de confitures, de pistaches et de toute sorte de pâtisseries arabes. Les jeunes gens offrent des petits verres de raki (eau de vie d'anis), qui se succèdent sans interruption. Quand on a l'usage du monde, avant chaque libation on adresse à l'époux et à ses parents des compliments, auxquels époux et parents répondent par d'autres vœux de bonheur, et comme cela se répète pendant toute la nuit, on consomme ainsi une grande quantité de raki. Trois jours après les noces, les conviés vont rendre visite aux époux et leur font des cadeaux en argent, afin de les aider à supporter leurs dépenses, comme nous l'avons vu plus haut pour la campagne. Je dirai que les marches processionnelles ne se font pas sans motif; elles servent à rendre l'union publique et évidente, et il en résulte un acte de notoriété que peuvent affirmer plusieurs témoins. Les musulmans, les juifs et les chrétiens de toutes les sectes ne voudraient pas manquer à cet usage; mais les latins sont, sous ce rapport, les plus raisonnables, car ils font la chose en silence, tandis que les grecs et les arméniens vont à l'église en chantant, et les juifs et les musulmans, ont, outre les chants, le vacarme des instruments bruyants.

CHAPITRE VII

Les chefs des tribus nomades et des villages, et leurs secrétaires. — De quelques coutumes relatives à l'administration de la justice, aux lieux de refuge, à l'application des peines et principalement au prix du sang, chez les Hébreux et chez Arabes actuels de la Palestine.

I

LES CHEFS DES TRIBUS ET DES VILLAGES ET LEURS SECRÉTAIRES

Les Arabes, comme on sait, sont partagés en deux classes, les cultivateurs et les pasteurs ; et le genre de vie de ces deux catégories met entre elles une différence si profonde, qu'elles peuvent presque se considérer comme étrangères l'une à l'autre.

Les cultivateurs, attachés à leurs terres, sont plus ou moins assujettis au gouvernement de la Sublime Porte, mais n'en appartiennent pas moins à la catégorie de toutes les autres populations mahométanes, à la réserve de quelques lois et usages traditionnels, que respecte celui qui les gouverne, parce qu'il ne pourrait les abolir sans s'exposer à des guerres perpétuelles, dont le résultat ne ferait, au bout du compte, qu'attirer sur lui la haine acharnée des populations, sans déraciner ce qu'elles conservent de l'ancien régime juridique des Hébreux. Les pasteurs sont les Bédouins, dont le nom vient du mot *Bedauî* qui signifie *homme du désert*. Ces Bédouins, quoique divisés en tribus indépendantes les unes des autres et souvent ennemies, peuvent aussi se considérer comme une seule nation, dont la conformité de langage est une preuve de plus à l'appui de leur fraternité. Sur l'immense étendue de pays sablonneux qu'ils habitent, ils changent de campement toutes les fois qu'il leur en vient le caprice et au moindre indice de danger. Ils défient de cette manière toutes les persécutions de leurs ennemis, car il est bien évident que, quelque puissants et habiles que soient ces ennemis, ils ne pourront jamais lutter contre la nature du climat et du sol et contre la rareté de l'eau.

En tous temps, les nomades, soumis à leurs chefs de famille *(cheikh)*, ont dressé leurs tentes des rives de l'Euphrate à celles du Nil, et des plages de la Méditerranée à l'extrémité du golfe Persique.

Personne n'a jamais pu les assujettir. Les Grecs, les Perses et les Romains ont parcouru leurs arides déserts sans pouvoir les en chasser. Fiers de leur indépendance, les Bédouins ont toujours méprisé les nations esclaves qui les entouraient, et ils ont conservé presque sans aucun changement les coutumes des anciens patriarches Hébreux. Aussi les aurons-nous tout particulièrement en vue dans la suite de ce chapitre, sans oublier néanmoins de raconter encore tout ce que nous savons sur les Arabes agriculteurs de la Palestine.

Cette classification donnée, il ne me reste plus qu'à entrer en matière.

Il y a, en Palestine, un gouverneur envoyé par la Porte, dont les attributions sont d'administrer le pays. En conséquence, tous ses ordres et actes juridiques tirent leur origine des dispositions, décrets et codes de Constantinople.

Il y a aussi, néanmoins, dans son département, des lois et des coutumes anciennes, que j'appellerai naturelles, dans lesquelles il ne peut s'immiscer directement, ce droit appartenant aux chefs de village ou de tribu. Il est obligé, non-seulement de les respecter, mais même de les adopter le plus souvent, rendant ainsi un tribut d'honneur au code mosaïque, qui est pour beaucoup en vigueur et sur lequel il doit se régler. S'il agissait différemment, il ferait mépriser sans profit son autorité, qu'il doit soutenir par son influence morale, à défaut de tout autre appui; car les forces militaires qu'il a à sa disposition ne sont rien en comparaison de celles que pourraient lui opposer les cheikhs de la Palestine. C'est pour cela qu'il reconnaît les chefs des villages et des tribus, qui le respectent plus ou moins selon les circonstances.

Que sont ces chefs? Nous le verrons d'abord chez les Hébreux et ensuite chez les Arabes. Les chefs des tribus et des familles étaient des hommes distingués par leur capacité et nommés à l'élection. On en trouve déjà à la tête des douze tribus dans le désert (1), et nous en voyons deux cent cinquante dans l'in-

(1) Nomb., II, 3 et suivants.

surrection de Coré, Dathan et Abiron (1). La Bible ne dit pas clairement si les chefs étaient électifs ; mais cela paraît assez probable, puisque Moïse, sur la fin de sa vie, nomma, pour présider au partage des terres de Chanaan, des chefs qui ne descendaient pas des fils de ceux du désert (2). On trouve aussi des exemples contraires à l'hérédité dans les tables généalogiques que donnent les Chroniques (3). On peut donc considérer comme certain que les chefs de tribu étaient choisis par élection, ainsi que les chefs appelés *chefs de famille*, qui recevaient leurs ordres des premiers (4). Tous ces chefs étaient les défenseurs des intérêts généraux de leur communauté. Ils se réunissaient sur la place publique ou aux portes de la ville, et, dans quelques circonstances graves, le peuple pouvait assister à leurs assemblées.

Parmi les attributions qui leur sont reconnues par la loi, la présidence du cens leur est tout particulièrement réservée (5). On les convoquait sans doute en Palestine par courriers, et, au désert, on les appelait au son de deux trompettes pour réunir toute l'assemblée, et d'une seule pour réunir seulement les chefs de tribu (6).

Voilà tout ce que la Bible fournit de renseignements sur les chefs, qui, s'ils commandaient seuls dans leur

(1) Nomb. XVI, 2.
(2) Ibid., XXXIV, 17, 28.
(3) I Chron., II, 9, 10; VII, 1, 3.
(4) Nomb., III, 24, 30, 35; XVI, 2; XXV, 14.
(5) Nomb., I, 2, 3, 4; VII, 2; Josué, XXII, 14, 30.
(6) Nomb., X, 3, 4.

tribu, n'en avaient pas moins sous eux des officiers subalternes, que nous allons faire connaître.

D'après de nombreux passages, ces officiers sembleraient avoir une certaine analogie avec nos secrétaires greffiers ou commis. En effet, ceux des tribus (1) tenaient les registres généalogiques (2). C'étaient eux qui opéraient les levées de troupe et qui, avant de commencer la campagne, faisaient les proclamations prescrites par la loi, à l'effet d'éloigner ceux qui étaient exempts du service (3). Ils communiquaient à l'armée les ordres du général en chef (4), qui leur étaient transmis par un officier supérieur (5); enfin, ils faisaient partie des assemblées générales des représentants du pays. Leur nomination était élective (6), mais on n'employait que des personnes d'une haute probité et d'une solide instruction. Néanmoins, comme l'art d'écrire n'était pas très-répandu chez les Hébreux, on confiait souvent ces emplois aux Lévites, qui réunissaient les qualités requises (7).

Voyons maintenant jusqu'à quel point et en quoi les Arabes imitent les Hébreux.

Toute l'organisation politique des Bédouins consiste à se réunir par familles, et ensuite par tribus. Chacune de celles-ci a un cheikh, qui est choisi parmi ceux qui sont les plus considérés pour leur sagesse,

(1) Deut., I, 15.
(2) I Chron., XXVII, 1.
(3) Deut., XX, 5, 9.
(4) Josué, I, 10; III, 2.
(5) II Chron., XXVI, 11.
(6) Deut., XVI, 18.
(7) II Chron., XIX, 11; XXXIV, 13.

leur valeur et leurs richesses. La tribu a autant de chefs que de familles, et on choisit parmi ces chefs le plus distingué pour général. Plus il a de parents, d'amis et de serviteurs, plus il est fort et puissant. Il arrive quelquefois que les chefs renommés imposent leur nom à leur tribu, qui le conserve invariablement jusqu'à ce qu'un autre, par ses vertus et par sa justice, fasse oublier son prédécesseur. C'est sous la protection de quelque nom moins respecté que redouté, que se rassemblent toutes les familles qui n'ont point en elles-mêmes assez de force pour se maintenir indépendantes. C'est ainsi que se forme peu à peu la tribu ou *Kablie*, agglomération lente et successive d'individus et de familles, et qui se trouve plus ou moins forte et puissante selon le génie et la bravoure de ses chefs. Le nom générique des diverses petites tribus, par rapport à la grande, est celui de *beni* (enfants) ; ainsi on dit les *Beni Rechab*, enfants de Rechab, pour exprimer que l'on dépend de la tribu dont le chef est ou a été Rechab. Le gouvernement de ces tribus est un régime patriarchal, où l'aristocratie a toujours joué le principal rôle, parce que les familles des chefs jouissent d'un privilége héréditaire qui leur procure une grande influence. Mais la démocratie y existe aussi, car la tribu tout entière est quelquefois appelée à juger d'affaires importantes qui ne se décident qu'à la majorité des suffrages. Bien souvent, l'autorité du chef est absolue. Lorsqu'il est doué d'une bravoure personnelle et d'un caractère ferme et impérieux, il peut élever sa puissance assez haut pour en abuser, mais il est rare qu'il ne paie pas tôt ou tard de la vie une violence injuste. C'est lui qui ordonne de lever les tentes aux familles qui sont dans sa dépendance et qui décide de la paix et de la guerre; mais il n'abuse pas de ce droit, car il a soin de consulter toujours les vieillards, les personnages distingués et bien souvent une assemblée générale ; c'est ui enfin qui juge les coupables et inflige les peines. Il n'a pas de liste civile, ou, si le mot paraît trop ambitieux, de traitement fixe ; il ne jouit que du revenu de ses troupeaux, d'une part dans les pillages qu'il dirige et d'un droit de péage imposé aux caravanes ou aux voyageurs qui traversent le territoire où il commande. Il a, en revanche, d'énormes dépenses à faire, car il est obligé de recevoir les visites des alliés et de tous ceux qui ont des rapports d'intérêt avec la tribu.

Il doit offrir à ses hôtes la pipe, le café, le lait, le pain, le riz et quelquefois encore du mouton rôti. S'il ne traite pas largement ses convives, quelque brave qu'il soit, il ne se fera jamais respecter et il devra s'attendre à chaque instant à être déposé.

Comme l'Arabe est pauvre, il est presque toujours affamé, et il met, en conséquence, la générosité de celui qui le nourrit au-dessus de toutes les autres qualités; mais il donne sa vie en échange, quand on la lui demande. Un cheikh aimé passe ses jours au milieu de sa tribu sans avoir à craindre d'attentat contre sa vie. Généralement, il a plus à compter sur l'amour qu'il inspire que sur la terreur dont il s'entoure. S'il veut opprimer ses sujets, ceux-ci l'abandonnent pour passer dans une autre tribu, tandis que ses parents le déposent et prennent sa place, sans qu'il ait la ressource d'être soutenu par aucune force étrangère. Ainsi, quoiqu'il soit investi d'une autorité presque absolue, il n'en abuse pas de crainte d'être honteusement chassé. Les chefs des Bédouins sont électifs, comme l'étaient ceux des Hébreux; mais ceux-là jouissent d'une plus grande autorité que n'avaient ceux-ci, parce qu'ils vivent indépendants et méprisent toute sorte de pouvoir étranger, tandis que les Hébreux reconnaissaient une loi qui les tenait soumis à l'administration centrale. Passons maintenant aux chefs des cultivateurs ou des villages.

L'élection et la déposition de ces chefs se font par les habitants eux-mêmes; mais il y a eu quelques exceptions à cette règle pendant le gouvernement ferme et énergique de Surraya Pacha, car il a été assez hardi et heureux pour en déposer quelques-uns et les envoyer aux galères, et pour pouvoir les remplacer par d'autres de son choix.

Que cela puisse néanmoins se renouveler en Palestine, c'est ce dont je doute beaucoup. Dans leurs ressorts respectifs, les chefs de village exercent les pouvoirs administratif et exécutif. Ce sont de petits seigneurs qui font tout ce qui leur plaît chez eux quand ils ont su s'assurer, bien entendu avec de l'argent, la protection directe de Constantinople et celle du Pacha de Jérusalem.

Les plus forts de ces chefs oppriment alors les plus faibles, et il en résulte nécessairement des combats, la dévastation des campagnes, des meurtres et des enlèvements de troupeaux ; et ils commettent les injustices les plus criantes sans que leurs victimes puissent faire entendre leurs plaintes à ceux qui devraient les venger, l'or répandu par leurs tyrans ayant rendu muets et aveugles les employés supérieurs du gouvernement légitime.

Il y en a, parmi ces chefs, qui se sont fait une grande réputation et autour desquels se réunissent beaucoup d'autres chefs moins considérables ; de sorte qu'à l'occasion ils peuvent disposer d'une force capable de résister au gouvernement même, tous les divers partis qui existent dans le pays ne pensant plus, en cas de guerre, qu'à se réunir pour résister à qui voudrait les assujettir. C'est ce qui arriva lorsqu'Ibrahim Pacha entra en Syrie : il ne put les vaincre qu'après avoir fait des pertes très-considérables, et à peine se fut-il retiré, qu'ils reprirent leurs anciennes habitudes. Les chefs des agriculteurs tiennent donc encore des anciens l'élection, leur influence dans le pays, le droit de percevoir les impôts et d'opérer les rentrées, pour en rendre compte au gouvernement de Jérusalem. C'est surtout dans la levée des impositions que quelques chefs puissants commettent des actes de la plus révoltante vénalité ; autrefois même ils se soulevaient contre la Porte, certains qu'ils étaient de pouvoir acheter leur pardon s'ils étaient vainqueurs, et qu'ils pourraient s'enfuir vers leurs amis nomades dans le désert, s'ils étaient vaincus, pour s'y préparer à recommencer la lutte. Tels étaient les chefs avant l'arrivée de Surraya Pacha, et tels sont-ils peut-être encore au moment où j'écris.

Il y a auprès des chefs nomades et agriculteurs des

personnes qui exercent une grande influence dans les tribus et dans les villages par la supériorité de leur instruction, laquelle ne consiste cependant qu'à savoir lire, écrire, et à connaître quelques passages du Koran, surtout la prière. Ce sont les écrivains, les secrétaires et les imans qui tiennent compte, comme dans l'antiquité, non-seulement des hommes, mais aussi des chevaux ; qui sont au courant de toutes les traditions, font les proclamations de guerre ou de paix, publient les ordres qui leur sont transmis par les chefs, font partie et des assemblées générales et des conseils privés, chantent les prières de l'Islam, et qui sont enfin les plaideurs chicaniers les plus retors et les plus rusés, les fourbes les plus consommés, et les plus franches *canailles* qui se puissent trouver. La seule différence qui existe entre eux et les anciens, c'est que ceux-ci étaient des hommes probes, incorruptibles et aptes à remplir honorablement le poste qui leur était confié, tandis que ceux d'aujourd'hui trahissent rarement leurs chefs, il est vrai, mais vendent assez généralement leur influence au plus offrant.

Pour terminer cet article, je dirai que les chefs des villages de Palestine sont une reproduction fidèle des anciens rois de Sodome, de Gomorrhe, d'Abna, de Séboïm et de Ségor (1), vaincus par Kédor-Lahomer et les rois qui étaient avec lui (2) et qui furent ensuite défaits eux-mêmes par Abraham et ses trois cent dix-huit serviteurs (3). Ils me rappellent aussi tous les rois

(1) Gen., XIV, 2.
(2) Gen., XIV, 15.
(3) Ibid., XIV, 14, 15.

vaincus par Josué (1), surtout ceux d'Hébron, de Jarmuth, de Lakis et d'Héglon (2) qui n'étaient qu'autant de cheikhs constitués comme ceux du jour et qui se réunirent pour défendre leurs intérêts, comme l'ont fait les habitants actuels lors de l'invasion d'Ibrahim-Pacha. La différence entre le titre de roi et celui de cheikh est une chose insignifiante ; car la situation et le peu d'éloignement des pays, qui existent encore ou dont on retrouve la position exacte, me prouvent que ces rois n'étaient que de simples chefs.

II

TRIBUNAUX. — ADMINISTRATION DE LA JUSTICE

Chez les anciens Hébreux, les tribunaux tenaient leurs séances sur les places publiques et aux portes des villes, où il y avait toujours un grand concours de peuple (3) ; et nous ne voyons que bien plus tard le *sanhédrin* se réunir dans un lieu disposé exprès pour le recevoir. Les audiences devaient avoir lieu généralement le matin, parce qu'il y avait un plus grand nombre de spectateurs (4). La publicité des débats et la défense rigoureuse qui était faite aux juges, non salariés, d'accepter aucun cadeau des parties intéressées (5), offraient de grandes garanties pour l'impar-

(1) Josué, XII, 8, 24.
(2) Ibid., X, 3.
(3) Gen., XXXIV, 28 ; Deut., XXXI, 19 ; XXXII, 15 ; II Rois, XV, 2.
(4) Jérém., XXI, 12 ; Psaum., CI, 8.
(5) Deut., XVI, 19 ; XXVII, 25.

tialité de l'administration de la justice. L'instruction du procès était sommaire et verbale; mais elle devait être précédée d'une enquête minutieuse (1). On admettait, dans les affaires criminelles, la déposition verbale de témoins non suspects au nombre de deux (2) au moins, qui devaient déclarer, sous la foi du serment (3), qu'ils avaient vu commettre le crime; dans les affaires civiles, on recevait la déposition d'un seul témoin ou encore le serment (4).

Le coupable ne pouvait être condamné sur sa seule déposition, sans qu'il y eût d'autres preuves; aussi rechercha-t-on les preuves du vol dans l'affaire d'Hacan (5). Les parties défendaient leur cause elles-mêmes (6); quelquefois, cependant, un des assistants prenait la parole en faveur de l'accusé ou de la partie la plus faible, et cela était considéré comme un acte de piété (7). Voilà tout ce que nous connaissons des formes judiciaires instituées par Moïse. Voyons maintenant la pratique des Arabes d'aujourd'hui. Les lieux préférés des chefs de tribus et de villages, pour traiter les affaires, sont toujours en rase campagne, où tout le monde peut venir les entendre; et si quelque raison s'y oppose, ils se réunissent sous une grande tente ou dans quelque maison ou ancienne église à demi ruinée. Le plus souvent, c'est dans une plaine

(1) Deut., XIII, 14; XVII, 4.
(2) Nomb. XXXV, 30; Deut., XIX, 15; III Rois, XXI, 10, 13; Jean, VIII, 17.
(3) Lév, V, 1,
(4) Exode, XXII, 11; Math. XXVI, 63.
(5) Josué VII, 22.
(6) Deut., XXVI, 1; I Rois, III, 16, 22.
(7) Job., XXIX, 12, 17; XXXII, 23.

située à peu de distance des campements ou des villages dans le voisinage desquels il y a de l'eau, élément indispensable, non-seulement pour rafraîchir les gosiers désséchés des éloquents avocats et pour éteindre l'inflammation de gorge de toute une assemblée de fumeurs, mais encore pour les ablutions de ceux qui ne manquent jamais de réciter les prières de l'Islam. Tel est le tribunal où sont jugés et par devant lequel comparaissent les plaideurs, les accusateurs et les témoins; où se décident les alliances, les levées de troupes, les impôts, la guerre et la paix, ainsi que tout ce qui demande la sanction d'un chef ou de plusieurs, et enfin toutes les causes tant civiles que criminelles. Ce lieu est donc tout à la fois un tribunal général de justice, une chambre de commerce et un club politique et diplomatique. Dans la saison pluvieuse, les assemblées se tiennent dans les lieux indiqués, lorsque le temps le permet; en été elles ont lieu le matin ou le soir, lorsque le soleil commence à perdre sa force, afin de ménager la tête des juges et de ceux qui ont recours à eux. Cette disposition permet aussi à un plus grand nombre d'auditeurs d'approcher.

Les débats sont publics et tout le monde peut y prendre part; mais les juges n'ont pas gardé mémoire des loyales traditions de leurs devanciers des temps hébraïques, car les chefs et leurs secrétaires remplissent leurs fonctions sans avoir été élus, et ne donnent raison qu'à celui qui les paie le mieux, en protégeant aussi ceux qui peuvent leur être le plus utiles dans leurs affaires privées.

L'instruction des procès est aujourd'hui encore

sommaire et verbale, et la décision dépend du caprice du chef ou des conseillers qui l'entourent. Il n'y a pas de cour d'appel pour le condamné, et la seule qui pourrait en tenir lieu serait celle du gouvernement local de la Porte; mais il est impossible d'en approcher sans argent, parce que, l'autorité serait-elle honnête par elle-même, la filière des scribes par laquelle il faut passer avant d'arriver au chef, qui, surchargé d'affaires, ne juge que sur les rapports des impudents voleurs qui l'entourent., ne l'est certainement pas.

D'ailleurs, si un pauvre paysan, jugé par son cheikh, avait la hardiesse de se plaindre de son injustice, qu'en résulterait-il ? Il en résulterait qu'il se verrait bientôt inquiété et gravement mis en danger par son unique juge. Les deux parties qui plaident une affaire en sont elles-mêmes les avocats ; aussi n'est-il pas rare de les voir en venir aux mains et se rouler plusieurs fois par terre pendant le jugement ; et les juges s'amusent de leurs altercations, quand ils ne les séparent pas, en leur distribuant généreusement de grands coups de tuyau de pipe.

Comme la parole n'est pas donnée seulement aux parties intéressées, celles-ci se rendent au tribunal avec leurs parents, leurs amis et leurs partisans, qui ont chacun à exposer leurs motifs propres, d'où il arrive souvent que celui qui crie le plus haut et fait le plus d'éclat est favorisé par la sentence. Le cheikh juge de son autorité privée dans les affaires criminelles et civiles, mais son pouvoir est plutôt arbitraire qu'absolu; et quel que soit le crime, il prononce rarement la peine de mort sans prendre l'avis des anciens du district où il commande. Il ne juge jamais une affaire criminelle sans la déposition de deux ou plusieurs témoins, de la sincérité desquels il est bien assuré; mais, dans les affaires civiles et ordinaires, il se préoccupe fort peu de la nature et du caractère des témoins, qui, pour la plupart, sont corrompus par une des deux parties, et, pour un peu d'argent, déposent tout ce qu'on veut leur faire dire. Ceci est un des traits du caractère généralement fourbe et trompeur des Arabes, qui regardent le témoignage comme un moyen tout simple de gagner de l'argent; mais je dois rendre justice aux nomades, qui diffèrent beaucoup des agriculteurs, sous ce rapport encore. Si l'un d'eux manquait aux devoirs de sa charge, il pourrait se regarder comme proscrit de sa tribu et se hâter de fuir, pour ne pas être exposé au châtiment qu'il aurait mérité.

Les Arabes ont plusieurs genres de serments, mais comme, selon eux, ils ne sont pas tous de la même valeur, ils ne font aucune difficulté d'y manquer le plus souvent qu'ils le peuvent : ils jurent en se touchant la main et en invoquant Dieu; en se mettant d'abord la main sur la tête, et la portant ensuite au cœur, toujours en invoquant Dieu; en prenant Dieu à témoin de la vérité de ce qu'ils disent et en appelant sur eux-mêmes toutes les malédictions du Ciel. Ils ont beaucoup d'autres formes de serments encore, mais on ne peut ajouter foi à aucun, surtout s'il est fait à un Européen. Le seul qui ait quelque valeur chez eux, notamment parmi les Bédouins, c'est celui qu'ils font par leur barbe, en appelant la colère d'*Allah*

(Dieu) sur eux. On peut aussi considérer comme valide et digne de foi le serment qu'on obtient d'un individu, après avoir mangé du pain et du sel, et bu de l'eau avec lui. C'est grâce à ces deux formes de serment, soigneusement exigées par moi dans diverses circonstances, que j'ai le bonheur d'être un des rares voyageurs de la Palestine qui n'ont pas éprouvé d'aventures désagréables dans leurs diverses excursions, et que je n'ai pas à raconter mes combats et mes attaques de jour ou de nuit contre les brigands. Que de voyageurs, qui ont cru se battre contre des assaillants, ont perdu les douces heures du repos, leur poudre et leur plomb contre des buissons ou des troncs d'arbre préparés par leur escorte, sachant à qui elles avaient affaire.

Je demande pardon à mes lecteurs de m'être laissé entraîner, à propos du serment, à cette digression; mais j'ai cru devoir éclairer sur ce point important ceux qui voudront parcourir la Palestine dans tous les sens. Je conclus en disant que les Arabes ne sont ici encore en grande partie que les continuateurs des Hébreux, au moins dans la forme.

III

LIEUX DE REFUGE

Le législateur israélite, qui ne pouvait peut-être pas interdire certains usages, déjà adoptés par les Hébreux, relativement à la vengeance du sang, dont je parlerai bientôt et qui était considérée chez eux comme une obligation d'honneur, chercha au moins à en prévenir les abus et établit des lieux de refuge, pour que celui qui aurait commis un crime sans préméditation pût s'y mettre à l'abri des premières poursuites et des violences des parents ou des amis de l'offensé ou du mort (1), avant de subir un jugement et de prouver que le hasard seul l'avait rendu coupable. Il y avait, sous Josué, six villes de refuge (2) situées à des distances à peu près égales, et que l'on pouvait atteindre facilement. Si le coupable était jugé innocent, il demeurait libre dans l'asile hospitalier qu'il s'était choisi, jusqu'à la mort du grand-prêtre; sa faute involontaire était alors regardée comme expiée, et il pouvait retourner dans son pays natal sans avoir rien à craindre de ses persécuteurs, qui auraient été punis sévèrement, s'ils l'avaient attaqué ou blessé. Si le réfugié était trouvé coupable, les juges le livraient à celui qui avait le droit de se venger de lui et qui était toujours chargé de son exécution (3). A son défaut, les juges faisaient exécuter la sentence eux-mêmes. Il n'y a pas, chez les Arabes actuels, de villes ni d'endroits de refuge reconnus, mais la coutume n'en existe pas moins. Lorsque quelqu'un a commis un délit quelconque ou même tué, soit à dessein soit par hasard, un ennemi dans son village, ou même dans la rue, il n'a d'autre recours que la fuite, pour se soustraire à la première fureur des amis de l'offensé ou du mort, qui ne le ménageraient certainement pas. Le fugitif se rend dans

(1) Exode, XXI, 13: Nomb., XXXV, 11; Deut., XIX, 3.
(2) Josué, XX, 1, 9.
(3) Deut., XIX, 12.

un pays quelconque, et après qu'il s'est présenté au chef et qu'il lui a confessé sa faute ou son crime, le pays se déclare son protecteur jusqu'à ce qu'il soit jugé. Quand même le gouverneur du Pachalic réclamerait le coupable, il ne lui serait point livré, à moins qu'il ne prît des mesures de rigueur contre le village entier et son chef; car, s'il en était autrement, toute la population serait couverte d'ignominie, et celui qui aurait livré un réfugié s'attirerait les exécrations et les malédictions des habitants. Quelquefois, pour obtenir le coupable, le gouvernement envoie des troupes dans le canton du chef qui a donné l'hospitalité, troupes qui y sont entretenues aux frais et dépens des habitants jusqu'à ce qu'ils l'aient remis; mais cette mesure devient souvent inutile; car ils font fuir le coupable dans un autre village et supportent patiemment le châtiment qui leur a été infligé, quoique le chef et les anciens soient mis en prison. Le gouvernement, en présence de ces faits, dont la fréquence est encore assez grande, a dû reconnaître son impuissance et respecter la coutume des lieux de refuge. S'il voulait agir différemment, il serait obligé de recourir aux armes, et je crois qu'il hésiterait, car, quelque petit et misérable que soit le village hospitalier, il ne manquerait jamais de recevoir des renforts considérables, que lui fourniraient ses ennemis mêmes. Si un coupable se réfugie dans la première maison qu'il trouve au moment d'être arrêté par ceux qui le poursuivent, et que cette maison appartienne à son plus cruel ennemi, celui-ci devient immédiatement son défenseur, et, s'il y manquait, il serait banni du pays; on lui ravagerait ses champs, on lui couperait ses arbres fruitiers et il ne trouverait pas une main pour le soutenir. En donnant l'hospitalité, il peut courir des risques graves de la part des persécuteurs du réfugié, mais il ne s'en inquiète pas, sachant bien qu'il en sera largement récompensé par l'estime générale et l'intérêt que l'on prendra à lui.

Le refuge existe chez les Arabes, non-seulement dans les villages et dans les maisons, mais aussi dans les rues et dans les combats mêmes, comme je vais l'exposer.

Pour fuir les persécutions, un passant, indigène ou Européen, peut s'être réfugié dans un village en guerre avec un autre village voisin, où il y ait des ennemis du réfugié. Comme il serait très-dangereux de fuir, dans ces circonstances, tant à cause des embûches tendues dans les rues qu'à cause des incursions qui ont lieu continuellement, on se met en devoir de protéger la fuite de celui qui a imploré l'assistance du village, afin que, si les ennemis se rendaient les maîtres du pays, il ne devînt pas leur victime. On lui donne une escorte de femmes pour le faire sauver, car, si des hommes l'accompagnaient, ils pourraient être attaqués par des forces supérieures, à leur retour, et exposeraient ainsi le sort de tout le village. On le fait, dis-je, accompagner par deux femmes, et ce faible appui est suffisant pour le faire respecter, parce que l'Arabe tient à honneur de ne pas ravir à la femme celui qu'elle protége. Si le fugitif, au moment où il est mis en liberté, se trouve en danger d'être pris, il n'a qu'à nommer un chef connu, en prononçant ces paroles : *Ayez pitié de moi qui me mets sous la protection du cheikh Salam*, par exemple, et ses persécuteurs le prennent et le conduisent au chef nommé, dont ils attendent la décision. Si le chef nommé apprenait que quelqu'un eût manqué au respect dû à son nom, sa colère n'aurait plus de bornes, car il supposerait qu'on ne lui a pas amené l'accusé dans la crainte qu'il ne lui rendît justice. Lorsqu'un Arabe engagé dans une querelle se trouve vivement serré de près, il peut arrêter ses adversaires en faisant un nœud à un des cordons qui servent de franges au mouchoir, *Kefiec*, qu'il porte sur la tête, et prendre ensuite *Allah*, Dieu, à témoin. Toute la difficulté consiste à former ce signe de salut, ce qui est assez difficile lorsqu'on est attaqué par plusieurs personnes, contre lesquelles il faut se défendre ; mais si l'on arrive à le faire, la scène change aussitôt, et chacun des ennemis fait un rempart de son corps à celui qu'il voulait tuer quelques instants auparavant ; on le tire de la mêlée, on le met dans un lieu de sûreté, pour le protéger contre les persécutions, et si l'on n'en trouve pas, on l'abrite dans les tentes des femmes, où il est entièrement en sûreté, car cet asile est inviolable. On examine ensuite minutieusement l'affaire en question, et s'il est réellement coupable et qu'il n'ait pas de quoi se racheter, il est livré au premier qui le demande. Toutes ces pratiques prouvent évidemment que les Arabes ont conservé l'ancienne coutume du refuge des Hébreux.

IV

DES DIVERSES PEINES

On trouve cinq genres de châtiments dans la loi mosaïque, à savoir : la peine capitale, les punitions corporelles, l'amende, l'interdiction et les sacrifices expiatoires. Nous ne nous occuperons que des trois premières, et nous laisserons la quatrième, pour n'être pas assez certain de ce en quoi elle consistait, et la cinquième pour avoir été purement nominale. Chez les Hébreux, la punition était proportionnée au crime : « Comme l'homme a fait, ainsi lui sera-t-il » fait » dit la loi du talion (1) ; les Arabes ne s'écartent pas de ce principe ; nous allons le prouver dans le cours de ce récit. On appliquait *la peine capitale* de différentes manières : par la *lapidation*, que la Bible mentionne fréquemment sans indiquer le mode d'exécution (2), décrit ainsi par la *Mischnah* (3). Le patient était placé aux pieds d'un échafaud de la hauteur de deux hommes, et on lui jetait ensuite les pierres. Cette peine est appliquée par les chefs de la Palestine ; mais les squelettes que l'on retrouve dans les campagnes, enfouis sous des monceaux de pierres, prouvent que des malfaiteurs s'en servent aussi clandestinement pour tuer sans bruit et cacher leur crime. La mort par l'épée, qui, après la captivité, consistait

(1) Lév., XXIV, 19.
(2) Deut., XVII, 5; Josué, VII, 25; Faits, VII, 58.
(3) 4e partie; *Synhedrin*, chap. 4, parag. 4.

dans la décapitation, n'était pas déterminée par la loi, et on tuait le criminel d'une manière quelconque. On voit en effet pour le messager qui apporta la nouvelle de la mort de Saül, que David le fait tuer par un serviteur (1), comme il fit tuer plus tard les assassins d'Isboset (2). Benaïa tue Adonia et Joab par ordre de Salomon (3); et Hérode fait tuer l'apôtre saint Jacques (4). Il n'y a pas de bourreau spécialement chargé d'exécuter les sentences criminelles, chez les Arabes; l'exécuteur est celui qui a droit à la vengeance, ou même le chef ou toute personne attachée à lui. Aussi ne manque-t-il pas de bourreaux quand un cheikh a prononcé avec l'assemblée. Cette coutume rappelle tout à fait celle des Hébreux, dont les rois nommaient des officiers pour accomplir cet acte atroce de vengeance privée ou sociale. Le système employé par les Arabes est la décapitation, qui s'opère avec plus ou moins de célérité, selon la force et l'adresse du bourreau improvisé. Chez les Hébreux, le cadavre du supplicié restait suspendu jusqu'au soir à un arbre ou à un échafaud; mais il n'était pas permis de le laisser jusqu'au lendemain (5). On le brûlait quelquefois (6), ou on l'ensevelissait encore sous un monceau de pierres pour servir d'avertissement (7). Dans quelques cas particuliers, les Arabes coupent le corps du mort

(1) II Rois, I, 15.
(2) II Rois, IX, 12.
(3) III Rois, II, 25, 31, 34.
(4) Actes, XII, 1, 2.
(5) Deut., XXI, 22, 23; Josué VIII, 29: X, 26, 27.
(6) Josué, VII, 25.
(7) Josué, VII, 2, 6; II Rois, XVIII, 18.

en plusieurs morceaux, qu'ils pendent aux divers endroits où il a commis des crimes, et ceux qui réclament le prix du sang vont y tremper leurs mouchoirs, pour les montrer ensuite à leurs parents et à leurs amis comme preuve de la vengeance qu'ils ont obtenue. La strangulation, quatrième peine dont parle le Talmud, n'est pas mentionnée dans la loi de Moïse, et son introduction ne date que de la captivité. Toutes les exécutions dont il vient d'être parlé avaient lieu en dehors des endroits habités, chez les Hébreux, afin que le pays n'en fût pas souillé; les Arabes les font au lieu même où siége le tribunal.

Le châtiment corporel consistait ordinairement en coups de bâton ou de verge, que le patient recevait, couché par terre; le nombre de coups ne pouvait être de plus de quarante, et cette peine n'avait rien d'humiliant chez les Hébreux. Elle est aujourd'hui fort usitée chez les Arabes, et dès le moment qu'un chef l'a ordonnée, les spectateurs, de quelque rang qu'ils soient, prêtent main-forte aux exécuteurs. Ils contraignent le patient à se coucher à plat-ventre par terre en lui liant le corps avec des cordes et en le retenant de force dans cette position; ils lui mettent ensuite les pieds en l'air entre deux morceaux de bois qui, retenus par les deux bouts, laissent passer la plante des pieds, sur laquelle on applique les coups, bien souvent au-delà de quarante, avec un *Kurbay* formé d'une lanière de peau d'hippopotame. Cette peine est infligée si souvent et il y a tant de personnes qui y sont condamnées, qu'elle ne porte avec elle aucune infamie : s'il en était autrement, je devrais dire que la Palestine est remplie d'infâmes, car il y en a peu qui ne l'aient pas reçue, surtout parmi le peuple des villes et les cultivateurs des campagnes.

Un autre genre de punition corporelle, *le droit du talion*, remonte à la plus haute antiquité et était consacré par la loi de Moïse. Celui qui, de propos délibéré, avait mutilé son prochain dans un de ses membres, devait, selon la loi, subir la même mutilation (1) ; mais le blessé avait le droit de faire grâce à son agresseur, pourvu que celui-ci lui payât une amende ; car Moïse n'interdit la composition par argent que pour l'homicide (2). *Le droit du talion* subsiste encore dans toute sa force chez les Arabes ; et j'ai plusieurs fois été appelé moi-même pour prononcer en qualité de juge entre des ouvriers maçons, tailleurs de pierres et mineurs, qui, s'étant pris de querelle, se faisaient des blessures de nature assez grave pour produire des chômages forcés. J'ai toujours condamné, d'accord avec les chefs et selon la gravité du cas, à une amende proportionnée à la paie journalière que perdait le blessé, quand il n'avait pas été l'auteur de la querelle. L'Arabe est tellement attaché au droit du talion, qu'il le demande sans rime ni raison. En 1859, lorsque je réparais la route de Jaffa à Jérusalem, deux mineurs furent blessés par leur imprudence dans l'explosion d'une mine, et leurs parents accoururent en criant à ma tente pour me demander réparation du dommage. Je voulus leur ac-

(1) Exode, XXI, 23, 25 : Lév., XXIV, 19, 20; Deut,, XIX, 21.
(2) Nomb., XXXV, 31.

corder un secours, mais comme ils demandaient l'application de la loi de Moïse, et que, quoique je fisse, je ne pouvais les amener à modérer leurs prétentions, je leur appliquai le droit du bâton, et ils comprirent parfaitement alors qu'ils avaient tort. Une autre fois, dirigeant la construction du couvent des filles de Sion, je fus témoin d'un autre fait : un enfant vint à tomber et se fit du mal; je voulus l'envoyer à l'hôpital, mais le père s'y opposa d'abord, et il n'y consentit qu'après avoir reçu une bonne leçon. Les Arabes ont un tarif fixé pour chacun de leurs membres, et il est toujours facile de s'arranger avec de l'argent; mais si les fonds vous manquent, vous n'avez rien de mieux à faire que de prendre la fuite. On pourrait, en effet, se voir appliquer une loi archéologique en vertu de laquelle on serait condamné à recevoir la même blessure que, sans préméditation, dans une querelle où l'on a été entraîné malgré soi, on a faite à un autre.

Enfin *l'amende* servait, chez les Hébreux, à expier certains crimes involontaires commis contre les personnes, ainsi que l'attentat à la propriété ou à l'honneur d'autrui; et elle variait suivant l'importance de la faute. Cette peine existe aussi dans le code traditionnel Arabe, et elle est souvent infligée à ceux qui ont les moyens de la payer, parce que celui qui en reçoit le montant en argent ou en nature est tenu d'en donner une partie aux chefs qui l'ont ordonnée. Un individu qui chassait, à la chute du jour, dans les environs de Cana de Galilée, crut tirer sur un sanglier et tua malheureusement un âne. Il alla se dénoncer lui-même au cheikh, et le propriétaire ayant été appelé, il fut convenu, après bien des débats, que le coupable involontaire rembourserait cent piastres audit propriétaire. Au moment où le coupable remettait l'argent entre les mains du chef, il prit fantaisie à celui-ci de s'informer sur quel terrain se trouvait la bête de somme, lorsqu'elle fut tuée, et ayant appris que c'était sur une terre inculte, il se crut obligé par son devoir de garder l'argent pour lui, se considérant comme maître du lieu. A cette insigne fourberie, celui qui en était la victime commença à pousser des cris et à se désespérer, et le tyran l'aurait peut être condamné lui-même à une amende, s'il n'était parvenu à consoler l'affligé par quelques bonnes paroles et un peu d'argent. Je pourrai reproduire une foule d'autres faits semblables, qui prouvent tous que la justice n'a pas un bandeau sur les yeux en Palestine.

Je ferai remarquer ici que l'emprisonnement ne figure pas dans les lois mosaïques; le seul exemple de cette punition que nous fournissent les temps de Moïse (1) est une arrestation préalable faite dans le but de garder le criminel jusqu'au jugement. On ne fait mention des prisons que plus tard, à l'époque de Jérémie (2).

Même de nos jours, il n'y a pas de prisons dans les grands villages : elles ne sont employées que par le gouvernement local. Dans les campagnes, lorsqu'on s'est emparé d'un criminel, le chef lui fait son procès sur-le-champ, et si son jugement doit être retardé

(1) Lév. XXIV, 12.
(2) Jérém., XXXVI, 15, etc.

d'un jour pour une raison quelconque, il le tient constamment garrotté dans sa maison et le fait garder à vue par des personnes de confiance. S'il s'agit de délits civils, tels qu'un refus de payer une dette, les impôts, ou de rendre un dépôt confié, on en renouvelle immédiatement la demande, et si l'accusé n'est pas en état d'y faire droit, on exige de lui des garanties, ou, à défaut de garanties, on lui accorde un délai, à condition qu'il se hâtera d'accomplir sa promesse, à laquelle il n'a garde de manquer, de crainte des dommages qu'il encourrait, lui, et, en cas d'évasion, ses parents.

V

DE QUELQUES COUTUMES RELATIVES AUX DIVERSES LOIS ET PEINES EN USAGE DANS LES CAMPAGNES DE LA PALESTINE

Les Arabes ont souvent des querelles entre eux, mais elles font plus de bruit que de mal. On en arrive rarement à répandre le sang, parce que la mort d'un homme devient une cause de représailles perpétuelles entre les familles. La loi du *talion* est partout employé sans rémission, car celui qui ne l'appliquerait pas serait déshonoré. Elle est aussi admise chez les chrétiens, habitants du pays, et s'ils n'en font pas l'application aussi rigoureusement qu'ils le pourraient, cela ne tient pas tant à la bonté et à la commisération de la partie offensée qu'aux pas et démarches que font les prêtres pour calmer les esprits et les apaiser avec un peu d'argent; car, pour de l'argent, l'Arabe serre sans répugnance la main du meurtrier de son père ou de son fils. Il se dit, pour tranquilliser sa conscience : « *Un tel a bien tué mon père, mais il m'a payé le prix de son sang.* » L'expiation de l'assassinat est une obligation qui se perpétue d'un endroit à l'autre et de tribu en tribu, de sorte que le meurtrier n'est pas le seul à être persécuté ; tous ses parents, même les plus éloignés, le sont aussi, et la vengeance et les massacres durent *tant qu'il y a du sang dans les deux familles*. Il est bien entendu que tout cela a lieu de même, si le prix du sang, quoique promis, n'a pas été payé. Lorsque les animosités existent entre le même pays ou la même tribu, on peut les apaiser plus facilement ; mais dans quelques endroits, si le prix du sang n'est pas payé immédiatement, les inimitiés se propagent de génération en génération et causent quelquefois une guerre générale. La mort d'un coupable, qui n'a pas payé le sang par lui versé, ne délivre pas ses parents de l'obligation de le payer, et, à défaut de ses parents, son pays natal ou ses amis deviennent les débiteurs ; c'est pourquoi les persécutions des *vengeurs du sang* se succèdent jusqu'à l'extinction de la dette, qui ne finit souvent que par la mort d'un homme. Cette loi cruelle et abominable existe aussi pour les blessures et la mort d'un animal ou d'une bête ; mais les parties s'accordent bien plus facilement dans ce cas. Cette coutume est cause qu'il ne peut exister de paix durable entre les localités de la Palestine et les tribus nomades, parce que, comme il y a toujours du sang répandu dans les combats qu'on se livre de temps en temps, cela multiplie naturellement les difficultés et rend presque impossible le rétablissement de la concorde. Le talion répond, pour l'honneur, aux duels européens, usage atroce et stupide qui ne s'est jamais introduit chez les Arabes, à moins que l'on ne veuille considérer comme tel quelque combat privé entre un petit nombre de guerriers ou entre deux braves champions qui se défient en présence de leur armée respective pour épargner, par la mort de l'un d'eux, le sang précieux de leurs soldats ; mais ce combat n'a qu'un but philanthropique et humanitaire, et n'est pas un duel.

VI

DE L'HOMICIDE

Si un individu en tue un autre, il doit abandonner immédiatement son pays, accompagné de ses parents, et se mettre sous la protection d'un cheikh qui puisse le sauver. Le lendemain, de son lieu de refuge, il prie les personnes les plus influentes de se rendre auprès de la famille du mort pour obtenir une trêve. Si l'on peut en faire une, la famille du coupable prend un mouton, du riz, du beurre, du sel, ainsi que le bois nécessaire pour faire la cuisine, et s'en va avec ces provisions dans la maison du mort, où les deux familles, le maintien grave et la tristesse empreinte sur le visage, mangent le repas préparé avec d'autres personnes, parmi lesquelles les cheikhs des deux parties ou leurs représentants ne manquent jamais de se trouver, car ils doivent servir d'intermédiaires pour conclure la paix. Le repas achevé, les débats commencent sur la prolongation de la trêve, et quand les deux parties sont d'accord, la garde et l'exécution des choses arrêtées demeurent sous la responsabilité des chefs. Si, pendant la trêve, quelqu'un de la famille du mort insultait, battait ou tuait une autre personne de la famille du coupable, les chefs garants des conventions auraient le droit de demander le prix du sang, ou de tuer quatre personnes du parti de l'infracteur. Si, par hasard, les chefs n'étaient pas assez puissants pour contenir les partisans du premier mort, ils demanderaient aide et secours aux cheikhs des villages voisins, qui, bien qu'ils fussent peut-être ennemis de ceux qui ont recours à eux, seraient obligés de leur prêter toutes les forces dont ils pourraient disposer pour les aider à venger leur honneur. Si quelqu'un de la famille du mort dérobait, pendant la trêve, un objet quelconque appartenant à celle de l'homicide, pour commencer à se payer par lui-même du prix du sang, non fixé encore, la loi du pays prescrit dans ce cas que les voleurs ou leurs alliés doivent restituer le quadruple de la valeur de l'objet volé (1).

Comme il arrive fréquemment que la famille du coupable reste dans le pays même, pour ne pas abandonner ses affaires, elle se soumet alors à la loi dite de la *neuvaine du sommeil*. Par cette loi, dans l'intervalle de neuf jours, à partir du moment où a été commis le crime, elle doit se rendre chez la famille du mort et lui offrir quatre-vingt-dix piastres (environ

(1) Exode, XXII, 1; II Rois, XII, 4; Luc, XIX, 8.

18 francs), un mouton, du riz, du beurre, du sel et le bois nécessaire pour faire cuire le dîner, que l'on mange ensuite. Les parents du meurtrier doivent écouter tous les éloges que ceux du mort font de lui, éloges qui n'ont pour objet que d'élever le plus possible le prix que vaut le rachat d'une tête si chère, et ils n'ont absolument rien à répliquer, pour ne pas raviver de nouvelles douleurs. Ils doivent passer le reste de la journée du dîner et la nuit même dans la demeure du mort, pour faire voir qu'ils n'ont pris aucune part au crime et qu'ils se livrent en toute confiance, même pendant le sommeil, à ceux qui peuvent à bon droit se croire lésés. Le lendemain, en quittant la famille du mort, ils lui remettent les quatre-vingt-dix piastres, comme un engagement de payer entièrement le prix du sang, et, dès ce moment, l'homicide seul est persécuté ; mais, comme celui-ci est en sûreté dans la retraite qu'il s'est choisie, il fait faire de là, par un intermédiaire, les démarches nécessaires pour se remettre en liberté. La durée de la trêve étant fixée, le meurtrier, sans sortir du pays où il s'est réfugié, devra chercher près de ses parents, de ses amis et de ses alliés, à obtenir d'eux l'argent nécessaire pour payer le prix du sang, qui est déterminé par l'usage, tant pour les femmes que pour les hommes, et suivant l'âge, la force du mort ou la position de la famille à laquelle il appartient.

La somme réunie, le meurtrier prend cinq moutons, du riz, du beurre, du sel; du bois et des étoffes de soie de la valeur de cent piastres environ, et se dirige ensuite avec sa famille, les chefs des villages protecteurs, ses parents, ses amis et ses alliés vers le pays où habite la famille du mort. Lorsqu'il n'en est plus fort éloigné, les anciens lui ôtent son turban de la tête et le lui pendent au cou ; et c'est dans cet état que le coupable marche avec toute sa suite pour aller implorer le pardon de la famille offensée, qui le reçoit avec tranquillité en poussant quelques sanglots étouffés. Lorsque le repas est prêt, les deux familles et leurs amis le mangent sans prononcer un seul mot et avec de grandes marques de douleur et de tristesse. La famille lésée se réunit de son côté, après le dîner, dans un vaste emplacement, et invite l'homicide à s'y rendre avec toute sa suite ; celui-ci prend la bande du turban d'un des membres de la famille du mort et la suspend à un bâton, pour la présenter ensuite aux chefs qui se sont rendus garants des conditions de la trêve. Les chefs se tournent alors vers la famille affligée et lui disent : « *Nous vous prions de déclarer ce que » vous demandez pour le prix du sang de votre mort.* » A la réponse, qui est assez généralement vingt mille piastres, plus ou moins, les chefs se joignent à la famille du mort et font vingt nœuds à la bande attachée au bâton, comme symbole des milliers de piastres qui sont demandés.

Cette cérémonie accomplie, les chefs se retournent de nouveau vers la famille du mort et commencent à dire alternativement : « *Nous avons les vingt mille piastres, qui sont le prix fixé pour le sang de votre parent ; » mais, en considération de M. N..., combien voulez-vous » rabattre de la somme demandée?* » La famille répond deux mille piastres, par exemple, et le demandeur défait deux nœuds, ce qui réduit la dette à dix-huit mille piastres. Un autre chef réclame une réduction pour l'amour de tel ou tel autre, mais en nommant toujours des personnes qu'il sait être aimées, craintes ou respectées de la famille demanderesse ; et on continue de la même manière jusqu'à ce qu'il ne reste plus que six nœuds, ce qui signifie que la somme est réduite à six mille piastres ; alors on n'a plus qu'à remettre la somme à la famille, ainsi que les étoffes dont il a été parlé plus haut. L'argent est distribué par le chef de la famille vengée à toutes les personnes qui en font partie, parmi lesquelles on comprend même un enfant qui serait né la veille, tandis qu'on exclut entièrement les femmes. Cela terminé, la famille du meurtrier dit à celle de la victime : « Vous voyez que » nous vous avons payé le prix du sang, selon le nom- » bre de nœuds qui restaient à la bande du turban ; » faites-nous connaître maintenant celui qui sera le » garant et qui répondra sur son honneur de main- » tenir la paix et la concorde entre nos familles. » On présente ensuite un homme d'entre les plus considérables de chaque parti respectif, qui s'écrie : « Je » me rends responsable devant Dieu du maintien de » la paix, et je mets mon honneur entre les deux » partis. » Ces paroles dites, l'homicide lui paye cinq cents piastres et remet, en lui offrant un bakhchick, la bande sur la tête de celui qui la lui avait prêtée. Chacun retourne ensuite chez soi. Si le meurtrier ne peut payer entièrement le prix, faute d'argent ou pour toute autre raison, il devra produire un garant qui prendra l'engagement de payer dans un temps donné.

Lorsque l'époque du payement est arrivée, si la famille ne veut ou ne peut pas payer, les hostilités recommencent de nouveau et la famille du mort rentre dans le droit de tuer un homme de l'autre famille, parce qu'elle considère ce refus ou l'impossibilité de payer comme une violation des conditions stipulées dans l'assemblée publique, et les garants eux-mêmes vont grossir le nombre des ennemis.

Il peut arriver que la famille du mort refuse le prix du sang; alors on applique la loi suivante : Lorsque le médiateur de la paix se présente à la famille du mort, celle-ci lui dit : « Nous ne voulons pas d'argent » pour le sang de notre parent, mais nous voulons en » échange que toute la famille de l'assassin se vende » à nous. » Si la famille du meurtrier consent à se vendre, elle doit acheter deux ou trois moutons, du riz, du beurre et le bois nécessaire pour préparer un banquet proportionné au nombre de personnes qui y seront invitées. Tout le monde se rend à la maison du mort avec les provisions, et, après avoir mangé, les premiers parents de la victime revêtent les membres les plus proches de la famille du coupable d'habits qui, selon la fortune respective, sont de soie ou de quelque étoffe inférieure. Si le coupable n'a pas de parents, on l'habille lui-même. Dès ce moment, toute la famille qui s'est vendue prendra part à toutes les pertes que souffrira celle du mort, sans jamais participer dans ses gains. Si quelque membre de la famille du meurtrier ne veut pas se vendre, il doit prendre un mouton, du riz, du beurre, du bois, et se rendre avec ces provisions à la porte du chef principal d'un autre pays ou d'une autre tribu pour y dîner avec les provisions qu'il a apportées; le cheikh le revêt ensuite d'un habit, comme faisant partie de sa tribu, et le protége dès ce moment. Enfin, le coupable qui a sauvé sa vie en payant le prix du sang ou en se vendant, mettra pendant sept jours sur le toit de sa maison un bâton auquel sera attaché un turban, pour faire savoir qu'il a payé sa dette et qu'il s'est racheté.

Si, par malheur, un homme tue une femme, il est soumis aux usages susdits relativement à la trêve. Le prix du sang d'une femme ne peut jamais dépasser la somme de deux mille piastres (1), dont les parents de la morte prennent la plus grande partie, ne donnant que huit cents piastres au mari, qui a droit, en outre, à un habit de soie.

Si la femme morte était enceinte d'un garçon, le meurtrier devra payer le prix du fœtus comme si c'était un homme, et cette somme appartient entièrement au mari. Si la morte était grosse d'une fille, le coupable payera comme s'il avait tué deux femmes, et le père recevra le prix de la fille en entier. Dans ces deux cas, les huit cents piastres de l'épouse seront aussi remises au mari.

Si la morte est une jeune fille, la famille du meurtrier est obligée de donner une sœur de celui-ci en mariage au frère de la victime, et si celle-ci n'a pas de frère, la famillle du coupable sera tenue de payer le prix du sang d'une femme, dans les formes sus-indiquées. Voilà tout ce qu'il y a de plus important chez

(1) Lév. XXXVII, 4.

les Arabes agriculteurs et les nomades relativement à la manière de payer le prix du sang pour meurtre.

VI

DE QUELQUES LOIS SUR DIVERS AUTRES DÉLITS CHEZ LES ARABES

Lorsqu'un homme aura forcé une femme à une action déshonnête, et que celle-ci, jalouse de son honneur, aura fait tous ses efforts pour échapper à la violence de l'homme, elle sera considérée comme innocente et le coupable ne pourra trouver de salut que dans la fuite, parce que, dès que la victime aura révélé à ses parents la violence qui lui a été faite, tous ceux-ci chercheront à en tirer vengeance, non-seulement sur le malfaiteur, mais encore sur tous ceux qui lui sont attachés (1). C'est pourquoi ces derniers devront avoir recours à toutes les mesures que je viens de décrire ci-dessus à l'article homicide. Si l'adultère est pris sur le fait par les parents de la femme, il est aussitôt mis à mort ; mais, s'il peut prendre la fuite, il cherchera à faire une trêve de la manière racontée plus haut, sera soumis à toutes les lois en vigueur et devra payer la somme même à laquelle il sera condamné, qu'il ait ou non consommé l'adultère. Quand il s'agit d'un homme libre et d'une vierge, le mariage s'ensuit ; mais le coupable est obligé de payer le double du prix de la virginité (2). Si, par empêchements légi-

(1) Deut., XXII, 25, 26, 27.
(2) Exode XXII, 16, 17.

times, le corrupteur ne peut l'épouser, il doit payer comme pour la mort d'un homme. Si la femme consent à l'adultère, elle sera mise à mort par ses plus proches parents (1). L'homme sera considéré comme un cheval qui s'accouple avec une jument, mais il sera toujours sous le coup de la vengeance des parents de la coupable, et il fera bien de chercher à se racheter de son crime, s'il veut être en sûreté.

Si les parents mêmes de l'adultère refusaient de lui donner la mort, la famille entière serait déshonorée et tout le pays la rejetterait ignominieusement. Elle perdrait tous ses droits civils et n'aurait plus d'alliés pour la défendre; les filles ne trouveraient plus de maris, ni les jeunes gens d'épouses; tandis que leur honneur reste pur et sans tache, s'ils font mourir la coupable.

Lorsque la sentence doit avoir lieu, on l'exécute de cette manière : La famille exécutrice réunit un grand nombre de cheikhs et de personnages considérables, ainsi que tous ses parents, ses amis et ses alliés sur une place publique, où chacun puisse accourir. La foule étant rassemblée, un des chefs de la famille s'écrie : « Dieu n'a pas permis que ma famille vive » sans chagrin; mais il m'a mis en état de venger le » déshonneur qui a été apporté dans ma maison. » Il raconte ensuite la raison pour laquelle il a réuni l'assemblée, et il ajoute : « Mon honneur et celui » de ma famille seront purifiés aujourd'hui même » par cette épée que je tiens dans les mains. » On

(1) Deut., XXII, 22; Ezéch., XXII, 45, 48; Jean, VIII, 4, 5.

amène ensuite la coupable, et le père, le frère ou le mari fait l'office de bourreau en la couchant par terre et en lui séparant la tête du corps. L'exécuteur lui passe ensuite trois fois l'épée entre le corps et la tête en criant toujours : « Voyez comme notre honneur est » resté sans tache. » Après cela, tous les parents de la victime trempent leurs mouchoirs dans le sang et répètent les paroles de l'exécuteur, sans qu'aucun d'eux laisse percer le moindre signe d'émotion. Mais si quelque cœur généreux veut sauver la vie de la femme au moment où l'on va lui trancher la tête, le protecteur, pourvu qu'il ne soit pas un parent, s'approche de la victime et lui dit : « NN., veux-tu te » repentir de ta faiblesse? Je puis te justifier si tu le » veux. » Après la réponse, qui est toujours *oui*, la victime dit encore : « Si tu me prends sous ta protec- » tion, je te donne le droit de me couper la tête, » dans le cas où je retomberais dans la même faute. » L'homme se lève alors au milieu de l'assemblée, se déshabille entièrement et, lorsqu'il est complétement nu, il dit : « Je déclare que, depuis le moment où j'ai » commencé à marcher, je n'ai jamais vu cette femme » faire une mauvaise action; et si elle en a commis » une maintenant, c'est qu'elle y a été poussée par un » esprit malin acharné à sa perte, et je la rachète. » Tous les assistants éclatent en cris de joie et disent : « Paix et bonheur à l'homme généreux! Que Dieu te » bénisse dans ta famille, dans tes troupeaux, dans » tes champs, et qu'il prolonge tes jours pour l'action » charitable que tu viens d'accomplir. » La scène tragique se change alors en cris d'allégresse, et la femme rachetée rentre honorée au sein de sa propre famille, sans que personne ait jamais le droit de lui reprocher la faute qu'elle a commise.

Mais, s'il ne se trouve pas de protecteur semblable, tous les parents mettent en pièces le cadavre de la coupable aussitôt qu'elle est décapitée, et en rassemblent ensuite les lambeaux et les restes pour les jeter dans une fosse, sans témoigner le moindre signe de douleur, et par conséquent sans lui rendre les honneurs de la sépulture ni élever aucun monument qui en marque la place.

VII

LOIS DIVERSES

Si une personne tombe d'un mur de la maison de son voisin et en meurt, les parents du mort demeurent propriétaires du mur sans qu'il y ait d'autre peine.

Si un animal quelconque tue une personne, les parents du mort s'emparent de la bête sans prétendre à rien de plus, pourvu que le propriétaire n'eût pas connu le défaut de l'animal ; mais s'il lui était connu, il est obligé de payer un tiers du prix du sang, selon que la victime est un homme ou une femme (1).

Si, dans une querelle, un individu crève l'œil d'un autre, il doit lui payer la moitié du prix du sang d'un homme mort ; si la blessure est faite à une femme, il paiera la moitié du prix de celle-ci (2).

(1) Exode XXXI, 28, 31.
(2) Exode, XI, 24, 25, 27 ; Lév., XXIV, 19.

Mais si une personne en blesse une autre au bras, à la jambe, à la main ou au pied, et que la blessure soit grave, ou que cette autre personne en demeure mutilée, le coupable doit aussitôt prendre la fuite comme s'il avait commis un meurtre et demander une trêve; il achète ensuite les provisions déjà plusieurs fois mentionnées et se rend avec ses parents et ses amis à la maison du blessé. On fait alors venir le médecin, et, dès son arrivée, les visites et les remèdes sont à la charge de l'auteur de la blessure, qui est aussi obligé de payer les journées du blessé, à proportion de ce qu'il gagnait en travaillant, jusqu'à ce que celui-ci soit en état de reprendre son travail (1). La trêve dure aussi longtemps que la maladie, et l'affaire se termine généralement par un ou plusieurs dîners que fournit le coupable.

Si le blessé reste privé de quelque membre important, et demeure impropre aux travaux de sa profession, les chefs du pays obligent alors le coupable à donner mille piastres, que l'on porte à la maison du blessé avec deux habits de soie, deux moutons, du riz, du beurre, du sel et du bois, et après le dîner, auquel sont invités les parents et les amis des deux familles, on remet au blessé l'argent et les deux habits. Le coupable doit aussi payer tous les frais de traitement et les journées perdues par le malade pendant la trêve.

Cela fait, le blessé remet au coupable une lettre de sûreté, où il lui promet, sur son honneur et sur la

(1) Exode, XXI, 18, 19.

parole des cheikhs qui ont fait la paix, de ne le léser dans l'avenir ni de nuit ni de jour, ni dans sa personne ni dans les membres de sa famille, ni dans ses animaux ni dans ses arbres ; il déclare enfin que jamais personne ne se chargera de le venger. Si, par la suite, le blessé, après avoir accepté ces conditions, y manque soit en volant, en battant son ennemi ou en cherchant à lui nuire d'une manière quelconque, le chef garant, chargé du maintien et de la bonne exécution des conditions, fera payer au transgresseur le quadruple du dommage qu'il aura causé, et lui fera en outre réparer les préjudices et dommages résultant du mépris qu'il aurait témoigné pour les chefs qui s'étaient rendus intermédiaires de la paix conclue entre les deux parties.

VIII

LOIS SUR LE BRIGANDAGE

Lorsqu'une personne aura pris un voleur dans sa propre maison, cette personne devra le lier et le conduire au chef du pays. Si celui-ci, après avoir examiné la cause, trouve les preuves suffisantes pour condamner le malfaiteur, il l'oblige d'abord à payer une amende de 500 à 600 piastres pour s'être introduit dans la demeure d'un autre avec de mauvaises intentions, et fait ensuite rendre à la victime le quadruple de tout ce qui lui a été volé. Si, par la suite, la victime blesse ou tue le voleur, elle sera obligée, par la famille de l'offensé, à payer le prix du sang répandu, et toutes les excuses qu'elle pourrait donner pour sa justification seront nulles (1). Mais si le voleur a blessé ou tué le maître de la maison, il ne lui sera fait aucun mal jusqu'à ce que la famille du mort ait fourni des preuves suffisantes contre lui. Quiconque sera pris en flagrant délit de vol dans un champ planté d'oliviers, de vigne, de figuiers, etc., sera condamné à payer le quadruple de tout ce qu'il aura volé.

Tout cet exposé prouve donc que les anciennes lois judaïques se sont conservées dans toute leur pureté en Palestine, et qu'elles ont certainement été l'origine de celles qui sont aujourd'hui en usage.

(1) Exode, XXII, 2, 4.

CHAPITRE VIII

Anecdotes et récits divers sur différents sujets, dont quelques-uns appuyés par les textes bibliques.

I

MANIÈRE DE FAIRE PAYER UNE DETTE CHEZ LES ARABES

Il arrive souvent, chez les Arabes nomades, mais surtout chez ceux des campagnes, qu'un individu, après avoir emprunté de l'argent à un autre et promis de le lui rendre à une époque convenue, manque à sa parole par impuissance véritable ou encore, ce qui n'est pas rare, même entre amis intimes, uniquement pour ne pas payer et faire attendre le créancier. Lorsque le débiteur n'a pas les moyens de payer, il doit aller, quelques jours avant l'échéance, trouver le créancier, pour obtenir de lui un délai que celui-ci ne refuse jamais, parce qu'on lui fait cadeau d'une petite somme d'argent ou de quelques objets en nature; il accorde même le délai sans intérêt, si le débiteur est véritablement dans la gêne. Si, à la nouvelle échéance, la dette n'est pas encore payée, le créancier, accompagné de deux de ses parents, s'en va chez le débiteur, comme pour lui rendre une visite, et celui-ci est obligé de lui offrir un bon dîner, du café et du tabac. Pendant tout le repas, on ne parle que des nouvelles du pays et d'autres choses semblables ; mais, au moment de partir, le visiteur, après avoir fait de grands remercîments au maître de la maison pour la bonne réception qui lui a été faite, lui dit : « *Frère!* » *n'oublie pas de m'apporter dans deux jours le peu* » *d'argent que tu me dois.* » Si la dette n'a pas été payée dans le délai assigné, le créancier rassemble le troisième jour six personnes, avec lesquelles il va de nouveau rendre visite au débiteur, qui est obligé de satisfaire la voracité des nouveaux-venus et qui reçoit, après le dîner, la sommation précitée, avec observation : « *Qu'il y a trois jours d'écoulés depuis l'échéance et* » *qu'il devra payer l'intérêt.* » Lorsqu'une troisième visite est nécessaire, elle se compose cette fois de douze personnes, qu'il faut héberger, et qui, après s'être bien rassasiées, engagent le débiteur à payer sa dette. Si le débiteur déclare être dans l'impossibilité de payer, on convient avec lui d'une cession de bestiaux, de blé ou de toute autre chose d'une valeur égale à la somme due. Il a trois jours pour remplir ce nouvel engagement, et, s'il y manquait de nouveau, le créancier pourrait, avec le consentement du chef du village ou de la tribu, s'emparer des objets qui lui tomberaient sous la main, pour se payer, sans que le saisi eût le droit de se plaindre du créancier. En Palestine, cette loi de coutume cause souvent des rixes entre les partis, qui ruinent les campagnes, coupent les arbres et commettent mille autres dégâts absurdes.

Elle n'est, cependant, pas appliquée dans les villes, parce que c'est l'autorité de la Porte qui rend la justice ou l'injustice, suivant qu'elle y a son intérêt.

II

UN BAISER A UNE JEUNE FILLE A HÉBRON

En 1856, en visitant Hébron avec quelques Arméniens de distinction, un fait épouvantable relatif au prix du sang eut lieu le jour même de notre arrivée et jeta l'effroi dans tout le pays, ne trouvant insensibles que ceux qui s'étaient crus en droit de prendre cette terrible vengeance. Voici cet événement. Un jeune homme de 18 ans, rencontrant dans les champs une jeune fille d'une quinzaine d'années, qui était déjà fiancée, voulut l'embrasser malgré elle. Cette seule action, rapportée par la fille à ses parents et à son futur époux, les mit dans une si furieuse colère, qu'ils demandèrent la vie de l'homme en compensation de l'insulte infligée à leur sang. Mais, par malheur, les familles respectives étaient de deux partis différents et par conséquent ennemies, et tous les efforts de conciliation des cheikhs, des anciens et des autorités locales mêmes furent impuissants, quoique la famille et les parents du coupable fussent disposés à payer une somme considérable d'argent, de beaucoup supérieure à celle que l'on donnait en des cas semblables. Les vengeurs du sang ne voulaient que du sang ; la loi du pays permettait cet acte d'atrocité, et le sang fut versé. Après avoir perdu toute espérance d'accommodement, le père du jeune homme rassembla ses parents, ses amis et ses alliés dans une plaine à l'ouest de la ville et pria les vengeurs du sang de s'y rendre. Il leur demanda par grâce la vie de son fils unique ; il leur offrit tous ses biens, ce qu'il possédait et ce qu'il pourrait posséder : tout fut inutile. Le malheureux père dut tirer son épée, trancher lui-même la tête de son fils et prononcer ces paroles, sans verser une larme : *J'ai purifié ma famille de toute souillure!* Aussitôt après cette exécution il tomba évanoui et ne revint à la vie que grâce aux soins de ses amis ; mais la raison l'avait abandonné. Pauvre père! il était fou! Ce jour-là même deux partis se battaient à Hébron, et soit que le hasard s'en fût mêlé ou que ce fût fait exprès, les principaux vengeurs du sang du jeune homme mort furent tous massacrés, sans que les deux fiancés mêmes fussent épargnés. Ceci n'est-il pas une preuve que le sang demande du sang? Que d'autres exemples ne pourrais-je pas rapporter sur le même sujet! Sans y trop insister, j'aurai occasion d'en citer quelques-autres, qui, pour la férocité, ne le cèdent en rien à celui-ci.

III

LE SANG DES ENFANTS

Dans la Palestine, comme dans toute la Syrie, notamment chez le vulgaire ignorant des chrétiens qui l'habitent, on est persuadé que les Juifs, vers la fête de Pâques, cherchent à s'emparer de quelque chrétien, plus particulièrement d'un enfant, pour lui tirer le sang et le mettre dans leurs pains azymes, qui, sans cela, ne seraient pas dans les conditions prescrites par la loi. Par malheur cette stupide et barbare croyance n'est ni combattue ni discréditée par les moines et les prêtres des différentes églises orientales ; c'est pourquoi les Juifs ont quelquefois à souffrir des persécutions qui leur causent les plus grands dommages, sans qu'ils y aient donné lieu en aucune façon ; car leur conduite témoigne suffisamment qu'ils sont incapables de commettre l'action barbare qui leur est imputée si déraisonnablement. Si la majorité du clergé oriental apprenait la Bible, elle ferait certainement tomber cette fable ; mais il y en a si peu qui la connaissent, que ce ne sera pas assurément par eux que les préjugés seront jamais détruits, attendu qu'ils sont, au contraire, les premiers à les prêcher du matin au soir à leurs ouailles. Ils ignorent que Dieu avait ordonné aux Israélites de faire des aspersions avec le sang de l'agneau pascal et non avec du sang *humain*, en se servant de branches d'hysope, afin de se préserver de l'ange exterminateur (1). Ils paraissent croire, comme un acte de foi, que les médecins païens, pour guérir la lèpre, ordonnaient des bains dans le sang des enfants (2). Ils prétendent connaître aussi certains livres rabbiniques, où l'on raconte que Pharaon se baigna dans le sang des enfants pour se guérir de la lèpre, et que les magiciens de ce roi, pour une autre maladie, prescrivaient le même remède et faisaient égorger tous les jours cent cinquante enfants des Is-

(1) Exode, XII, 22.
(2) *Brev., Rom. In festo sancti Sylvestri*, lect. IV.

raélites pour le faire baigner matin et soir dans leur sang (1). La croyance au meurtre des enfants par les Juifs a pu avoir son origine dans ces derniers récits, car, sans exagérer, il n'est pas improbable que la majorité ignorante du clergé oriental et surtout les moines aient changé Pharaon en un Hébreu et les victimes en enfants de chrétiens. Cela est d'autant plus vraisemblable, que j'ai entendu des fables bien moins croyables, à Jérusalem, de la bouche même des moines Grecs et Arméniens. Ainsi, ils m'ont montré la place où Melchisédech avait planté le premier olivier, après le déluge, et où il avait fait le premier pain, et mille autres sornettes du même genre, que je ne répéterai pas, de crainte d'ennuyer et parce que j'ai des choses plus intéressantes à dire.

A Jérusalem, en 1858, un jour que je sortais de chez moi, je vis un honnête Israélite de distinction fuyant à toutes jambes et qui, aussitôt qu'il m'eut rencontré, réclama ma protection contre quelques persécuteurs arabes, dont il était poursuivi et qui prétendirent me l'enlever. Je voulus leur demander le motif de cet acharnement ; mais ils ne me répondirent que par des cris et des gestes, auxquels je ne pus rien comprendre. Je résolus alors de mettre le juif en sûreté dans ma maison, qui n'était qu'à quelques pas de là ; mais les Arabes s'y opposèrent et je ne me serais pas tiré sans quelques coups et quelques contusions de cet embarras, si mon domestique, Européen d'origine, ne fût arrivé. Grâce à lui, en un clin d'œil nous

(1) *Midrash rabba* I.

nous rendîmes maîtres du champ de bataille, non sans avoir arraché quelques poils de barbe et donné, avec nos bâtons, des preuves irrécusables que nous connaissions la manière de nous en servir. Quand mon protégé fut arrivé chez moi, il me raconta qu'il avait rencontré un petit enfant tout pleurant et que, lui ayant demandé pourquoi il pleurait, celui-ci lui avait répondu qu'il s'était égaré et ne pouvait pas retourner chez ses parents. L'Israélite l'avait alors pris par la main pour l'aider à retrouver sa maison, lorsque quelques individus étaient venus le lui retirer brusquement, en lui disant : *Tu le prends pour le tuer, et tu vas nous le payer*. Ce fut alors qu'il prit la fuite; mais il eut, dit-il, le bonheur de me rencontrer. Quand je sus de quoi il s'agissait, je retournai dans la rue, où les persécuteurs, déjà battus, mais non contents, m'attendaient en plus grand nombre pour me redemander le Juif. Je leur répondis en peu de mots, mais en leur opposant des arguments irrésistibles, que je ne le leur livrerais jamais ; puis il me vint à l'idée de leur proposer de le conduire chez le Pacha *pour le faire mettre en prison*. Ils acceptèrent cette proposition avec joie, et je pris le craintif Israélite pour le conduire, avec les Arabes, chez le Gouverneur. Arrivé auprès du Pacha, je remis Israélite et Arabes aux gardes de la police et me présentai à Surraya, qui, aussitôt qu'il sut ce qui s'était passé, ordonna, après un léger examen, la mise en liberté du Juif et l'incarcération des Arabes.

Dans une autre circonstance, deux Israélites furent accusés d'avoir tenté de s'emparer d'un pèlerin grec ;

mais, après enquête des autorités, on découvrit l'innocence des Israélites et la tentative faite par le Grec d'exécuter un vol dans leur maison.

J'ai donc pu me convaincre, en bien des circonstances, que les Juifs pensent beaucoup moins à attenter à la vie d'autrui qu'à garantir la leur propre et à se défendre en opposant la patience et la résignation à toutes les humiliations et à tous les outrages qui leur sont prodigués, tant par les musulmans que par les chrétiens.

IV

CHANTS FUNÈBRES, AFFLICTION ET DEUIL CHEZ LES ARABES

Les Arabes ont emprunté des Hébreux tous leurs actes de contrition, d'affliction et leur deuil, ainsi qu'on ne tarde pas à s'en convaincre en comparant les coutumes actuelles du pays avec ce qui est rapporté dans la Bible. Arrive-t-il un malheur dans un pays ou dans une famille, aussitôt les parents, les amis et les alliés y accourent pour consoler les affligés, en se désolant dans les premiers moments et en faisant toutes les extravagances qui leur passent par la tête. Mais les pleurs et les lamentations finissent toujours par un bon dîner.

Voici quelles sont les démonstrations du deuil public ou privé : 1° On éclate en cris désespérés, qui s'entendent à de grandes distances (1), et on chante

(1) Jérém., IX, 19, XXXI, 45.

les strophes lugubres que je cite à la fin de cet article : les Arabes imitent en cela les anciens Hébreux (1). 2° Pour se reposer des chants et des hurlements, ils récitent, d'un air grave et au milieu des tourbillons de fumée produits par le tabac, des discours sur celui pour qui ils prennent le deuil ; ils implorent à tout moment l'assistance de Dieu ; ils profèrent des imprécations contre les ennemis qui sont la cause du malheur survenu, et pensent aux moyens de le venger. Tout cela se débite devant les affligés, qui, comme eux, sont assis par terre, négligeant toutes les commodités qu'ils pourraient se procurer. On en trouve autant dans la Bible. C'est ainsi, en effet, que Job, dans son malheur, est couché sur la cendre, et que ses amis, qui viennent le consoler, pleurent à chaudes larmes, déchirent leurs manteaux, lui font de grands discours et restent assis par terre avec lui pendant sept jours et sept nuits (2). 3° On se revêt des habits les plus humbles, on se laisse croître la barbe, on se roule par terre, on déchire ses vêtements, et on se jette de la poussière et de la terre sur la tête. Les femmes se teignent la figure en noir, et se couvrent le chef en laissant tomber en désordre leurs cheveux hérissés, qu'elles arrachent bien souvent. Non contentes de cela, elles s'égratignent la figure, les bras, jettent l'écume par la bouche, se frappent la tête contre les murs et se débattent comme des forcenées au milieu des consolatrices, qui, à leur tour, ne tardent pas à répéter le même jeu. Nous voyons, chez les anciens, Jacob se

(1) III Rois, XIII, 30; Jérém., XXII, 18; XXXIV, 5.
(2) Job. II, 8, 13; chap. 3, 4 et suivants.

désoler de la sorte, lorsqu'il croit que Joseph a été dévoré par une bête féroce (1) ; Thamar, insultée par son frère Ammon, rappelle les actes de douleur des Arabes (2) ; David, pendant la maladie de l'enfant qu'il avait eu de Bethsabée, reste étendu par terre, se recommande à Dieu et refuse de manger (3). Lorsque le même David trouve Tsiklag prise et brûlée par les Amalécites, il pleure ce malheur (4), comme il pleura lorsqu'il apprit la défaite de Gelboa et la mort de Saül (5). On pourrait citer mille autres exemples semblables tirés de la Bible ; mais nous ne croyons pas devoir insister davantage. Si Jérémie eût vécu en Palestine dans les années 1856 et 1857, lorsque les partis se déchiraient dans la Judée méridionale, et que les campagnes étaient mises à feu et à sang, il aurait pu s'écrier : « La Judée est en deuil, et ses portes languissent. Elles gisent par terre en habits funèbres, » et le cri de Jérusalem est monté au ciel (6). »

Lorsqu'un homme meurt dans une maison, toute la famille, les parents et les amis qui y accourent se livrent aux marques de douleur indiquées ci-dessus, pendant les préparatifs des funérailles comme lorsqu'on porte le corps au tombeau et pendant sept jours après ; mais dans ces sept derniers jours, la douleur se calme peu à peu. Aussitôt qu'un individu est mort, ses plus proches parents lui ferment les yeux. Un pas-

(1) Gen., XXXVII, 33, 34, 35.
(2) II Rois, XIII, 19.
(3) II Rois, XII, 15, 16, 17.
(4) I Rois, XXX, 3, 4, 6.
(5) II Rois, I, 11, 12.
(6) Jérém., XIV, 2.

sage de la Genèse (1) et un autre de Tobie (2), qui paraissent se rapporter à cette coutume, donneraient à croire qu'elle existait aussi chez les anciens. Immédiatement après, on lave le corps (3), on bouche toutes les ouvertures avec du coton, on attache les mains et les pieds avec des rubans, on couvre la tête d'un mouchoir (4) et on enveloppe le corps entier dans un drap (5), après que tous les assistants l'ont baisé ou touché pour la dernière fois. Cela fait, on le dépose dans une bière ou dans une caisse ouverte par en haut (6), où l'on met quelques pains, une carafe d'eau et quelques pièces de menue monnaie : tous ces objets doivent être enterrés avec le corps. Cette coutume était aussi usitée chez les Israélites. Tous ces préparatifs, ainsi que ceux des funérailles, sont faits par les plus proches parents, toujours au milieu de la désolation générale (7). Quand les invités au convoi funèbre sont arrivés, on va enterrer le mort, environ six ou huit heures après qu'il a cessé de vivre. La cause en est que la plupart des Arabes n'ont pas de place libre dans leurs maisons, et comme ils dorment tous dans une seule et même chambre, ou dans deux, selon que les membres d'une famille sont plus ou moins nombreux, ils sont obligés de retirer le cadavre de la maison, pour ne pas laisser infecter l'air, sans réflé-

(1) Gen., XLVI, 4.
(2) Tobie, XIV, 15.
(3) Actes, IX, 37.
(4) Jean, XI, 14.
(5) Mat., XXVII, 59.
(6) II Rois, III, 31; Luc, VII, 14, etc.
(7) Gen., XXIII, 19; Juges, XVI, 31; Amos, VI, 10; I Mach., II, 70.

chir qu'il peut quelquefois arriver que la mort ne soit qu'apparente. Les communautés chrétiennes en font généralement tout autant, quoique les chefs religieux puissent dire et faire pour l'abolition de cette coutume barbare.

En sortant de la maison, le cercueil est porté par plusieurs hommes (1), qui se relèvent souvent, parce que tous les invités veulent remplir ce pieux devoir. Le convoi funèbre est suivi par les parents et les amis, absorbés dans la douleur, tandis que les femmes remplissent l'air de leurs cris, de leurs lamentations et de leurs chants (2); quand les morts sont de grands seigneurs ou de haut dignitaires ; chez les musulmans, ils sont accompagnés d'instruments de musique ; mais il n'y a pas de flûtes comme celles dont parlent Jérémie (3) et saint Mathieu (4). Lorsque le cortége est arrivé au tombeau, les pleurs et les cris redoublent, et ne sont interrompus que lorsqu'un ami prononce quelques paroles sur la vie du défunt. David prononça aussi un discours sur la tombe d'Abner (5).

A la mort de personnages considérables ou de gens qui ont eu l'estime générale, le pays entier prend le deuil. Cela me rappelle ce que firent les Israélites à la mort d'Aaron (6) et à celle de Moïse et de Samuël (7); seulement les Arabes ne jeûnent pas, même un jour

(1) Actes, v, 6.
(2) II Rois, III, 32; Jérém., IX, 17.
(3) Jérém., XLVIII, 36.
(4) Math., IX, 23.
(5) II Rois, III, 33, 34.
(6) Nomb., XX, 29.
(7) Deut., XXXIV, 8; I Rois, XXV, 1; XXVIII, 3.

seulement; ils ne font, au contraire, que manger; mais j'aime à croire que c'est pour endormir leur douleur.

Les Arabes ont aussi beaucoup d'autres signes de deuil, tels que de retirer leur turban, leurs chaussures, de s'envelopper la figure dans leurs manteaux, etc.; mais il serait inutile de les détailler ici, puisque toutes ces pratiques se trouvent dans la Bible (1). Lorsque l'enterrement est accompli, les parents du mort, surtout dans les campagnes, sont invités à dîner par une autre famille, et chacun retourne ensuite chez soi.

Les jours suivants, à mesure que les visiteurs des villages alliés arrivent pour faire leurs compliments de condoléance à la famille du mort, celle-ci est obligée de leur fournir du tabac, du café et un dîner, ce qui cause de grandes dépenses, surtout lorsqu'il vient beaucoup de femmes, qui profitent de cette occasion pour bavarder et faire des commérages, tout comme dans une autre partie du monde.

Les lamentations et les repas funèbres terminés, on fait alors venir la personne qui avait été chargée de faire toutes les dépenses nécessaires. Cette personne en rend un compte détaillé et exact, si toutefois un Arabe est capable d'être exact, et toutes les dépenses sont réparties, par portions égales, entre tous les hommes de la famille et de l'association formée pour la défense commune, parmi lesquels les enfants sont aussi comptés, quand même ils seraient nés la nuit précédente.

(1) Ezéch., XXIV, 17, etc., etc.

Nous voyons que, chez les Hébreux, après les funérailles, les amis de la famille donnaient un repas aux affligés (1), qu'on appelait le repas de deuil (2) et la coupe de consolation (3) ; c'est aussi ce qu'Ezéchiel (4) appelle, en parlant du deuil, *manger le pain des affligés*. Le grand deuil durait sept jours entiers (5) et se relâchait ensuite peu à peu.

Nous voyons donc, par ce qui précède, qu'il n'y a presque aucune différence entre le deuil des Hébreux et celui des Arabes, surtout des Arabes musulmans; car, chez les chrétiens, la nature de leur religion les oblige à s'en écarter sur quelques points.

Je vais rapporter les strophes que j'ai promises plus haut et qui sont une traduction exacte de ce que chantent les Arabes.

« On dit, ô Dieu ! que la puissance t'appartient : en effet, tu as été, tu es et tu seras toujours le premier. Chaque atome sur la terre se meut par toi, et c'est toi qui veux que chaque animal vive.

» Jamais Abazia (guerrier arabe) ne vit un être plus grand que toi : il n'y a personne dans tout l'univers qui puisse faire ce que tu as fait et ce que tu fais.

» Tu nous as tirés de la poussière et tu nous réduis en poussière ; mais fais nous la grâce que les morts ressuscitent, tant en cette terre avec leurs enfants que dans l'éternité.

(1) II Rois, III, 35.
(2) Osée, IX, 4.
(3) Jérémie, XXVI, 17.
(4) Ezéch. XXIV, 17.
(5) Gen., L, 10; I Rois, XXXI, 13; Ecclés., XXIII, 12.

» J'ai passé devant la maison de mon ami, comme à l'ordinaire, j'ai baigné les murs de mes larmes et j'ai dit : « O maison ! où sont tes premiers habitants? » Et je n'ai eu que le silence.

» Un fantôme blanc m'apparut et s'écria : Ils sont dans l'étérnité, tu ne les verras plus qu'au moment où tu seras appelé à les suivre. Pense que tu ne vivras pas toujours.

» Oh ! toi qui maintenant appartiens au nombre des morts, vois-tu nos larmes; entends-tu nos gémissements ? L'ange de la mort n'a que silence. Vis en paix.

» Oh ! jeune fille, toutes ces demoiselles ne te ressemblent pas ; elles ne savent comment se vêtir. Où est ta fiancée, infortuné jeune homme ? Tu peux parcourir les villes et les tentes des Arabes, tu ne retrouveras plus une jeune fille comme la tienne.

» Oh ! toi que la mort a étendu sous cette couverture glacée qu'on appelle la terre, quand en sortiras-tu ? Et elle me répondit : quand l'ange de la mort sonnera la trompette et quand Dieu le voudra.

» Cet époux n'était pas né pour être heureux ! Pourquoi est-il descendu si jeune dans la tombe ? Quand il arrivera au cimetière, les filles des tombeaux se demanderont entre elles : Quel est celui-ci ? est-il garçon ou marié ?

» Oh ! vous qui habitez la tombe ! ne voyez-vous pas venir un hôte éternel ? Préparez-lui un lit et une couverture. Les morts répondent : Ici, nous n'avons ni lit ni couverture ; il dormira, comme nous, sous les pierres et sous la terre.

» Oh ! toi qui vas au sépulcre, arrête-toi un instant,

et dis-moi pourquoi tu as abandonné ta maison. — Sache que celui qui frappa le mort qui pleure te frappera aussi, lorsque ton heure sera venue, car il a voulu que les vivants ne fussent pas immortels. »

V

LES ATTAQUES DE VOLEURS

La plupart des voyageurs qui parcourent la Palestine se font accompagner d'escortes, dont le devoir est de les garder de tout danger et de tout désagrément durant leur excursion. Ils passent, à cet effet, un engagement avec ces escortes, si elles sont composées de nomades, ou avec le Gouvernement, si c'est lui qui fournit ses cavaliers. Tout cela a paru à beaucoup une garantie insuffisante pour les préserver des fâcheuses rencontres ; car, à peine revenus sains et saufs dans leur patrie, ils n'ont pu s'empêcher de publier, dans un journal ou dans une feuille périodique quelconque, le récit de quelque-une de leurs aventures. Ils auraient été, d'après leur dire, menacés d'une attaque par les voleurs, ou les auraient aperçus de loin, mais les brigands se seraient tenus à distance respectueuse, en voyant leurs armes.

Je demande la permission de réserver ma croyance au sujet de ces sortes d'aventures ; car j'ai parcouru la Palestine pendant huit ans dans tous les sens, j'ai voyagé de nuit et de jour, par de bons et par de mauvais temps, au clair de la lune et dans l'obscurité la plus profonde, seul ou accompagné, dans les lieux les plus mal famés, sans que j'aie jamais reçu la plus légère insulte. Parmi ceux qui racontent ces sortes d'attaques, il y en a bien peu qui aient fait véritablement de mauvaises rencontres ; la plupart se les attirent involontairement par les raisons que je vais exposer.

Avant que de se mettre en route, ils ne font que demander s'il y a des brigands ; ils disposent leurs armes, qu'ils chargent, devant leur escorte, pour leur faire comprendre qu'ils sont préparés à tout ce qui peut arriver. Lorsqu'ils sont en marche, tous les voyageurs qui passent leur inspirent des soupçons, qui augmentent, s'ils aperçoivent des personnes isolées cheminer entre les rochers des montagnes ; ils prennent alors leur fusil, pour être en état de recevoir des voleurs qui n'existent que dans leur imagination. Tous ces mouvements et ces inquiétudes n'échappent pas à l'escorte, mais elle fait comme si elle ne voyait ni ne comprenait rien, et elle se plaît même à les entretenir par son indifférence traîtresse, jusqu'à répondre oui, lorsqu'on lui demande si les personnes que l'on voit sont des voleurs. Or, il convient d'expliquer ce *oui*. Il est tout naturel que, si l'escorte fait les dangers beaucoup plus grands qu'ils ne sont réellement, ses services paraissent en avoir plus de valeur ; c'est pourquoi elle profite de ce que l'imagination de ceux qu'elle accompagne est troublée par la peur, pour retirer d'eux le plus grand bakhchich possible. C'est la seule raison pour laquelle, pendant la nuit, elle fait souvent tirer plusieurs coups de fusil par quelques-uns des camarades et se met à crier : *Aux voleurs ! aux voleurs !*

en montant à cheval pour les poursuivre, et se donnent l'air de répondre à leurs coups de feu. Les voyageurs endormis sortent alors de leurs tentes, surpris par le brouhaha des hurlements et des cris qui éclatent de tous côtés ; et les conducteurs de chevaux, d'accord avec l'escorte, augmentent le désordre et la confusion en faisant semblant de courir après les voleurs avec les chevaux des voyageurs, pour ôter à ceux-ci tout moyen de s'assurer s'ils sont véritablement attaqués, tandis que d'autres font mine de charger les bagages. Quelques instants après, l'escorte revient en disant que les voleurs se sont enfuis, et la tranquillité se rétablit sans qu'on ait ni mort ni même la moindre blessure à déplorer. C'est dans le campement surtout que ces choses ont lieu.

Dans les voyages nocturnes, la moitié de l'escorte chemine devant, l'autre derrière, et les voyageurs occupent le milieu. Lorsque la route devient étroite et coupée de ravins, le chef de l'escorte, d'un air mystérieux, ordonne une halte, et envoie un ou deux cavaliers faire la reconnaissance de quelque chose qui lui a semblé suspect. Au bout de quelques instants, on entend quelques détonations, et le feu devient plus vif, quand le chef, avec ses hommes, se rend sur le lieu du combat ; mais il ne tarde pas à revenir avec la nouvelle agréable que les voleurs se sont dispersés, ajoutant qu'il y en a peut-être un de tué, mais que la prudence exige que l'on s'éloigne au plus vite de ce lieu dangereux.

Si, dans l'attaque du camp ou dans celle de la route, un voyageur voulait courir avec son cheval au secours de l'escorte, il pourrait être sûr que ses défenseurs le feraient trotter plus qu'il ne voudrait, et, de crainte que ses coups de fusil ne produisissent un dommage véritable, ils lui feraient voir que les assaillants se sont évanouis dès qu'ils ont vu qu'on leur tenait tête.

Il en est ainsi généralement de toutes les attaques plus ou moins véritables que l'on raconte pour se procurer une petite gloire ; mais, en attendant, les escortes empochent toujours le bakhchich qu'elles voulaient obtenir. Si j'ai parlé de cela, c'est que j'entends discourir à chaque instant sur les périls que l'on court en Palestine.

Je le répète, on peut s'épargner tous les ennuis possibles avec une escorte du gouvernement, et j'ajoute qu'en signant un engagement avec un des premiers chefs de Bédouins, lorsqu'on veut parcourir ses stériles déserts ou ceux de ses alliés, on peut voyager avec autant de sécurité que dans tout autre pays. Au moment le plus vif de la guerre d'Hébron, j'y ai fait une excursion, en 1856, avec M. Frédéric D. Mocatta, de Londres. Nous sommes revenus pendant la nuit, au milieu des ténèbres, les partis s'étant battus le jour même de notre arrivée, et quoique nous fussions sans escorte aucune, personne ne s'est avisé de nous insulter, parce que j'avais obtenu du Pacha que les combattants fussent prévenus. Je suis allé souvent à Naplouse sans que personne m'ait manqué de respect ni ait tenté de me voler; il est vrai que je n'y allais pas pour faire du prosélytisme ni pour contrarier les habitants dans leurs opinions. J'ai été vingt-quatre fois au Jourdain et à la mer Morte, j'ai longé quatre fois a côte de la Phénicie, de Jaffa à Cafa, j'ai enfin visité mainte et mainte fois les endroits les plus dangereux et les plus mal famés de la Palestine, même à l'époque des derniers massacres du Liban, et ma bonne étoile m'a toujours protégé. Mais, ce qui est plus fort, c'est que, de tous les Européens que je connais en Palestine, aucun n'a eu à déplorer une rencontre du genre de celle que certains anglais (américains) de ma connaissance ont faite. Que ce que je viens de dire serve à la fois d'encouragement et d'instruction à ceux qui voudraient comme moi parcourir le pays.

VI

UN CONTRAT DE VENTE FAIT IL Y A QUATRE MILLE ANS

A la mort de Sara (1), le vieux patriarche, après avoir fait son deuil de sa femme, alla trouver les habitants d'Hébron pour leur demander que, malgré son titre d'étranger, ils voulussent bien lui accorder le droit d'ensevelir sa morte. La prière d'Abraham fut favorablement accueillie, et on lui permit de choisir un des plus grands sépulcres. Mais comme les sépulcres coûtaient extrêmement cher chez les anciens, on prenait toutes les précautions pour empêcher qu'ils ne passassent en des mains étrangères, et d'ailleurs on entretenait l'espérance de reposer un jour à

(1) Gen., chap. XXIII.

côté de ses ancêtres. Abraham voulait acquérir des droits réels et perpétuels sur le sépulcre, et c'est pour cela qu'il fit intervenir les habitants afin qu'ils lui obtinssent d'Ephron la caverne de Macpéla, qu'il offrait de payer aussi cher qu'on lui en aurait demandé. — Non, mon seigneur, répondit Ephron, je t'abandonne, en présence des enfants de mon peuple, mon champ et la caverne qui s'y trouve pour que tu y enterres celle que tu as perdue. Abraham témoigna sa reconnaissance de cette offre généreuse, mais il insista pour obtenir un véritable contrat de vente au lieu d'une concession gratuite, et le propriétaire lui répondit qu'il valait quatre cents sicles d'argent, prix qui fut agréé par le patriarche hébreu.

Abraham fit peser, en présence des habitants réunis à la porte de la ville, la somme d'argent demandée. Le champ d'Ephron, avec la caverne qui s'y trouvait et les arbres, devint ainsi la propriété du patriarche, et les habitants d'Hébron furent témoins et garants du traité conclu. Telle était la manière primitive de passer et de garantir les transactions, manière qui s'est conservée jusqu'aujourd'hui, comme nous allons le voir.

Si un homme considérable veut acheter quelque chose d'un de ses inférieurs, il cherche toujours à l'inviter chez lui, pour lui donner un bon dîner et le disposer par là à lui accorder la demande qu'il veut faire. Quand le moment favorable est venu, il fait demander ou demande lui-même l'objet désiré au gourmand, qui lui répond aussitôt :

Je suis votre serviteur ; tout ce que je possède est à vous, entre nous il n'y a pas de prix ; je vous le donne, il est tout à vous. Quelles que soient les instances que fasse l'acquéreur pour savoir le prix de ce qu'il veut acheter, il n'entendra, dans ce premier moment, que les paroles mille fois répétées d'Ephron, et, de plus, il devra avoir la patience de se laisser baiser la barbe à toutes les protestations de dévoûment et d'offres gratuites qui se succèderont indéfiniment.

N'allez pas croire, ô lecteur ! que l'Arabe ait vraiment l'intention de vous faire cadeau de tout ce que vous lui avez demandé : toutes ses protestions de dévoûment sont fausses, et il ne cherche qu'à gagner du temps, pour savoir si vous voulez véritablement acheter quelque chose, si vous y êtes pressé par quelque besoin, et aussi pour réfléchir de sens rassis à la somme qu'il peut en retirer, somme qu'il cherche toujours à faire dire à l'acquéreur lui-même quand celui-ci n'est pas aussi rusé que lui. Lorsque, après quelques dîners et autant de séances, on est arrivé enfin à convenir du prix, tout n'est pas encore fini ; le vendeur prend quelques jours afin de consulter ses parents pour qui il demande toujours le bakhchich, sans quoi rien ne se ferait. Le jour du paiement arrivé, on pèse scrupuleusement l'or et l'argent, dont la valeur varie beaucoup, parce que les femmes ont porté ces métaux comme ornement, les ont percés et usés, et que les gens du peuple ne reçoivent jamais de pièce de monnaie sans la limer un peu avant de la remettre en circulation.

Les habitants actuels de la Palestine ont donc conservé intacte une coutume d'il y a quatre mille ans.

VII

LES MÉDECINS ARABES ET LES MÉDECINES

Il y a des disciples d'Esculape dans tous les villages de la Palestine et dans chaque tribu, mais ils vivent misérablement de leur profession, parce que presque tous les chefs de famille sont médecins de ceux qui dépendent d'eux. Ils doivent donner la mort plus facilement que la vie; mais le paternel gouvernement de la Sublime Porte ne s'en préoccupe en aucune façon. Que celui qui vit, vive, dit-il; que celui qui meurt, meure; il faut laisser faire la nature et il est impossible de la combattre. C'est la raison pour laquelle personne ne s'occupe de la santé publique, ni des moyens de la conserver, ni des lois sanitaires. Depuis quelques années, les Arabes des environs de la ville ont recours, dans leurs maladies, aux médecins Européens; mais ceux de l'intérieur ne se confient qu'aux médecins indigènes, dont je parlerai bientôt, ainsi que des expédients qu'ils mettent en œuvre. Le barbier de la tribu ou du pays est généralement celui qui exerce l'art d'Hippocrate. Il donne des médecines, remet les membres luxés, fait les saignées, pose les emplâtres, cicatrise dans quelques circonstances et fait enfin la barbe au mort, opération dans laquelle il réussit mieux que dans toute autre. En sa qualité de barbier, il a des rasoirs que l'on ne saurait mieux comparer qu'à des scies; et comme ses pratiques le paient fort peu pour se faire raser la tête, il expédie la besogne le plus lestement possible, afin d'en contenter beaucoup en peu de temps, non sans faire force égratignures et coupures. Malheur à lui, s'il était obligé de payer le prix du sang! La fortune de tous les capitalistes de l'Europe n'y suffirait pas. Mais ce n'est pas là son seul talent; car il chante et joue d'un petit instrument assez semblable à une guitare, pour attirer un plus grand nombre de chalands. Il est bien entendu que je ne veux pas parler de ceux des villes, parce que ceux-ci, à force de rester comme servants infirmiers près des médecins Européens, apprennent toujours quelque chose; aussi sont-ils plus capables et, dans l'exercice de leurs diverses fonctions, ils ont au moins des instruments passables. Mais revenons à la campagne et au désert. Un barbier devenu chirurgien ne manque pas d'outils : il fait les saignées avec son rasoir, il ouvre une tumeur avec son rasoir, il coupe encore les gencives avec son rasoir, et s'il a à faire une amputation, chose à laquelle les Arabes se soumettent difficilement, il se sert d'un couteau, n'employant le rasoir que pour les phalanges seulement. Si quelqu'un, dans un combat ou en remuant des pierres, se blessait quelques doigts des mains ou des pieds, on les lui envelopperait aussitôt dans des linges imbibés de vinaigre ou, à défaut de vinaigre, dans une dissolution de sel. Si le sang continue à couler, on fait bouillir du beurre et de l'huile dans une poële; puis on prend de force le malade, qu'on attache, s'il résiste, et on trempe ses membres sanglants dans ce liquide.

Avez-vous une douleur, un rhumatisme, on vous

applique sur la partie malade des cataplasmes d'herbes aromatiques, ou encore, ce qui est plus simple et plus expéditif, de fiente de chameau, parce que cet animal se nourrit de végétaux, qui, après avoir passé par son organe digestif, selon les Arabes, sont fort efficaces. Je dois convenir moi-même de l'excellence de ce remède ; car, étant tombé de mon cheval, je me fis une si grave contusion, que je ne pouvais plus bouger ; et comme j'étais très-éloigné de Jérusalem, je dus me laisser appliquer par un Arabe un de ces emplâtres, dont je fus très-satisfait, puisque, le lendemain même, je pus continuer mon voyage. Quand, chez les naturels du pays, les calmants ne produisent aucun effet, on a immédiatement recours au feu, en faisant rougir un fer qu'on applique ensuite sur la partie malade, pour y imprimer une ou plusieurs marques. On fait de même encore pour percer des trous, d'où coulent les mauvaises humeurs qui gênent le malade ; et celui-ci laisse ces trous ouverts jusqu'à ce qu'il soit guéri entièrement. Si une tumeur tarde à suppurer, on en accélère la suppuration en y appliquant de la fiente de pigeon ou d'une volaille quelconque, mélangée avec de la menthe ou de la sauge bouillie, le tout broyé dans un mortier. Si quelqu'un est mordu par un chien, qui rarement est enragé, on pose sur la morsure un cataplasme d'ognons cuits fortement salé. Je puis garantir, pour l'avoir éprouvée, l'efficacité de ce remède. Pour extraire les dents, on ne se sert pas des clefs de Garengeot, tout à fait inconnues ici ; mais si le patient a assez de fermeté et de résignation, on lui fait cette opération avec de grosses pincettes, ou encore avec des tenailles; et s'il n'est pas assez courageux, on lui fait mâcher des feuilles de tabac ou de menthe, pour endormir la douleur. On emploie l'opium, lorsque le mal est trop violent.

Nous avons déjà dit comment on guérit les morsures ou les piqûres venimeuses : il ne nous reste plus qu'à ajouter qu'on se sert du rasoir à scie pour faire des incisions à la partie malade. On traite les maux de tête par l'eau et le vinaigre; mais on se sert quelquefois des sangsues ou l'on applique au cou un vésicatoire; les plus ignorants font usage d'un bouton de feu ou cautère. Pour les maux d'yeux, nos médicastres improvisés emploient des colyres qui leur sont propres. Ils ordonnent des bains froids à l'eau de rose, et percent quelquefois les oreilles, pour y accrocher, pendant quelques jours, de lourds anneaux. Pour remettre un pied ou tout autre membre démis, ils font souffrir le martyre au patient, le tirant de toutes leurs forces pour rejoindre les deux parties et les tenir en état au moyen de morceaux de bois en guise d'éclisses, morceaux de bois qu'ils lient autour du membre. Ils emploient aussi les bains d'eau et de vinaigre, pour prévenir l'inflammation. La plupart du temps, la gangrène s'en mêle et emporte le malade; mais on attribue la mort au destin, qui est la raison souveraine de tout ce qui se passe, aux yeux des Arabes. Après avoir exposé ce qui concerne l'art de la chirurgie, je devrais parler peut-être de la médecine, mais, sur ce point, je suis obligé de confesser que je ne sais absolument rien, si ce n'est que l'on fait, avec des simples trouvés dans les champs, toutes les purgations, les décoctions et les potions calmantes. Je m'abstiendrai d'entrer dans des détails sur ces simples, parce que je n'ai pas la nomenclature de toutes les plantes qu'emploient les pharmaciens, et que je n'ai jamais assisté à la composition des drogues. Je sais seulement que, pour couper les fièvres intermittentes ou les fièvres périodiques, on fait usage d'une boisson composée du suc de racines amères ou d'herbes, telles que l'absinthe et la sauge, auxquelles on mêle une petite quantité d'eau-de-vie : bien que l'effet produit soit peu agréable au goût, je puis dire que, la répugnance une fois surmontée, on est sûr de guérir ; j'ai, pour l'affirmer, ma propre expérience. Je sais aussi qu'on emploie aujourd'hui la mandragore comme jadis l'employa Lia, lorsque Ruben, son fils, la lui donna (1) ; mais pour le reste, je répète que je l'ignore. Je ne saurais oublier d'ajouter que je fis un jour le voyage de Jérusalem à Bethléem avec un Italien qui disait avoir étudié la médecine à Padoue et qui voulut me prouver que le vinaigre et l'eau faisaient des miracles dans la cure des maladies humaines. Naturellement, quoique je me divertisse fort de ses arguments, je lui donnais toujours raison, de sorte qu'il s'enthousiasma de son propre discours jusqu'à vouloir me démontrer que les véritables moyens de guérison employés par les hommes les plus célèbres de notre siècle n'étaient que de l'eau et du vinaigre. Je suis sûr que, retiré dans sa cellule de moine, il a dû se dire que j'étais un homme fort intelligent,

(1) Gen., xxx, 15, 14, 16.

qui l'avait compris, seul entre mille autres. Il est certain que je ne manifestai pas le moindre doute sur l'excellence de ses moyens ni sur ce qu'il me disait des maladies qu'il avait guéries ; mais il ne parla jamais des victimes bénévoles, qui, grâce à lui et à sa science infaillible, étaient allées rejoindre dans l'autre monde, depuis qu'il exerçait à Jérusalem et à Bethléem, les nombreux martyrs de la résignation.

VIII

DES MEUBLES DE LA TENTE D'UN BÉDOUIN, ET DE LA SOBRIÉTÉ DES NOMADES.

Comme on peut bien l'imaginer, les meubles de la tente d'un bédouin ne sont pas nombreux. Une grande lance, deux vieux pistolets, un sabre recourbé, un fusil à mèche, datant de l'invention de l'artillerie, un long couteau ou un yatagan et un bâton armé d'une pomme de fer, telles sont les armes défensives et offensives qu'on y trouve. Si l'on rencontre quelquefois d'excellentes armes dans de pauvres et misérables tentes, cela prouve seulement l'adresse, sinon l'honnêteté de celui qui les possède ; car on peut-être sûr qu'elles ont été volées à quelque voyageur. Parfois on trouve aussi chez les nomades des fusils armés de baïonnettes et des épées européennes, qui rappellent le temps du général Bonaparte ou l'époque plus récente d'Ibrahim Pacha. Après les armes, on voit un petit moulin à bras pour moudre le grain ou les sauterelles desséchées, puis un mortier en bois pour broyer le café, deux pierres plates pour égruger le sel, une planche de fer et une de pierre pour faire cuire le pain, fait à la hâte et sans levain, une cafetière, une carafe de terre cuite pour conserver l'eau, un sac de cuir pour la puiser, un ou deux autres pour la provision, quelques escabeaux de bois, de petites tasses à café dépareillées, une marmite, une natte ou quelque tapis dérobé, qui sert d'ornement au carreau, dans les réceptions, et de lit en tout autre temps.

Quelques peaux de mouton ou de chèvre remplacent les couvertures. Tout cela, avec un grossier instrument de musique quelconque, est ce qui constitue le nécessaire des nomades aisés. Mais les pauvres sont loin de posséder tant d'objets. Les tentes, en général, sont hautes de six à sept pieds, de forme rectangulaire et faites d'une étoffe grossière et solide de poil de chameau ou de chèvre, que les femmes filent et tissent avec le métier ordinaire. A défaut de ce tissu, on se sert encore des filaments d'une plante appelée *lif't-adun*. Ces tentes, de couleur brune (1), étant un peu inclinées vers le sommet, l'eau n'y séjourne pas et la toile n'en est point pénétrée, à moins que la pluie ne soit torrentielle ou qu'elle ne se continue pendant plusieurs jours. L'intérieur est quelquefois divisé en trois compartiments, dont l'un est appelé *al cobbach*, c'est-à-dire l'appartement des femmes. C'est aux femmes qu'appartient le soin de dresser et de plier les tentes. L'ordre dans lequel ces tentes sont rangées dans un campement est à peu près régulier ; car elles

(1) Cant., I, 4.

sont disposées en cercle sur une place publique, qui sert aussi, pendant la nuit, de parc aux bestiaux.

Autour des tentes, on n'élève jamais d'ouvrages de défense ni on ne met de gardes avancées ; les chiens sont les seules et uniques sentinelles chargées de réveiller les dormeurs à l'approche des étrangers. Lorsqu'on est menacé de quelque danger, le chef donne le signal et, à l'instant même, chaque famille plie son bagage dans sa tente et le charge sur les chameaux. On pousse les bestiaux devant eux, et comme ces animaux sont très-habitués à ces retraites, ils semblent deviner la pensée de leurs maîtres en précipitant le pas. Dans ces sortes de marches, les cavaliers vont, comme avant-garde, reconnaître le terrain, et reviennent ensuite pour appuyer les flancs de la colonne ; mais, si l'occasion se présente, ils soutiennent la retraite avec les hommes à pied armés de fusils et de couteaux, et déploient le plus grand courage pour repousser leurs ennemis.

L'abondance de la nourriture répond à la richesse des meubles. Ces fils du désert observent un jeûne involontaire continuel, car ils se nourrissent fort mal et ne consomment pas plus de huit à neuf onces de nourriture par jour, à cause de la rareté des aliments.

Leur nourriture se compose de lait caillé, de fruits sûrs, qu'ils dérobent dans les campagnes environnantes, et, dans certains cas, d'un peu de farine et de riz, des sauterelles dont j'ai déjà parlé, de petites galettes de dourah ou de grain, de lentilles, de fèves, de fromage aigre, salé et dur comme de la pierre, et d'un peu de café sans sucre. Chez les chefs, on réserve la viande pour les jours de fête ou de deuil, comme les mariages ou les enterrements ; mais la bête tuée, chameau, mouton ou chèvre, est si dure, qu'on doit croire qu'ils n'égorgent que les plus vieilles du troupeau. De ce qui précède, on peut inférer que le bédouin éprouve toujours le besoin d'une nourriture plus substantielle, nourriture qu'il cherche constamment à se procurer dans son pays ou dans les campagnes qui l'entourent, comme nous allons dire.

Les plus grossiers aliments ne lui répugnent pas ; il mâche les racines et les herbes, il mange les sauterelles bouillies dans l'eau, il fait rôtir les rats et les souris, les serpents et les lézards. Il se nourrit aussi volontiers des gazelles, des lièvres, des chats et des lapins sauvages, ainsi que de toutes les espèces d'oiseaux et de poissons, quand il peut en prendre. C'est de là surtout que vient son apparence grêle et maigre ; c'est à cette nécessité que tient son esprit de rapine, et qu'il faut attribuer ses continuelles excursions dans les lieux cultivés, où il espère pouvoir enlever quelque chose, et dans les jardins, pour y dévorer les fruits à peine mûrs et les autres végétaux. Un bédouin pris en flagrant délit se débat d'abord un peu pour se sauver ; mais, quand il voit que c'est impossible, il avoue tranquillement sa faute, en disant qu'il a été poussé par la faim.

Pourvu qu'il mange, il reçoit volontiers quelques coups de bâton, mais l'imprudent qui les lui donne paie fort cher la punition qu'il a eu la témérité d'infliger ; car, lorsque la tribu vient à en être informée, elle jure de se venger, et, croyant qu'il y va de son honneur, elle détruit tout ce qu'elle trouve dans un endroit, à moins qu'elle n'obtienne du malheureux propriétaire une indemnité quelconque pour le châtiment qu'il a fait subir au camarade. Ces lois nous semblent incroyables, à nous autres Européens, mais elles sont telles que je dis, et le gouvernement turc, bien loin de les corriger, ne fait qu'en irriter l'abus. Si un propriétaire, en effet, requiert la protection de l'État, on lui envoie, pour le garder ou le défendre, quelques cavaliers, qui ne se contentent pas de vivre, eux et leurs chevaux, aux dépens de celui qu'ils doivent protéger, mais qui, tout en faisant bonne garde pendant la nuit, mangent et pillent tout ce qui leur tombe sous la main; et les observations que le propriétaire pourrait faire ne serviraient qu'à lui attirer un plus grand nombre de vampires sur les bras.

Toute la population de Bethléem, la plupart des vignerons d'Hébron, d'*Aïn-Karim* (Saint Jean), et enfin M. Meschullam d'Hartas, avec beaucoup d'autres propriétaires de jardins un peu éloignés de Jaffa, sont là pour attester la vérité de mes paroles; pendant huit ans que j'ai demeuré en Palestine, ils ont été indignement dépouillés par les nomades des environs, quoique Surraya-Pacha ne manquât ni de force ni d'énergie. Mais il ne pouvait se rendre sur les lieux en personne, et il était obligé d'y envoyer des chefs de cavaliers, qui, par l'effet même de l'organisation de la troupe et de la discipline, étaient plus disposés à maintenir le désordre que l'ordre, comme on le verra dans l'article suivant.

IX

DES FORCES MILITAIRES A LA DISPOSITION DU PACHA DE JÉRUSALEM; DES BACHI-BOUZOUK OU CAVALERIE IRRÉGULIÈRE DE LA PALESTINE

Les Bachi-Bouzouk sont les hommes qui forment la cavalerie dont peut disposer le pacha de Jérusalem pour maintenir l'ordre dans le pays. Elle devrait former la plus grande partie de sa force, puisque le reste consiste en un bataillon d'infanterie régulière, dont l'effectif ne monte pas à 600 hommes. Deux petites pièces de canon de 3 sont toute l'artillerie de campagne à son service. Avant d'examiner chacune de ces trois armes, nous entrerons dans quelques détails généraux afin de nous épargner les trop grandes digressions dans la suite de ce récit. Comme nous l'avons déjà dit, tout fonctionnaire public, sous le gouvernement de la Sublime Porte, doit acheter, à prix d'argent, l'emploi qu'il veut avoir, car les charges sont rarement données au mérite. En conséquence, n'étant jamais certain du temps qu'il restera en fonction, il cherche non-seulement à se rembourser de ses dépenses, mais encore à profiter de l'occasion favorable que lui fournit sa bonne fortune, pour pourvoir à l'avenir; un plus riche que lui, en effet, peut le supplanter et le ruiner auprès de ses supérieurs. Les subalternes font comme les chefs. Aussi ce pays est-il dans le plus laid désordre qui se puisse voir, et la Sublime Porte continue toujours à faire fi de la civilisation européenne.

Ceci posé, nous allons entrer en matière.

Le pacha de Jérusalem devrait avoir journellement 600 cavaliers environ, partagés en quatre escadrons, ayant chacun leur chef respectif, qui achète son grade de 15 à 25,000 piastres, plus ou moins. La majeure partie de cette somme va grossir les caisses du gouverneur, tandis que le reste est réparti, comme *bakhchich*, entre les commis ou secrétaires qui ont coopéré à la nomination. Chaque chef divise ses troupes en dix corps, à la tête desquels il met des officiers qui ont également acheté leur grade du chef supérieur, lequel, en proposant les nominations au gouvernement, ou en les lui faisant reconnaître, rentre ainsi dans une partie de ses frais. Ces subalternes font encore deux troupes de leurs hommes et nomment deux chefs de piquets, qui récompensent leurs électeurs, quand ceux-ci les ont fait reconnaître officiellement. Les enrôlés n'ont pas d'engagement à terme fixe, ils peuvent se retirer quand ils veulent, en prévenant leur chef respectif. Les soldats s'habillent et s'arment à leur guise : celui-ci a une lance, tandis que celui-là a un fusil ; mais ils sont tous munis de pistolets, de couteaux, d'un yatagan et d'une ceinture où sont attachées les petites armes et qui contient les munitions. Le cheval appartient à son cavalier, qui l'achète de ses propres deniers, et l'équipe, de sorte qu'il y a autant de harnachements différents qu'il y a de soldats. On trouve là, à côté de nobles juments et de superbes coursiers, les plus pauvres, les plus maigres et les plus vilaines *rosses* que la race chevaline puisse fournir. Chaque chef a sa musique, qui consiste en deux petits tambourins attachés sur le devant de la selle du cheval ; et un homme vêtu d'un costume grotesque les fait résonner lorsqu'on se met en marche, quand on approche de quelque village allié, ou qu'on escorte les voyageurs dans leurs excursions, pour obtenir le bakhchich. Lorsque ces guerriers vont en campagne, ils n'ont aucune tente, ils couchent à terre la nuit, avec le ciel pour seule couverture, et pendant le jour, les arbres touffus et ombreux, les ruines et les cavernes les protégent contre les ardeurs du soleil. Leur équipage, que porte leur cheval, se compose d'un petit sachet pour l'orge ou l'avoine et d'un autre pour la provision d'eau, d'un manteau pour se garantir des rigueurs de la température ou de la fraîcheur des nuits, et enfin de deux sacoches pendues à la selle, où ils mettent leur peu de provisions, quand ils ne les remplissent pas de tout ce qui leur tombe sous la main dans leurs voyages nocturnes. Tel est un cavalier de Palestine ; mais les chefs se reconnaissent facilement au luxe et au confortable qui les entoure dans les lieux où ils établissent leur siége ; je dis siége, car ils se pourvoient rarement d'une tente. Il n'est pas du tout prudent de visiter un campement militaire ; car tous les héros s'empressent autour de l'Européen, pour lui demander du tabac à fumer ou à priser, de la poudre de chasse, du plomb, des vivres, s'il en possède, et enfin le sempiternel bakhchich. On se croirait, avec Virgile et le Dante, au milieu des âmes en peine du monde tartaréen.

Dans ces sortes de visites, on court, en outre, le risque d'être assailli par d'invisibles agresseurs, qu'il n'est pas facile de repousser sur-le-champ, si on n'a pas de vêtement de rechange ni d'eau à sa portée pour se baigner. Les *Bachi-Bouzouk* ne le cèdent en rien, sous le rapport de la malpropreté, aux Croates que j'ai rencontrés le 29 mai 1848 à Peschiera; mais j'avais alors la ressource de me jeter dans le Mincio, tandis que, toutes les fois que je me suis trouvé avec les cavaliers arabes, comme dans les campagnes de Gaza et d'Hébron, sous la conduite de Surraya-Pacha durant l'été de 1859, je n'avais aucun moyen d'échapper, et j'étais obligé de me laisser tranquillement dévorer.

Voyons maintenant comment sont payés ces cavaliers par le gouvernement.

Chaque chef principal reçoit environ mille piastres par mois; les seconds, trois cents; les troisièmes, cent cinquante, et le simple cavalier n'a que deux piastres par jour. Chaque individu a, outre cela, une maigre ration journalière de pain, qui ne peut suffire qu'à une faible partie du déjeuner, et une certaine quantité d'orge pour l'entretien de son cheval. Comment, avec ces mesquines ressources, un homme peut-il se nourrir, s'habiller, soutenir une famille, faire des réparations aux harnais du cheval et le ferrer?

La Sublime-Porte ne s'inquiète pas de tout cela. Les soldats font comme ils peuvent, c'est-à-dire qu'ils commencent par pourvoir à leur propre conservation. Pendant ce temps, les malfaiteurs se multiplient en Palestine, parce que les gardiens de la sûreté publique, au lieu de les combattre, de les arrêter ou de leur faire la chasse, se joignent le plus souvent à eux pour voler et piller, et ils ne manquent pas de moyens pour se justifier et rejeter ensuite les crimes sur des innocents. C'est pour cela que le service est si mal fait, et que ceux qui devraient être les défenseurs de la loi, en sont les plus grands infracteurs. S'ils sont envoyés dans un pays pour le défendre contre les agresseurs et protéger les propriétés, ils l'oppriment en se faisant fournir de l'orge sans la payer, pour la vendre ensuite. On les voit rôder dans les champs, en cûeillir tous les fruits, qu'ils soient mûrs ou non, pour les manger ou en faire provision. Quand l'herbe pousse, foin, avoine ou tout autre, ils la coupent pour leurs chevaux ; enfin, lorsque les paysans sont à table, ils vont les visiter, s'invitent eux-mêmes au repas et se gorgent abondamment, pour économiser et leur solde et leur pain. Tout cela se fait d'une manière régulière, et j'en ai été mille fois témoin oculaire, notamment quand j'avais à mon service un gros détachement de ces pillards pour les réparations à faire sur la route de Jaffa à Jérusalem en 1859. Ils devaient me trouver des travailleurs, mais quand je les envoyais en quête d'hommes, ils n'en ramenaient jamais que quelques-uns, ou encore des enfants ; c'étaient ceux qui n'avaient pas pu ou voulu leur donner le bakhchich pour se racheter, ou qui n'avaient pu se sauver. Je les renvoyais de nouveau dans le village, toujours pour me chercher des ouvriers, mais ils y restaient pour se nourrir avec leurs chevaux, et n'en sortaient souvent qu'après avoir dérobé quelque chose, un mouton, un chevreau ou une volaille. Je me plaignais à leurs chefs des rapports qu'on me faisait ; ils avaient l'air de se fâcher sur le moment, mais, aussitôt que j'avais tourné le dos, ils éclataient de rire. J'en appelais au pacha, qui donnait bien des ordres sévères, mais malheureusement, ces ordres n'étaient observés de personne. Il résulte de tout cela que les *Bachi-Bouzouk* sont les premiers à piller et à rançonner le pays commis à leur garde. Je pourrais fournir encore de nombreuses preuves de ce que j'avance, mais je m'en abstiens de crainte de fatiguer le lecteur, que je vais conduire de ce pas sur un champ de bataille.

Pour attaquer l'ennemi, ils se réunissent sans ordre dans un pêle-mêle, un désarroi à faire envie à la discorde. Lorsqu'ils sont nombreux, ils s'élancent avec impétuosité, font une décharge générale sur les ennemis, et se retirent aussitôt après pour recharger leurs armes. Ils répètent plusieurs fois ce même manége, pour tâcher de faire une trouée dans les rangs ennemis, qui n'ont pas une meilleure disposition. Cette manœuvre ne dure pas longtemps, car aussitôt qu'une des deux parties a fait mine de céder, la victoire est déclarée pour le plus fort, qui ne s'occupe guère de poursuivre les fuyards. La cavalerie du gouvernement n'est qu'une force factice, attendu qu'elle ne remporte la victoire que si elle surpasse de beaucoup l'ennemi en nombre, et si elle est appuyée par l'infanterie régulière ou par quelque pièce d'artillerie. Mais, si elle est seule et en face d'un ennemi égal en nombre seulement, la victoire sera fort douteuse, et je crois même que notre cavalerie est plus souvent disposée à prendre la fuite ; c'est, du moins, ce que j'ai pu constater moi-même et ce qui m'a été raconté par d'autres. Cependant, dans le nombre, il y en a qui sont capables d'actes de bravoure, et s'ils en accomplissent si rarement, c'est qu'ils sont retenus par le *prix du sang*, dont les vaincus rendent responsable, non–seulement celui qui l'a versé, mais encore l'escadron tout entier auquel le meurtrier appartient.

Le gouvernement de Constantinople permet qu'en temps de guerre le nombre des cavaliers s'élève jusqu'à 800; c'est un malheur, et une raison de plus pour se bien garder la nuit sur les routes, de crainte d'être dévalisé par les soldats déguisés, qui ne manquent cependant pas de générosité, puisqu'ils vous laissent la vie.

Voyons maintenant si, en temps de paix, l'effectif de 600 hommes est au complet. Les quatre chefs principaux forment les garnisons de Jérusalem, d'Hébron, de Gaza et de Jaffa, et c'est de ces points qu'ils envoient des détachements dans les bourgades et dans les endroits où le besoin le réclame, pour y maintenir l'ordre et la tranquillité. Quand, en paix, un chef a 150 hommes, il en renvoie la moitié chez eux pour économiser les deux piastres de solde, le pain et l'orge qu'il donne tous les jours, ce qui peut s'élever à sept piastres. Il bénéficie donc de 525 piastres par jour, soit, par mois de 30 jours, 15,750 piastres, qui, multipliées par 4, font une économie de 63,000 piastres. Quand la paix dure quelques mois, la somme s'élève alors à un chiffre considérable. Mais n'allez pas croire que ce bénéfice soit pour la Porte; non, car elle paye pour les 600 hommes. Où passe donc l'économie en question? Elle ne sort certainement pas de Jérusalem; mais comment est-elle répartie? C'est un secret que les quatre chefs principaux n'ont révélé à personne. Je l'ignore donc, quoique je m'en doute assez. Si, ce qui arrive fort rarement, le Pacha veut passer la revue d'un escadron, voir s'il est bien administré, et si les livres de compte sont tenus en règle, il fait alors appeler, par politesse sans doute, celui dont il veut inspecter les troupes, et lui fixe un jour. Le commandant rappelle à la hâte ses hommes sous les drapeaux; si les anciens ne se trouvent pas au corps, il les remplace par les premiers venus, auxquels il donne la lettre de nomination des autres; il n'a qu'à leur dire quel sera leur nom pendant la revue.

Le Pacha arrive et est enchanté de l'ordre et de la bonne tenue des troupes, auxquelles il ne trouve rien à reprocher, et il retourne au siége de son gouvernement, avec la conviction que le chef est un homme qui entend parfaitement son service. Cependant, si le Pacha est trop bon homme, le commandant sera encore assez fripon pour spéculer sur les soixante-quinze autres soldats qui restent en activité et sur lesquels personne n'a les yeux, tant que l'apparence de l'ordre est conservée; car il a aussi la ressource de les mettre, pendant quelques jours, à la charge des villages. Le corps des bachi-bouzouk représente donc en petit l'ensemble de la constitution et de l'administration du gouvernement de la Sublime-Porte, où le grand reçoit du subalterne, celui-ci de son inférieur, et où enfin le dernier est obligé de labourer la terre pour en faire sortir ce qu'il n'y trouve pas et qu'elle ne produit point, c'est-à-dire l'or et l'argent, les deux béquilles du droit et de la justice dans ce pauvre pays.

Tel était, d'après ce que j'ai pu remarquer, l'état de la cavalerie régulière en Palestine, avant l'arrivée de Surraya Pacha; mais l'ordre a été rétabli pendant le gouvernement de celui-ci, quoique l'effectif des troupes n'ait pas toujours été au complet. Aujourd'hui, les bachi-bouzouk ont repris leurs habitudes primitives, c'est-à-dire qu'ils sont de nouveau à charge au pays et complétement inutiles.

L'infanterie régulière, lorsqu'elle est bien payée, est la seule qui sache se faire respecter à l'occasion ; mais comme il lui est dû quelquefois jusqu'à quatorze mois de solde, elle murmure quand il s'agit d'entrer en campagne; et, pour s'assurer de sa fidélité, il faut lui donner un bon à-compte, autrement il serait plus prudent de s'en défier. Lorsque l'infanterie est en garnison à Jérusalem, en compensation du retard que l'on met à la payer, on fait semblant de ne pas s'apercevoir de certaines choses dont tout soldat bien discipliné devrait s'abstenir. Ainsi les piquets, qui sont de garde aux portes des villes, cherchent à soulager leur misère en priant les passants, qui vont vendre des denrées ou marchandises quelconques sur la place, de leur en donner une petite portion, et, peu à peu, ils finissent par amasser une provision dont, en la revendant, ils retirent quelques piastres, qu'ils partagent avec l'officier qui les commande. Passe-t-il quelqu'un, avec une charge de charbon, de chaux, de bois ou de légumes, les gardes en demandent une petite portion au conducteur, qui la donne de bon gré, pour s'épargner un plus grand dommage; mais s'il a l'imprudence de la refuser, gare à ses épaules et à ses marchandises. On lui enlève sans façon le double de ce qu'on lui avait demandé d'abord. Ceux qui portent du tabac, du café, du riz, du sucre, du froment, des melons, sont aussi soumis à cette petite redevance, et les femmes mêmes, chargées de légumes, d'œufs, de bois, etc., sont obligées de donner le bakhchich aux soldats qui leur accordent la permission de passer.

La nuit, ils ouvrent la porte à tous les voyageurs, moyennant quelque petit pourboire; lorsqu'ils sont dans les corps de garde, dans les casernes ou en faction, ils tricotent des chaussettes de laine, dont le produit les aide à s'entretenir. On envoie, dans les campagnes, des piquets ou patrouilles, qui sont nourris sans payer et ne rentrent jamais à la caserne sans y apporter des provisions. Ils ont des exercices à feu, et cherchent à économiser leur poudre pour en retirer quelque demi-piastre; ils vendent une partie du pain qui leur est fourni journellement, pour avoir du tabac. Ils vivent d'une bonne ration qui leur est distribuée deux fois par jour, et qu'ils mangent aux cris trois fois répétés de : *Vive le Sultan!* accompagnés du concert des trompettes, dont les sons discordants donnent aux hourrahs qu'ils accompagnent l'air de lamentations piteuses.

Les canonniers, au nombre de dix, sont des citoyens de Jérusalem. Ils se mettent en uniforme pour monter la garde, deux par deux et chacun à son tour, près des vieilles pièces d'artillerie qui sont dans le château de David, au nombre de seize; mais il n'y en a que trois seulement qui puissent servir les jours de fête ou pour annoncer le jeûne, tous les soirs, à l'époque du Ramadhan. La solde de ces hommes est d'une piastre par jour, et de quatre quand ils font des cartouches dans la citadelle; mais comme, bien entendu, cette solde ne leur est jamais payée, ils font comme ils peuvent pour se rattraper sur autre chose. Ainsi, leur sergent est maître des clefs du sépulcre que les Juifs appellent le tombeau de Siméon le Juste, situé dans la vallée de Cédron au nord; d'autres exercent les métiers de tailleur, de cordonnier, ou portent de la chaux et des pierres dans les constructions, de sorte que j'en ai eu continuellement sous mes ordres dans les travaux que je dirigeais; et, lorsqu'ils étaient revêtus de l'habit militaire, je m'en servais dans les reconnaissances que je faisais, parce que le costume impose toujours aux Arabes, qui le reconnaissent pour l'uniforme du Sultan. Telle était l'armée de Palestine, quand Surraya Pacha vint à Jérusalem, et telle est celle qui existe aujourd'hui qu'il en est parti.

CHAPITRE IX

Du parti des Kayssi et de celui des Yemani; des guerres, des combats et des autres causes de discorde chez les divers habitants de la Palestine.

I

DES PARTIS

On ne peut faire un pas sur le sol de la Palestine sans rencontrer des indigènes armés soit de pistolets, d'épées recourbées, de couteaux de toutes dimensions, de lances, de petites haches, de mousquetons ou de fusils, de sorte qu'on pourrait, à première vue, les prendre pour des personnes mal intentionnées et dont il est prudent de se défier; mais il n'en est rien; la plupart sont des cultivateurs, hommes doux et paisibles, forcés par les circonstances de se mettre en garde contre les attaques auxquelles ils sont exposés.

Cela tient principalement aux funestes dissensions qui ruinent le pays, dissensions causées par l'antipathie réciproque des deux partis, *Kayssî* et *Yemani*, entre lesquels se trouve divisé, non-seulement le pays tout entier, mais encore chacune des tribus errantes des plaines de Jéricho et de Gaza. Pour expliquer l'origine de ces dissensions, les Arabes racontent que les noms des deux partis en question furent ceux de deux frères de la race d'Antar, lesquels, étant devenus amoureux dans le même moment d'une charmante jeune fille de noble naissance, combattirent seuls pendant un certain temps pour savoir qui aurait le droit d'être le premier à déclarer son amour. Mais toutes les preuves de valeur qu'ils donnèrent ne purent assurer la suprématie ni à l'un ni à l'autre; car, aussitôt que l'un avait porté un coup à l'autre, il se sentait frappé à son tour; si le cheval de Kayssi tombait, celui de Yemani ne tardait pas à broncher; enfin, s'ils se battaient, soutenus de leurs amis, il y avait toujours autant de blessés et de tués d'un côté que de l'autre. Leur père, voyant que le sort ne se déclarait ni pour l'un ni pour l'autre, et déplorant les hostilités qui commençaient à éclater entre leurs compagnons respectifs, se rendit chez le père de la jeune fille, lui exposa le sujet de la division de ses fils, et le pria de venir à son aide en permettant que la jeune fille elle-même déclarât celui des deux qu'elle préférait. Cette proposition ayant été acceptée, on fit appeler les deux frères rivaux, qui arrivèrent sur de fringants coursiers chez leur futur beau-père. Celui-ci les régala d'un somptueux banquet, pendant lequel lui-même et tous les parents et amis qu'il avait invités ne purent s'empêcher de témoigner autant d'amitié pour l'un que pour l'autre. Pendant la soirée, au milieu des chants et de concerts plus ou moins mélodieux, la jeune fille, accompagnée de son père, vint prendre place parmi les invités, pour faire connaître son choix. Les deux frères s'étaient juré auparavant, en se donnant la main, se touchant la barbe et se la baisant, que, lorsque le préféré aurait été nommé, toute haine cesserait entre eux, et que la paix serait aussi rétablie entre leurs amis.

Mais le destin, plus fort que toutes les combinaisons humaines, ne permit pas que cette question fût ainsi résolue, car la jeune fille devint amoureuse des deux frères à la fois, et déclara qu'elle prendrait pour époux celui qui se tirerait le mieux des épreuves auxquelles elle voulait les soumettre; ce qui fut accepté avec joie par les deux champions, leurs parents et leurs amis, comme on le pense bien. On fixa quatre jours, pendant lesquels la jeune fille donnerait les travaux à son choix. Le lendemain eut lieu la première épreuve, qui consistait en une lutte à cheval, avec les bras pour seules et uniques armes.

Lorsque les spectateurs furent rassemblés et que la jeune fille eut pris place au milieu de ses femmes, les deux combattants se présentèrent, au bruit des acclamations générales, et commencèrent l'attaque, qui dura trois heures consécutives, sans que l'un eût pu vaincre l'autre. Ils vidèrent tous les deux les étriers, mais ils remontèrent aussitôt tous les deux en selle; leurs coups frappèrent avec une égale force et eurent le même effet; l'un n'était pas plus épuisé que l'autre. Le soir, ils furent fêtés et causèrent avec leur Hélène, qui leur ordonna une nouvelle épreuve. Il s'agissait de tirer, avec des flèches et des frondes, sur des objets placés comme but à certaine distance, de courir à toutes jambes pour prendre l'objet atteint, et d'aller le présenter au juge.

On suspendit, en effet, deux petites médailles de la même grandeur à cent pas de distance; les flèches les frappèrent au milieu en pénétrant à une égale profondeur, et elles furent dans le même instant prises et présentées. Deux anneaux en argent de la jeune fille, placés à cinq pas, furent atteints par les flèches et donnés aux tireurs en récompense de leur adresse; ils les mirent chacun au doigt annulaire de la main gauche.

La troisième épreuve fut pour la fronde : ils tirèrent sur de petits oiseaux et abattirent des feuilles d'arbre, sans pouvoir contraindre le sort à se déclarer ni pour l'un ni pour l'autre, de sorte qu'ils se préparèrent aux travaux de la troisième journée, au milieu de nouvelles réjouissances et accompagnés des vœux ardents de leur bien-aimée. Ils reçurent des chevaux fougueux, alertes et pleins de feu. Il avait jusqu'alors été impossible de les dompter, mais nos deux héros en vinrent facilement à bout : ils les assouplirent et les rendirent aussi doux et soumis que des agneaux. Ils les lancèrent au galop et dévorèrent la moitié de la carrière en un instant; ils franchirent des barrières aux applaudissements des assistants. Il leur fut enfin commandé de sauter de cheval, alors que leurs coursiers étaient lancés à fond de train, et ils le firent. Il ne leur restait plus qu'à aller prendre part au somptueux banquet qui les attendait, à aller jouir de la conversation de la reine de leurs cœurs, qui, farouche comme une fille du désert, leur ordonna de se reposer pendant un jour et de se préparer à combattre jusqu'à la mort avec des armes qu'elle leur donnerait et avec les intrépides coursiers qu'ils avaient domptés. Le jour du tournoi, les spectateurs accoururent en foule, attirés par la double curiosité de contempler la bravoure des deux jeunes gens et de savoir à qui le sort accorderait le prix de la victoire. Les deux cavaliers attendaient sur le champ de bataille les armes que leur Junon ne tarda pas à leur remettre, et qui consistaient en une lance et une épée. Le combat commença avec le plus grand acharnement, et les coups tombaient comme grêle; mais le sang ne tarda pas à couler, et bientôt Azraël, l'ange de la mort, vint étendre ses sombres aîles sur les deux jeunes gens, qui succombèrent tous les deux en même temps. La veuve amoureuse se jeta entre les deux victimes, et, après avoir donné un dernier adieu à ses parents, elle se perça le cœur de deux coups d'un yatagan qu'elle avait caché dans son sein, et alla rejoindre dans l'éternité ceux qu'elle aimait et estimait également, selon le récit du conteur Arabe.

On dirait que leurs deux esprits troublent encore le pays, car les querelles continuent sans qu'il y ait aucune espérance qu'elles finissent jamais; et à la moindre occasion, on voit s'élever, comme signal du combat, les deux drapeaux rouge et blanc. Le drapeau rouge appartient aux *Kayssi* et l'autre aux *Yemani*, parce que les deux frères portaient des habits de ces deux couleurs différentes. J'aurais dû reproduire dans ce petit récit toutes les emphases et les métaphores orientales, dont l'Arabe s'est servi pour me le faire, mais cela aurait été fort long. J'aurais peut-être mieux fait d'en donner une description amplifiée, surtout des tournois, mais il y a tant d'auteurs qui ont décrit ces sortes de combats, que je leur adresse mes lecteurs, pour ne pas répéter ici des choses qui seraient des hors-d'œuvre. On pourrait inférer de cette légende, comme fait fort probable, que ces partis remontent à l'antiquité judaïque, ou à l'époque des guerres entre la Syrie et l'Égypte.

Le nom de *Yemani* peut désigner quelques tribus venues du *Yemen*, et signifie *ceux de la droite*, de *Yemin, droite*. *Kayssi*, que quelques personnes prononcent aussi *Keiseri*, peut vouloir dire ceux de la gauche, de *Eisir, gauche*. J'ai dit qu'il est possible que ceux-ci remontent aux anciens Hébreux, parce que la Bible parle souvent de partis qui se formaient à cette époque dans le pays. En effet, pour éviter toute querelle entre leurs pasteurs respectifs, Abraham engage Lot à se séparer de lui ; et les relations qui existaient entre les deux partis d'Isaac et d'Ismaël, ainsi qu'entre Jacob et Ésaü, n'étaient certainement pas de celles qui devraient exister entre frères. Moïse, en Égypte, tue un Égyptien qui frappait un Israélite ; les Égyptiens en gardèrent rancune aux Israélites et ne leur permirent pas de sortir du pays, et la haine était parvenue à son plus haut degré, quand les phalanges de Pharaon furent englouties par la mer Rouge. Moïse se déclara toujours contre le retour en Égypte et défendit d'y aller acheter des chevaux.

Chez les Hébreux, on eut la division des royaumes de Juda et d'Israël, qui étaient continuellement en guerre. Sésac, roi d'Égypte, vint à Jérusalem et en emporta tous les trésors dans la quinzième année du règne de Roboam. Je pourrais fournir beaucoup d'autres exemples, qui prouvent que le pays a toujours été divisé par les partis ; que ceux-ci ont constamment été partagés entre l'Égypte et la Syrie, deux empires dont l'un était à *droite* par rapport au second. Les partis qui existent aujourd'hui perpétuent les rivalités entre les villages et même entre les familles, de manière que celles d'un même pays cherchent à se supplanter mutuellement, et quand la question s'échauffe, il en résulte la plupart du temps des guerres dont je parlerai bientôt. Mais, auparavant, je veux rapporter quelques exemples, pour faire voir que, si des querelles surgissent pour la moindre des choses, elles s'apaisent parfois aussi facilement, sans que les combattants se croient, pour cela, interdit de reprendre leur querelle, quand l'occasion favorable se présente de la vider.

Les deux localités de Ramleh et de Lydda, dans la plaine de Saron, à une lieue de distance l'une de l'autre, sont situées sur les deux routes qui vont de Jaffa à Jérusalem, et appartiennent à deux partis différents, c'est-à-dire que la première est *Yemani*, et l'autre *Kayssi*.

Au mois d'avril de l'année 1857, une jeune fille de Ramleh se mariait avec un Arabe de Lydda ; les parents de la fiancée, avec la joie et le bonheur qui président à tout mariage, la placèrent sur un chameau richement caparaçonné, et sur le bât duquel était attaché une espèce de baldaquin, couvert, ainsi que l'épouse qui y était assise, de voiles blancs.

Ils se mirent en marche, dans la direction de Lydda, suivis d'une immense foule en habits de fête et poussant des cris d'allégresse, pendant que les hommes à cheval caracolaient gracieusement et faisaient flotter des mouchoirs blancs, en hurlant, de leur voix rauque, des augures de bonheur pour la fiancée.

D'autres hommes et d'autres femmes, montés sur des ânes, suivaient les pas capricieux du chameau conducteur. De temps en temps le grave animal s'agenouillait et ne formait plus alors avec celle qui le montait qu'une seule masse blanche, parce que le grand manteau qui enveloppait la fiancée cachait aussi l'animal. Quand le chameau et la fiancée se relevaient, ce n'était que rires et cris de joie de la part de tous les assitants. Les jeunes gens faisaient retentir les échos des détonations de leurs armes à feu, couraient, dansaient et se réjouissaient enfin de toutes les manières imaginables. Moi, qui suivais cette foule avec mon domestique, je n'étais pas le moins fêté, et je dirai même que j'étais le plus honoré, car ils fredonnaient tous autour de moi leur infernal Bakhchich, et ne me laissaient ni paix ni trêve, qu'ils n'eussent obtenu quelque menue pièce de monnaie.

Arrivé sur la limite du territoire de Ramleh, l'époux, avec un grand nombre d'amis, reçut son épouse, à qui, selon la coutume du pays, on devait retirer les voiles blancs, ainsi que ceux du baldaquin, pour les remplacer par des rouges. Pendant que l'on opérait ce changement, quelques personnes des deux cortéges se prirent de paroles, et il en résulta une rixe qui aurait eu les plus funestes conséquences, si des personnes indifférentes aux deux partis n'avaient d'abord essayé de les calmer par quelques bons discours. Les paroles, néanmoins, n'ayant pas eu toute l'efficacité désirable, on eut recours à un argument plus persuasif : ce fut de distribuer largement quelques bons coups de nerf aux plus furieux, ce qui les eut bientôt convaincus et mis d'accord. Que pensez-vous que faisait la jeune fille pendant ce fâcheux intermède? Elle était restée calme et résignée sur son chameau, qui, abandonné par son conducteur, broutait tranquillement l'herbe et les feuilles des arbres, en attendant le moment de se remettre en marche. La paix s'étant rétablie entre les futurs parents et amis, on se dirigea de nouveau vers Lydda, où un immense festin avait été préparé, et on porta de nombreux toasts à la santé des champions, qui, par quelques coups bien appliqués, avaient réconcilié, au moins pour la journée, les Kayssi et les Yemani.

Un Yemani du district d'Hébron voyageait avec une mule sur la route du Jourdain, dans les environs de Béthanie, quand un chasseur Kayssi, d'Abudis, blessa par hasard la pauvre bête. Une double lutte s'engagea aussitôt, à raison de la différence des partis, lutte à laquelle prirent part les amis et les alliés : le payement du sang versé en fut le prétexte. Les chefs des deux parts, pour éviter qu'on en vînt à une guerre ouverte, essayèrent d'apaiser cette querelle et ils y réussirent; quant au prix du mulet, il n'en fut point question. Mais, hélas! un beau matin, le Kayssi, d'Abudis, en sortant de chez lui, vit, ô spectacle affreux! son propre âne pendu à un arbre, expiant ainsi le crime involontaire qu'avait commis son maître. Ce fut naturellement un nouveau signal de combat, et la guerre avec toutes ses horreurs allait éclater entre les deux partis, plus furieuse que jamais, si le Pacha de Jérusalem ne s'était interposé entre eux et ne les eût contraints de signer la paix, d'autant plus que le mulet Yemani avait été payé par un âne Kayssi.

Si le moindre prétexte suffit pour allumer la guerre la plus acharnée entre les deux partis, on peut facilement s'imaginer ce que ce doit être, lorsqu'il y a de grandes et sérieuses raisons en jeu.

II

GUERRES ET COMBATS

Quand la guerre est déclarée entre deux villages, les habitants de ces deux villages invitent leurs parents, leurs amis et leurs alliés à prendre les armes, et les signaux sont donnés au moyen de courriers, du son de la corne et de feux qu'on allume sur les sommets des montagnes. A la vue de ces signaux, les combattants se réunissent chacun sous son drapeau, et commencent les hostilités.

On emploie donc encore, au dix-neuvième siècle, les mêmes moyens qui servaient dans l'antiquité judaïque ; car il n'existe ni hérauts ou messagers, ni chemins de fer. Pour se convaincre de l'identité des signaux de guerre des anciens avec ceux qui existent aujourd'hui en Palestine, on n'a qu'à consulter les passages auxquels il est renvoyé en note (1). Il arrive aussi quelquefois que, pour exciter davantage leur parti respectif et le pousser à commencer vivement les hostilités, les promoteurs de la lutte produisent des preuves du dommage causé, en envoyant des mouchoirs trempés dans le sang de ceux qui sont tombés sous le fer des assassins, ou en portant sur une pique des habits tachés de sang, pour animer l'ardeur des guerriers. Ces pratiques sont, en quelque sorte, une reproduction de ce que fit le Lévite, lorsqu'il voulut soulever les autres tribus contre celle de Benjamin qui avait si cruellement maltraité sa femme (2). Les Arabes actuels s'écartent beaucoup des pratiques des anciens possesseurs du sol dans la manière de conduire la guerre, de se mettre en bataille, de faire les attaques et enfin de se tuer; maintenant les individus se respectent, comme nous le verrons tout à l'heure, et ne s'en prennent plus qu'aux bestiaux, aux plantations, en faisant d'horribles dégâts dans les moissons, dans les maisons et sur tout ce qui tombe sous la main de l'ennemi ou de ses partisans. Dès que la guerre est déclarée, les guerriers se forment en une ligne de combat, dont l'ordre, par son originalité, mérite bien quelques petits détails.

Le front de bataille n'est pas couvert : chaque tirailleur, arrivé à la place qu'il doit occuper, élève devant lui une barrière formée de pierres, derrière laquelle tous les combattants restent cachés, immo-

(1) Juges, III, 27; I Rois, XI, 3; Isaïe, XVIII, 3; Jérémie, IV, 6; VI, 34; VII, 24.

(2) Juges, XIX, 20.

biles dans leurs tranchées respectives, et si l'on entend de temps en temps le bruit de quelque détonation, c'est plutôt pour faire peur à l'ennemi que pour lui donner la mort.

Ils demeurent plusieurs jours à s'observer dans cet état, mais il est bien rare qu'il y ait quelque victime de part ou d'autre.

Quelquefois aussi les femmes se mêlent de la partie, protégées qu'elles sont par l'usage inviolable de ne jamais faire de mal à personne de leur sexe. Elles se mettent devant leurs parents et leur servent ainsi de bouclier, lorsqu'ils sont près d'en venir aux mains. Si le sang coule, c'est lorsque les cavaliers s'attaquent, et encore n'est-il répandu qu'avec une certaine réserve, de crainte qu'il ne s'élève, au moment de signer la paix, de graves difficultés pour le remboursement du prix du sang. On peut donc conclure que la rigoureuse loi du talion est ce qui empêche que la mort ne fasse de nombreuses victimes sur un champ de bataille arabe, notamment chez les paysans, qui se bornent à ravager les biens de leurs ennemis, le raccommodement, dans ce cas, étant beaucoup plus facile.

Les Arabes ont commis et peuvent encore quelquefois commettre un meurtre, mais alors ils ne se cachent pas. Il faut dire que cela n'arrive qu'en cas d'invasion de l'étranger, car, entre eux, ils se connaissent et savent bien que celui qui tue doit payer le prix du sang. Aussi les bons cavaliers et les bons tireurs évitent-ils de faire voir leur habileté en plein jour : mais pendant la nuit, c'est une autre affaire, surtout s'ils ont à prendre leur revanche de quelque injure sanglante.

III

DES EFFETS PRODUITS PAR LES DISSENSIONS DES KAYSSY ET DES YEMANI

En 1854, époque où j'arrivai en Palestine, le pays était tout bouleversé et l'agitation des deux partis y causait les plus graves désordres.

Peux désireux d'orner mon récit de combats en champ clos et d'autres faits de ce genre, je vais exposer les choses comme elles ont été, dans toute leur simplicité réelle, et entrer en matière en produisant des exemples.

Le village d'*Abou-Gosch* est situé à trois lieues environ à l'ouest de Jérusalem, sur la route de Jaffa. Ce petit endroit a une célébrité qu'il doit au caractère de la famille qui le gouverne et qui lui a donné son nom. Autrefois, les voyageurs qui traversaient les montagnes de la Judée étaient exposés aux violences des paysans, qui pillaient tout ce qui passait sur le chemin. Ces paysans dépendaient de la juridiction du chef d'Abou-Gosch. Celui-ci, nommé par la Sublime Porte pour recevoir les impôts au nom du Gouvernement, crut qu'il était plus avantageux pour lui de retenir l'argent qu'il devait verser au trésor public et de se former une garde, au moyen de laquelle il pût, si besoin était, résister ouvertement au Pacha de Jérusalem, dc qui il relève et avec lequel il a eu d'abord de graves démêlés.

Ayant été pris une fois et conduit jusqu'à Constantinople, il échappa à la mort et aux galères, grâce, en partie, aux largesses qu'il sut habilement répandre, et surtout à l'influence de quelques-uns de ses protecteurs. On a remarqué que, lorsqu'il fut fait prisonnier, il y avait beaucoup de personnes qui se vantaient assez complaisamment d'avoir contribué à extirper un grand brigand de la Judée ; mais, lorsqu'il fut mis en liberté, ceux-là mêmes qui auparavant disaient l'avoir livré étaient les plus empressés à s'attribuer l'honneur de sa délivrance. Si c'est réellement un honneur, le grand couvent grec de Jérusalem est certainement celui qui a le plus de droits à se l'attribuer.

Abou-Gosch, devenu plus prudent par le grave danger qu'il avait couru, rentra au milieu des siens entièrement méconnaissable. Désormais, il fut fidèle au Gouvernement et protégea les voyageurs de toute sa puissance : le moindre désordre sur son territoire était aussitôt réparé. Il pouvait donc se considérer comme un très-grand feudataire, à la voix duquel plusieurs milliers d'hommes étaient prêts à courir aux armes ; j'ai dit qu'il *pouvait se considérer*, parce que, dès que Surraya Pacha prit le Gouvernement de la Palestine, en 1857, il perdit considérablement de son prestige.

D'autres chefs du même genre ont aussi tenté de s'ériger en feudataires rebelles à l'autorité de la Porte, en prenant les armes contre les Pachas de Jérusalem ; et quelques-uns de ces derniers, par leur basse avarice, les ont même encouragés, en se montrant disposés à vendre leur pardon et à se constituer leurs défenseurs.

Quand ces chefs parvenaient à acquérir le gouvernement de quelque district, ce qui n'était certainement pas la chose la plus difficile à obtenir, ils payaient volontiers des sommes considérables, dont ils cherchaient ensuite à se dédommager largement. Le plus puissant de ces chefs, après Abou-Gosch, était un homme connu sous le nom de *Lakam*, boucher, parce que telle avait été sa première profession.

En 1854, le parti d'Abou-Gosch et celui de Lakam étaient en pleine guerre. Abou-Gosch était le chef des Yemani, et Lakam celui des Kayssi. Une grande partie de la Judée proprement dite était divisée entre ces deux partis, ainsi que les tribus nomades du sud et de l'est. Les deux chefs étaient puissants : on estimait qu'Abou-Gosch pouvait rassembler de 8 à 12,000 hommes sous ses drapeaux, et Lakam de 6 à 9,000. Si, dans les combats que se livrèrent ces deux armées, il y eut peu de morts ou de blessés, les terres et les propriétés, en revanche, furent saccagées. J'ai parcouru moi-même, après la lutte, les campagnes qui avaient été le théâtre de la guerre, c'est-à-dire les districts d'Harcob, d'Aïn-Karim, ainsi que les villages limitrophes, et je n'ai rencontré partout que ruines et dévastations, des plantations de vignes et d'oliviers entièrement coupées, des villages brûlés, des maisons renversées çà et là, les moissons incendiées, et la plus grande partie des bestiaux égorgés. On calculait que le dommage s'élevait à cinq mille ceps de vigne, neuf ou dix mille plants d'oliviers, à plus de mille arbres fruitiers de toutes sortes arrachés, et à trois mille têtes de menu bétail tuées ou volées.

Pendant que tous ces désordres avaient lieu dans la

partie occidentale de la Judée, le midi de ce pays n'était pas moins déchiré par les combats perpétuels que se livraient les deux frères Abder-Rahman et Salam pour obtenir le gouvernement d'Hébron. Ainsi, lorsque l'un d'eux gouvernait le pays, il dépouillait l'autre, pour avoir les moyens de lui faire la guerre; celui-ci, de son côté, en faisait autant au premier, quand il était parvenu à le chasser, de sorte que la terreur et l'effroi régnaient dans les campagnes.

En outre, le cheikh d'Abudis, à l'est et à peu de distance de Jérusalem, était en guerre avec quelques tribus de Bédouins, pour savoir à qui appartiendrait le droit de protéger les pèlerins et les voyageurs qui vont visiter le Jourdain et la mer Morte.

Ce fut dans ces circonstances défavorables que Surraya-Pacha prit le gouvernement du pays sans avoir à sa disposition les forces suffisantes pour remédier aux maux qui le désolaient; mais son courage ne fut point ébranlé : il fit si bien que, en 1860, il avait vaincu tous les rebelles et réduit Abou-Gosch à la condition d'humble vassal. Déjà, à différents intervalles, il avait arrêté Lakam, Abder-Rahman, Salam, ainsi que beaucoup d'autres chefs de brigands, et les avait envoyés sur les galères des forteresses de Rhodes et de Chypre. S'il ne détruisit pas le germe des dissensions, il mit fin, du moins, à toutes les manifestations armées.

Avec l'argent qu'il préleva sur les rebelles, il indemnisa ceux qui avaient souffert des dommages, punit les instigateurs de troubles, enrichit la caisse du fisc, et y fit rentrer les impôts arriérés ; il réprima le brigandage des cavaliers du gouvernement, désarma le pays, établit de petits corps de garde, sur les grandes routes, pour protéger les voyageurs, se fit une police et abolit en grande partie les concussions des Effendis et des employés.

Le gouvernement de ce Pacha fut tel, que, même au temps des massacres du Liban et de Damas, on n'eut aucun désordre à déplorer en Palestine, et la paix la plus grande y fut constamment maintenue. Quant à ceux qui voulurent y exciter des troubles, j'ai raconté précédemment de quelle manière il les traita.

On peut inférer de cet article que les Kayssi et les Yemani sont les fauteurs des plus grands désordres, mais qu'ils peuvent être vaincus et même entièrement abattus par le gouvernement, pourvu que celui-ci soit bon, prévoyant et bien réglé, qualités qui font absolument défaut à celui de la Sublime Porte, gouvernement sans initiative, mu par la politique européenne, avec les finances des spéculateurs de tous pays, mais qui, par lui-même, n'est qu'un petit chien aveugle s'attachant au premier venu.

IV

DE QUELQUES AUTRES CAUSES DE TROUBLES DANS LE PAYS

Les deux partis Kayssi et Yemani ne sont pas les seuls à exciter des troubles en Palestine, ni les Arabes musulmans les seuls non plus à être en rivalité perpétuelle entre eux ; les chrétiens de toutes les comunions ne leur cèdent en rien sous ce rapport. Quand ils le peuvent, ils se battent, mais comme les autorités musulmanes les en empêchent la plupart du temps, ils se font la guerre avec la langue, au moyen de laquelle ils se déchirent mutuellement. Il en résulte des animosités, puis des rixes qui entraînent les plus graves conséquences, et dans lesquelles il est bien rare qu'il n'y ait pas de sang répandu. Je ne veux ici que rapporter ce que j'ai vu et appris pendant huit ans ; mais avant cette époque les choses étaient dans un pire état, et je ne crois pas qu'on y ait apporté aucune amélioration nouvelle depuis mon départ. Comme je crois pouvoir mieux développer le titre de cet article par des exemples, j'entre immédiatement en matière, en déclarant néanmoins que tout ce que je rapporte existe ou est arrivé.

ÉCOLES

Toutes les communautés religieuses, chrétiennes, juives et musulmanes, dans les villes et dans quelques bourgades, possèdent des écoles élémentaires où un grand nombre de familles envoient leurs enfants des deux sexes, non-seulement pour les faire instruire, mais aussi parce que, dans ces institutions philanthropiques créées par des legs pieux ou entretenues par les abondantes aumônes arrivant continuellement de l'Europe et d'autres endroits, on fait généralement une distribution d'aliments journalière, outre que les parents reçoivent quelques rations de pain. Si ce n'était cette largesse, les établissements en question seraient certainement déserts. Le but de ces écoles est l'instruction religieuse, selon les catéchismes respectifs, pour l'explication desquels les maîtres font de grands efforts d'éloquence, ne se bornant pas à faire comprendre les seuls devoirs de la religion à laquelle ils appartiennent. Ils prêchent, en outre, contre les autres religions, dont ils racontent les défauts, les schismes, les hérésies, la tyrannie, etc. Ils appuient leurs déclamations d'exemples fort exagérés, et disposent ainsi le cœur des pauvres enfants à la haine d'autrui, dès leur plus tendre jeunesse. Ces mauvais sentiments ne font que s'accroître avec l'âge, de sorte qu'il devient par la suite tout à fait impossible de déraciner le mal. Quand les enfants rentrent le soir au foyer paternel, ils racontent à leurs père et mère ce qu'ils ont entendu, et ceux-ci, à qui les mêmes principes ont été inculqués, ne font qu'augmenter ces préjugés, qui se perpétuent ainsi de génération en génération, tandis que les communautés religieuses sont comme des chiens hargneux qui ne perdent aucune bonne occasion de se donner quelque coup de dent. Il serait donc fort utile d'apporter des modifications dans le système des écoles, d'y laisser plus de place à la charité évangélique et de montrer que nous sommes tous des créatures humaines devant Dieu, qui seul a droit d'être juge. Je ne veux pas dire ici qu'il faille que toute école d'un rite donné se dispense de faire connaître quelles sont les croyances religieuses qui la séparent de telle autre; ceci est une affaire qui ne regarde que le professeur; mais que l'on examine comment le Divin Maître et ses apôtres ont prêché, et l'on reconnaîtra les véritables moyens de convaincre les âmes.

LE PROSÉLYTISME

Le prosélytisme, grâce à la manière dont il est pratiqué en Palestine, est une des principales causes de la haine des partis.

On prendrait plutôt les missionnaires pour des Kayssi et des Yemani que pour des personnes évangéliques. Il est vrai qu'ils ne prêchent pas et ne cherchent pas à faire des prosélytes les armes à la main; mais ils font quelque chose de pire encore; car, dans leurs sermons, ils s'attaquent impitoyablement à toutes les autres religions.

Hors de la chaire, ils racontent des fables dont ils ont forgé eux-mêmes les impostures, composent des ouvrages qu'ils envoient en de lointains pays et dans lesquels ils ne disent que ce qu'ils veulent bien. Ils écrivent aussi de longues lettres et y présentent les faits selon leur opinion personnelle; enfin, la plupart d'entre eux, au lieu de s'occuper à maintenir la paix et la tranquilité, ne font que fomenter des troubles.

Je pourrais reproduire une multitude de faits, pour démontrer la vérité de ce que j'avance; mais je n'en veux donner ici que quelques-uns dont j'ai été témoin, ainsi que tous ceux qui ont visité Jérusalem ou qui y ont demeuré pendant quelque temps.

Le Vendredi Saint, il est impossible aux Israélites de sortir de leur quartier, parce que les Latins, les Grecs et les Arméniens sont tellement surexcités contre eux ce jour-là, qu'ils les insulteraient, s'ils avaient même assez de modération pour s'en tenir là, partout où ils les rencontreraient. Il y a eu des années où les Pachas de Jérusalem ont été obligés de mettre des corps de garde et de la police à l'entrée de leurs rues, pour empêcher les malheurs que pouvaient commettre les chrétiens fanatiques. Il n'y a pas d'Irsaélite demeurant à Jérusalem qui se hasarde jamais à passér devant la place du saint Sépulcre; il sait trop bien que sa curiosité lui coûterait cher; et, s'il était tué dans ce cas, il n'en résulterait rien de fâcheux pour le meurtrier, parce que dans le cœur de toute la population indigène de la ville est enracinée cette malheureuse opinion que le mal fait à un Israélite *est une bonne œuvre devant Dieu.*

De quoi tout cela dépend-t-il? 1° De ce que les Juifs, malgré leur nombre, ne savent pas se faire respecter; 2° des discours perpétuels des prédicateurs Grecs, Arméniens et Latins, qui, dans les églises mêmes, traitent ces malheureux de la manière la plus infâme et leur donnent les épithètes les plus ignominieuses. Si ces prédicateurs ne se respectent pas même dans l'église, on peut juger de ce que ce doit être lorsqu'ils sont dehors.

Les fidèles croient à toutes les choses qu'on leur débite, parce qu'ils n'en peuvent juger ; et ils insultent ces malheureux, sans se douter qu'ils offensent leur prochain, parce qu'ils voient leurs papas en faire tout autant.

Les pauvres Israélites qui vont en pélerinage à Hébron ou qui en reviennent s'abstiennent toujours de passer par Bethléem, pour s'épargner les insultes de ces bons chrétiens et des moines, ouvertement déclarés contre les fils déchus d'Israël.

Les riches ne sont pas sujets à tous ces inconvénients : grâce aux bakhchich qu'ils distribuent sur leur passage, ils endorment toutes les haines. Ils sont, non-seulement tolérés, mais encore honorés dans les couvents chrétiens, près desquels ils se sont fait des appuis par d'abondantes aumônes ; et la populace la plus fanatique les respecte aussi pour le profit qu'elle retire d'eux. Ils peuvent visiter le saint Sépulcre, les mosquées et les églises de Jérusalem, sûrs de rencontrer partout un bon accueil, qui s'adresse bien moins à la noblesse de leur personne qu'à leur richesse. Messieurs Montefiore et Moscalta de Londres, et Messieurs Rothschild sont la pour attester ce que je viens de dire, ainsi que les pauvres Juifs de Palestine, car, s'ils étaient tous riches, on pourrait bien se moquer de leur *inutile attente* du Messie, mais on n'exciterait pas la haine contre eux, on ne perpétuerait pas les préjugés, et on ne les insulterait pas dans les chaires des églises.

Que résulte-t-il de tout cela? Que les opprimés et les oppresseurs vivent continuellement séparés et se détestent mutuellement.

Les pèlerins Grecs et Arméniens accourent de toutes parts à Jérusalem, et une des principales obligations que leur imposent les moines des divers rites, c'est de visiter les stations qui rappellent les souffrances et la mort du Rédempteur, stations que la tradition a conservées dans l'église actuelle de la Résurrection.

Un des moines qui accompagnent les pèlerins fait, à chaque station, un sermon sur le mystère que représente l'endroit, et il prêche ensuite contre les Latins et les Arméniens, s'il est Grec, ou contre les Grecs, s'il est Arménien; car ces bons chrétiens se traitent cordialement les uns les autres d'usurpateurs, de voleurs et de fripons.

Ces pauvres pèlerins croient aveuglément à tout ce qui leur est prêché par les prêtres *revêtus de leurs habits sacerdotaux, le Christ à la main et les cierges allumés*. Alors, enflammés de haine et de vengeance, ils trament des complots contre leurs rivaux, et dans les fêtes solennelles, principalement dans celle du feu sacré du samedi saint, leur fureur ne connaît plus de bornes. C'est au point que, certaines années, les poignards ont été tirés, les fidèles des diverses religions ont détruit les images et les emblêmes sacrés de leurs adversaires respectifs, et ont commis les plus affreuses profanations autour du saint Sépulcre.

Les protestants, de leur côté, ne restent pas indifférents aux actions des autres communautés religieuses, dont ils remarquent les excès et les vices, qu'ils révèlent dans leurs lettres. Ils profitent de tout pour gagner quelque âme à leur parti, s'inquiètent fort peu de savoir si c'est un autre chrétien dont ils pourront avoir, par la suite, l'opposition à redouter, ou un Juif qui avait besoin d'argent. Outre cela, ils traitent les Latins, les Grecs et les Arméniens d'hérétiques, d'idolâtres, de païens et pis encore. Dans leurs discours, ils tournent en dérision leurs cérémonies, leurs processions, le culte de la sainte Vierge et des saints, et les autres leur répondent par des reproches et des injures. Malgré leurs nombreuses distributions de Bibles et les aumônes qu'ils répandent, on ne fait guère attention à eux, et les faibles brèches qu'ils ont faites dans les autres communions religieuses, depuis 1840 jusqu'à nos jours, ne sont certainement pas proportionnées à leurs dépenses.

Sans faire ici le prophète, je dirai que je ne vois pas pour cette communion un plus brillant avenir en Palestine.

Toutes les communions chrétiennes se détestent donc le plus charitablement du monde, et s'attaquent mutuellement aussi souvent qu'elles en trouvent l'occasion.

Les Juifs, de leur côté, ne sont pas plus réservés dans leurs discours contre ceux qui les oppriment et cherchent à les convertir à tout prix ; mais ils prennent aussi leur vengeance quand ils en trouvent l'occasion favorable.

La conclusion fatale et naturelle de ce que nous venons d'exposer est donc que la Palestine est minée sourdement par les partis et les dissensions qui existent dans son sein, et que le Gouvernement de ce pays fait chaque jour un pas de plus vers sa ruine.

FIN

TABLE

CHAPITRE PREMIER

CHAPITRE II

CHAPITRE III

CHAPITRE IV

CHAPITRE V

CHAPITRE VI

CHAPITRE VII

CHAPITRE VIII

CHAPITRE IX

FIN DE LA TABLE

POISSY. — TYP. ET STÉR. DE AUG. BOURET.

www.ingramcontent.com/pod-product-compliance
Ingram Content Group UK Ltd.
Pitfield, Milton Keynes, MK11 3LW, UK
UKHW021843190726
13855UKWH00001B/132